日本式建築改造法

老屋改頭換面！RC造、木造×耐震節能重點改造設計，有效打造健康安全舒適居住空間

田園都市建築家之會——著
朱炳樹——譯

推薦序 （依姓氏筆畫排序）

建築物雖是集結無生命物質所建構的硬體，但屋主的不同運用方式，便是使其擁有多種功能的軟體。老屋整修的過程中，必須透過使用者與建物的持續對話，軟硬體不停磨合、妥協交集而成。

本書集合諸位建築師的豐富實戰經驗，針對形態各異的房屋類型，詳列改造過程中需注意的大小細節提供建議與分析、常見問題的發生原因與解決方法，不僅對設計師而言是一本極實用的建築改造經驗寶典，對有改造房屋計畫的屋主來說，閱後想必也能更具體的整理出需求，改造出最合適自己使用的空間，延續建築的生命。

老屋顏工作室／
辛永勝、楊朝景

隨著國內住宅建築平均年齡日趨高齡化，我對於老屋改造這塊，愈來愈憂心。針對三、四十年的老屋，已經不能只單純改造表面或隔間，尤其是如果你打算在這個老屋再續住一個世代（二十～三十年）的話，安全性已經成為第一要務。

透過《日本式建築改造法》這本書，從安全、健康、功能、借貸甚至監工等面向，提供屋主全面性的考量，亦針對國內較需技術的木結構老屋、以及因應現代需求的寵物居家等特定主題做原則性的提點。改造前事先閱讀本書、提供自己有基本思緒與準備，在改造過程中也可以把這本書當做工具書參考，較能快速理解師傅或設計師的詞彙、便於溝通。不論是首次改造的屋主或專業人士，都非常推薦！

居家生活作家／
林黛羚

本書針對建物空間的改造觀點闡述至為鉅細靡遺，即便是非專業人士也適合閱覽，可輕易理解內文意涵。此匯集了日本國內外產學界知名建築士的實務專業，和經驗累積的珍貴著作，確實值得入手收藏。

無論就內部空間的人因對應上，亦或者建物外部構件的天候對應上等各層面都具以詳實且正確的數據解說。例如：綠能住宅的節能玻璃窗，實際觀測冬夏季之間的環境氣溫變化下所產生的室內溫度隔離效益差距，均檢附明確數據與圖示提供參考。詳盡的程度包括寵物住居的安置規劃要點、長者所需的無障礙住居空間改造、空氣對流與採光導引的具體方法及改造建議。

文中內容涵蓋住宅改造中各個層面的專業見解，非常適合各個階層的讀者閱讀與收藏。

浩司設計設計總監／
張柏競

以前歐洲人來台灣都很羨慕我們，到處都有工地、時時新屋落成，而歐洲古老的城市充滿古蹟和歷史建築，根本沒機會設計新的建築，因此，他們的建築師和業主最多的工作就是「老屋新生」。台灣經濟發展五十年後的今天，新房子也都建的快滿了，老屋如何新生、住宅如何改造，就成為非常迫切而又實用的專業知識。本書的七位作者都是實務經驗非常豐富的設計者，分解詳實而系統性的介紹一棟老舊住宅要改造重生時，由設計、細部、預算、施工，面面俱到的涵蓋所有重要課題，相信對台灣有志於住宅改造的年輕建築師與有需求的業主，會有非常直接的幫助。

亞洲大學室內設計系講座教授／
劉育東

CONTENTS

PART 1

必要的調查與準備

009

PART 2

現地調查和圖面復原作業

051

PART 3

室內規劃與改造設計

067

PART 4
設備計畫與改造設計
099

PART 5
結構計畫與改造設計
131

PART 6

性能提升計畫與改造設計

147

PART 7

必要的融資和資金計畫

179

PART 8

估價與契約、現場監理

195

1

必要的調查與準備

key word 001

什麼是住宅改造？

POINT

- **住宅改造有很多類型。**
- **住宅改造大多存在許多問題，比新建住宅更難處理。**
- **建築師的提案持續備受期待。**

日本近年來以都市地區為主，獨棟住宅和公寓大廈的住宅改造事例也日漸增加。

這種住宅改造，例如，有只改造像內裝或外裝的局部改造、也有牽涉到結構變更，因此改造伴隨著補強工程等多種作業類型。根據結構的特性，也還有不同的差異性。

此外，若是購置中古住宅後進行改造的情況，由於不了解最初的「住宅履歷」，所以和購置新建住宅後的改造是不相同的。

比新建住宅難度更高的住宅改造

正如上述所言，住宅改造會牽涉到種類、目的、方法等多方面的事項。以往一般人對於改造的認知，還停留在換貼壁紙或更換老舊設備等等的印象。不過，配合業主的需求，由建築師負責規劃設計的改造事例日益增加[圖]。

舉例來說，中古住宅的改造常常遇到原始建築圖面遺失，或是根本就沒有圖面等基本問題。有時也會出現未依照法規規定必須有接道（接到主要道路的通道）等狀況。若牽涉到隔間或結構體變更時，在設計監理業務上，會有許多高難度的情況。

確認住宅改造的目的

住宅改造與新建住宅不同，必須像解開繩結般依序解決各項問題。像是了解業主為何選擇住宅改造？真的要大改造嗎？掌握業主的需求內容，才能提出適切的建議。本書依據設計的流程，舉出住宅改造時的注意要點和檢查重點。另外，木造建築視為「獨棟建築」、鋼筋混凝土造（以下以RC造簡稱）則歸類為「公寓大廈」。至於RC造的獨棟住宅，請參考公寓大廈的章節內容。

圖　住宅改造流程的比較

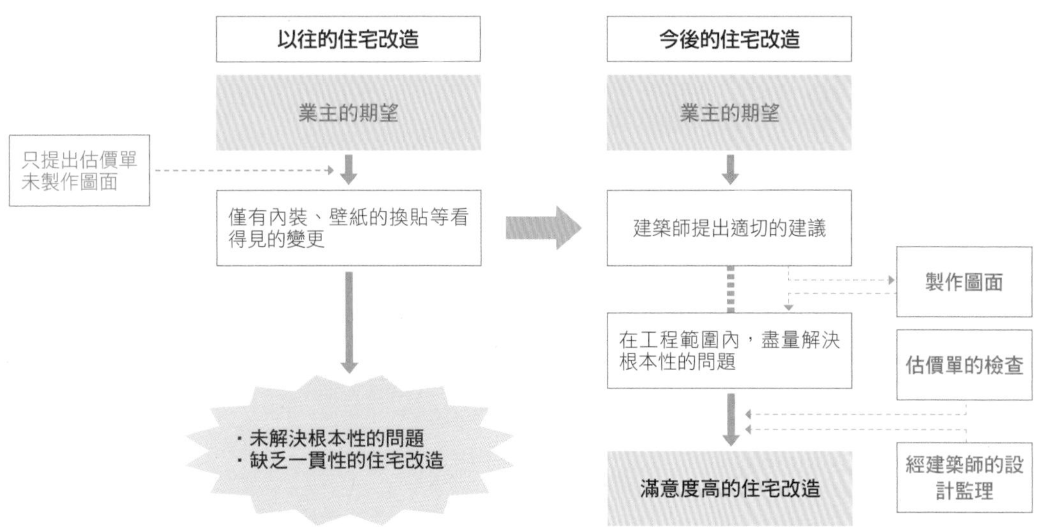

日語的「リフォーム（改造）」一詞其實是和製英語 reform，意思為改建、改修既有建物和改變樣式。較為正式的用語是 renovation（變革、革新）。

是這樣啊，我還以為是英語！

外牆損傷的話……

器物未經收納、使用上很不方便時……

明亮的氣氛

希望
通風良好

設計者認真地聽取

不僅是外裝，內裝也想改造得跟理想一樣

改造後的家，簡直像新建的煥然一新

key word 002

住宅改造的種類

POINT

- **依據規模區分，住宅改造有局部、全面（僅保留原有骨架）、增建、減建等改造種類。**
- **除此之外，還包括變更用途、提升性能等目的的改造。**
- **配合改造目的，也可以採取上述種類的組合。**

依據內容能夠選擇的改造類別

根據規模、結構、工程進行的範圍等，住宅改造可歸納成四種類型。[表、圖1、圖2]

以整修範圍或規模差異可分為：僅針對廚房和浴室等用水區域、以及和室等家的一部分做變更的「局部改造」；保留獨棟住宅、公寓大廈原本的結構體，內部完全重新改造的「全面改造」；依據家族成員、生活型態的變化等因素，將包含結構在內的部分建築拆除、縮減建築面積的「減建」；以及增加樓地板面積、和追加結構體的「增建」。

變更用途和提升性能

根據變更用途或提升性能等不同目的，住宅改造又可大略區分為下列幾種類型：從獨棟住宅轉換為兼具店鋪用途的住宅改造，稱為「變更為住商複合住宅（兼用住宅），也就是轉換用途的改造（也可從店鋪反向轉換為住宅）」；進行隔熱施工、裝置熱能設備、更新使用材料等，以提高住宅環境的性能和節省能源為目的的改造，稱為「節能改造」；進行舊耐震基準住宅的結構面強化，以提升耐震性為目的，稱為「耐震改造」；隨著居住者高齡老化、看護的需求，進行走廊寬度的擴張和消除高低差距，提高居住便利性的改造，稱為「無障礙改造」。

上述依據不同住宅規模和用途的改造種類，可因應業主的期望和需求，規劃出類似「整合耐震和增建的環保住宅改造」等各種組合的改造。要活化既有的同時，如何有效率地達成目的就變得相當重要。

由於以「特定認可工法」進行結構變更，是不在保證對象內的，因此事前別忘了針對既有的工法、保證內容詳加確認。

表　依目的和規模歸納住宅改造的類型

➡ 依工程規模、範圍分類

⬇ 依目的分類

	局部改造（獨棟住宅/公寓大廈）	全面改造（獨棟住宅/公寓大廈）	減建（獨棟住宅）	增建（獨棟住宅）
變更為住商複合的改造	・僅進行必要場所的改造 ・和室變更為店鋪等 1	・住家變更為兼具店鋪等用途的改造 ・事務所變更為住家 2	・拆除和室等不需要的房間 ・拆除店鋪 3	・增加房間、店鋪 ・變更為兩代同堂住宅 4
節能改造	・玻璃變更為複層玻璃 ・設備全面更新 5	・配合生活格調全面更新設備和規格 ・隔熱的強化 6	・減少空間的體積 7	・考量暖氣區域劃分的隔間配置變更 8
耐震改造	・承重牆的強化 ・樑的補強 ・盡量符合現今的耐震基準 9	・承重牆的追加和移動 ・地板的補強 ・樑的補強 10	・移動承重牆 11	・承重牆的追加 12
無障礙改造	・高低差的消除 ・隔間門窗的交換 ・照明的變更 13	・隔間配置的變更 ・用水區域的配置變更 14	・簡化動線 ・撤除不需要的房間 15	・增建無法因應需求的部分 16

圖1　獨棟住宅的例子

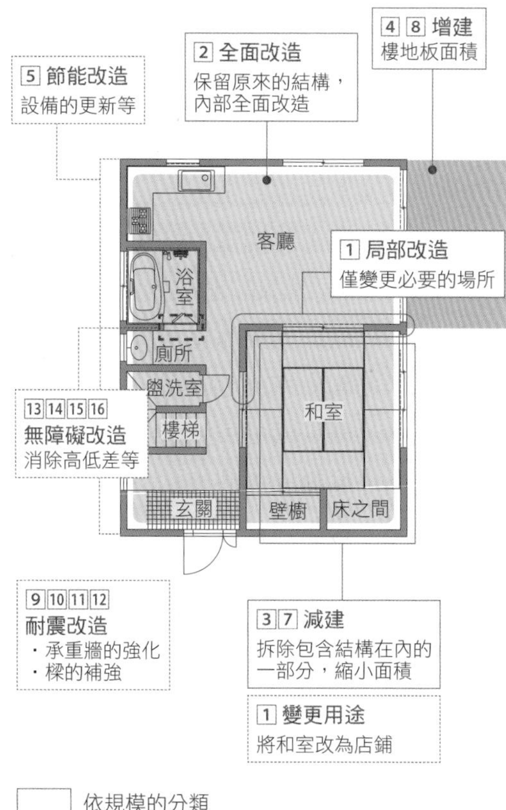

圖2　公寓大廈的例子

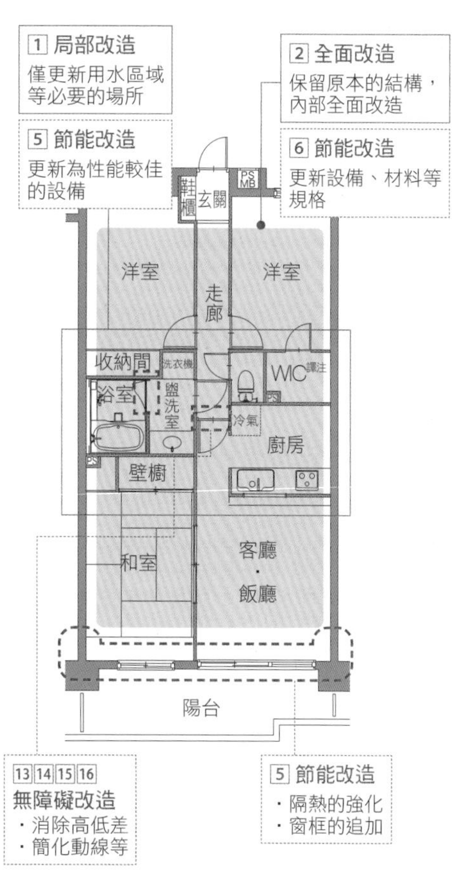

譯注：WIC是walk-in closet的縮寫，中文為更衣室

key word 003

設計流程

POINT

- **首先確認住宅改造目的，檢討實現目標的可能性。**
- **在工程估價方面，需要施工廠商的協助和建議。**
- **施工時必須進行現場監造和檢查，以及驗收移交的說明。**

承接住宅改造設計監理時的流程

首先要從聽取委託人（業主）的意見開始，確認住宅改造的目的、以及現況的問題點。此時也必須確認工程的總經費和業主的資金狀況。

其次是收集既有圖面和進行現地調查，測量住宅的實際結構、各個部位的尺寸等資料，確認是否可能達成業主期望的住宅改造目標。若上述事項都符合條件的話，則簽訂設計監理委託契約〈參照P48〉。

簽定契約～工程估價

委託契約中必須載明住宅改造的種類和範圍、費用、工程內容（業務內容）、工期表等。在設計上必須將隔間配置等基本設計，和詳細的改造項目等實務設計（實施設計）區分開來，確實檢核所有的規格。

設計完成後，可委託施工廠商估價，以確認工程金額。在這個階段就必須具備掌握整體細節、在業主的預算範圍內達成改造目標的本事。只要工程預算的金額決定了，接下來就是簽訂工程承攬契約〈參照P206〉。不過，工程承攬契約是業主和施工廠商雙方簽訂，建築師的立場僅提供必要的建議、以及確認契約內容的正確與否。

工程監理～驗收移交

在施工現場，建築師是以監理者的身分和立場，審核包含解體工程在內的工程，是否確實依照圖面施工。解體後的住宅形狀，若出現與圖面相異的情況，通常會採取以現況為優先的變更處理。然而最重要的是，當場必須將費用和工期調整等問題納入考量並解決，確保工程順利進行。

完工後驗收移交時，必須詳細說明各項操作方法、以及依據設計意圖的使用方法。此外，移交後也必須進行年度定期檢查，後續若發生問題和糾紛也應該確實地處理，這些都屬於建築師的責任。

圖　設計流程圖

意見聽取和準備

掌握現況的問題所在、歸納住宅改造目的

- 住宅改造的種類（002、004～010）原注1
- 費用概算基準（012）
- 聽取業主的意見（目的／方法）（013）
- 建物年代別的檢查（014、015）
- 向管理委員會確認共用部分、專有部分（016、017）

↓

調查費・規畫費 ▶ **現地調查**

收集資料與確認現況

- 現地調查（022）
- 實際測量（023～026）
- 圖面的復原（027）
- 既有再利用計畫書（028）

↓

設計費／開始設計費 ▶ **設計監理委託契約**

說明住宅改造的種類、範圍、費用、工程進度表等

- 工程進度表（018）
- 有無建築執照（019）
- 設計監理委託契約（020）
- 資金計畫（084～089）

↓

設計費／設計費原注2 ▶ **設計**

確保內容排除不合適項目等能滿足業主的期望

- 各個房間的改造計畫（029～043）
- 設備的更新（044～059）
- 全面改造（060～066）
- 提高性能的住宅改造（067～081）

↓

估價

確保規格、數量等符合設計概念

- 製作估價所需要的資料（082）
- 選定施工廠商（083）
- 業主的自主施工（090）
- 業主提供材料（091）
- 現場說明會（092）
- 估價調整（093、094）

↓

工程承攬契約

設計者給予簽訂契約的建議和確認內容

- 業主和施工廠商雙方交換工程承攬契約（095）

↓

設計費／監理費 ▶ **現場監理**

確保依照設計圖施工和對應現況的必要性

- 睦鄰對策（096）
- 解體（097、098）
- 設計修正（099）
- 監理（100～103）
- 業務報告（104）
- 檢查（105、106）

↓

驗收移交、維護檢修

確保年度定期檢查的進行和後續故障問題的對應

- 操作說明（107）
- 後續維護（年度檢修等）（108）
- 住宅履歷（109）

原注 1：（ ）內的數字代表會在該標題（項目）詳細說明其內容

2：依規模大小，有時設計費會分兩次支付

key word 004

局部改造

POINT

- **讓業主能夠一面正常生活，一面進行改造工程。**
- **必須留意粉塵處理、施工時間、噪音等多方面的問題。**
- **由於業主仍居住在工程現場，因此與業主形成協作模式非常重要。**

活用既有的內外裝，降低費用

局部改造是指在限定的範圍內進行改造工程[圖]。局部改造的場所和工程內容雖然各有不同，其優點都是可省下搬遷費用和臨時居所的租金等費用，或可以一面過正常生活、一面進行改造工程。不過，局部改造通常平面配置圖都不會更改，因此很難根本性地解決不便的部分。

進行業主仍居住在工程現場的住宅改造時，必須注意的事項包括：改造部分的養護、解體時粉塵的處理方法、施工時間、工程期間的噪音、以及改造場所的替代措施等多方面的問題。因為容易產生困擾的要素很多，所以必須與業主審慎地討論和協商。

例如，改造廚房等日常使用的場所時，就必須與業主充分討論，建立適當的協作模式。

局部改造的具體事例

因設備老舊進行局部改造的有廚房、浴室、盥洗室等場所。

而當家族成員結構和生活型態發生變化時，常會隨之出現房間的增建或變更孩童房間的用途、將和室變更為洋室等的局部改造。另外，也有包含無障礙設施在內做為高齡化對策的改造。

在改善生活環境的局部改造方面，包括為了採光和通風需求設置開口部，以及改善溫熱環境更換複層玻璃等改造。

還有以改善舒適性為目的的客廳、飯廳改造，和以充實嗜好為目的、將用途變更成隔音室或家庭劇院的改造。

此外，還包括壁紙、地板的更換和外牆的修繕等，從極小部分到大規模外觀樣式的更換等，局部改造的種類相當地多樣。

圖　局部改造的檢查重點[原注]

1 廚房

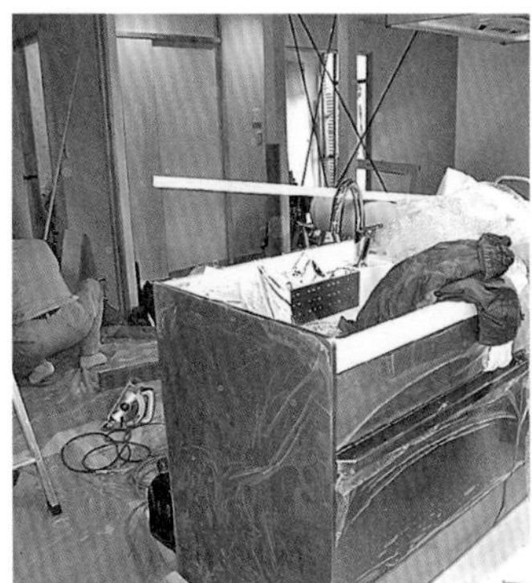

因為是日常頻繁使用的場所，必須讓工期在短時間內完成。檢查既有配管的接合部（034）

2 浴室

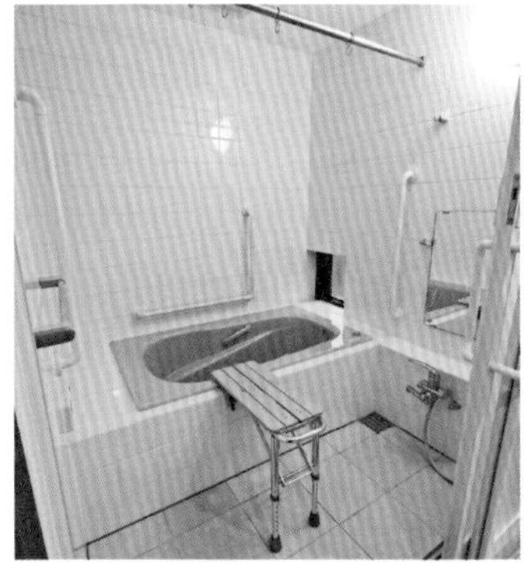

確保寬敞度是原來浴室的同等以上（035、036）

3 家族成員結構的變化

以增建房間、變更用途因應家族結構的變化，但是必須檢查與其他房間的關係，避免產生死角空間

4 和室→洋室

檢查和室地板的高低差、上框的處理等（037）

5 無障礙設施

符合高齡者使用的改造，會變更扶手的位置和裝設止滑裝置（008）

6 採光和通風改善

改造時新裝設的窗戶。整理、檢視對策內容（030）

7 溫熱環境的改善

檢討為了改善溫熱環境，裝設複層玻璃等可達到的效益範圍。整理、檢視對策內容（067）

8 客廳・飯廳

因應以飯廳為主要生活空間的需求所進行的設計（033）

9 家庭劇院

為了充實嗜好的住宅改造。由於並非與實際生活密切相關，因此採取多功能用途的設計（080）

原注：（ ）內的數字代表會在該標題（項目）詳細說明其內容

key word 005

全面改造

POINT

- 保留原本的結構體不動，內部則全面改造。
- 屬於大規模修繕，有時必須提出申請，因此需注意相關法規。

設計的自由度高

所謂「全面改造」是指僅保留建築的結構體不動，而進行內部的全面性改造。

木造住宅的結構較容易改造

獨棟住宅的改造方面，依據規模、結構形式等條件也有所不同，有時必須申請建築執照。因此，進行設計前確認既有建築物的檢查完成證明（使用執照），是很重要的事項。

相較於鋼骨、RC造建築，木造建築較容易進行結構體的改造，因此常常會進行柱子和斜撐等結構牆的移動、樑的更換。依據建築基準法的規定，建築規模為二層樓的住宅大多無須提出申請，但仍須遵守相關法規[圖1]。[譯注]

另外，鋼骨、RC造建築的結構變更，由於必須進行結構計算、施工等大規模工程，因此一般大多採取使用原本的結構，僅做內部全面改造。不過，若是為了符合現今基準而進行耐震補強或浴室遷移、設置書架而需要補強地板等，載重有所變更時，也必須確保有足夠的結構承載力。

公寓大廈是典型的全面改造

公寓大廈住宅的結構體、窗框屬於專有使用權的共有部分，因此無法變更。不過除此之外，伴隨設備更新的拆除地板、牆壁、天花板等改造，相對上較容易規畫設計。全面改造通常也都是指這種模式的改造[圖2]。雖然是在住宅內較能自由地設計，但是連通整體建築物的設備管道間還是無法遷移的。此外，也必須符合地板隔音等級規定等規約的要求[照片]。

譯注：台灣可依據營建署〈建築物室內裝修管理辦法〉公告，向建築管理處申請「室內裝修施工許可證」，適用對象和適用辦法詳見規約內容

圖 全面改造的範圍[原注]

1 獨棟住宅的改造範圍

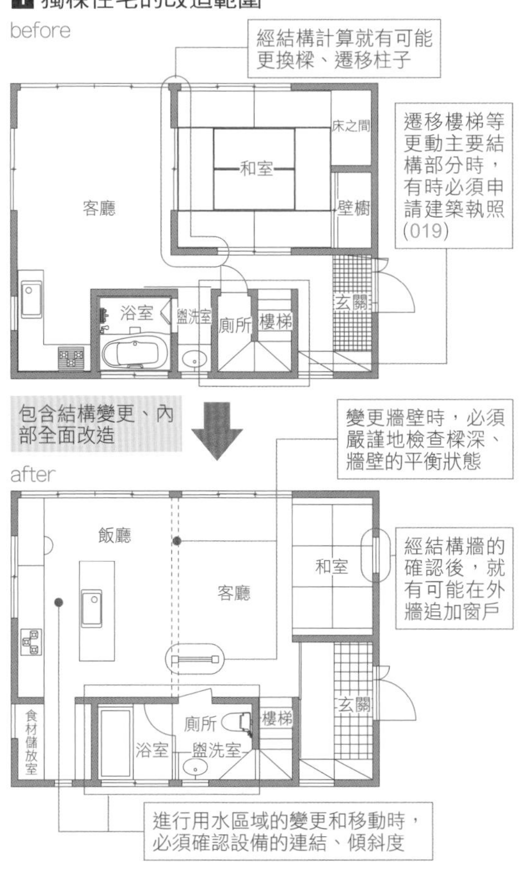

2 公寓大廈的改造範圍

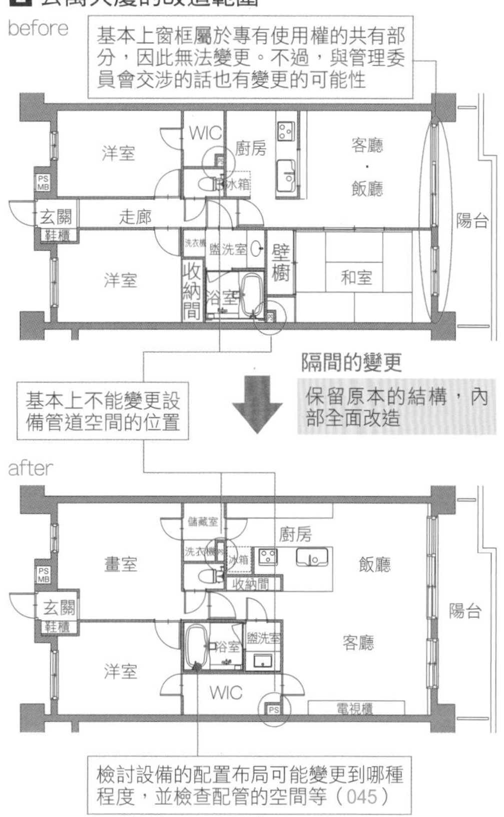

照片　全面改造時必須保留的部位

獨棟住宅的改造

雖然地板、牆壁、天花板完成面和專有部分的設備配管、電力配線都可以全部拆除，但必須再次確認柱子和樑、斜撐等結構牆的狀況，必要時檢討追加或移動

公寓大廈的改造

雖然地板、牆壁、天花板完成面和專有部分的設備配管、電力配線都可以全部拆除，但是連通整體建築物的設備管道間，以及屬於共有部分的既有窗框等，基本上無法變更

原注：（ ）內的數字代表會在該標題（項目）詳細說明其內容

key word 006

增建、減建——調查與準備

POINT

- **增建、減建會牽涉到結構體工程。**
- **必須查閱法規和檢查結構。**
- **屋頂和外牆的防水工程將是重點。**

前面各篇所述為改造內、外裝的相關內容，本篇將討論增減居住範圍的住宅改造。

增建時必須注意接合部的收整和防水措施

當子女結婚和家族成員增加而使居住空間變得狹窄侷促時，通常會進行增加樓地板面積的改造。此種增加住宅樓層和房間數量的改造稱為「增建」。如果增建的樓地板面積超過10平方公尺的話，就必須申請建築執照。斜線限制、建蔽率、容積率等相關規定也要加以注意。此外，還包括避難通路的確保，以及火災延燒防止線等，必須檢查的項目相當多。

確認結構強度是不可忽略的檢查項目之一，尤其是增建部分與既有建築之間的接合部，必須加強遮雨等防水措施。

增建會使住宅的資產價值提高，導致固定資產稅（房屋稅）也隨著增加，這一點必須向業主充分說明[圖1]。

減建時必須注意承重牆的減少

基於子女離家獨立生活使家中多出閒置房間等理由、而進行減少樓地板面積的住宅改造稱為「減建」。一般會認為減建屬於削減住宅面積的工程，無須申請建築執照。不過，依據現今法規的基準，既有的建築物有可能是屬於不合法的建築，因此必須調查是否符合相關機構的法規基準，尤其應特別注意減少承重牆的部分。

此外，兩層樓建築變更為單層平房時，大多會牽涉到外牆和屋頂的改造工程，因此改造部分和既有建築物之間的防水工程，是關鍵性的重點。

像上述這樣的部位，必須事先嚴謹地檢討收整的做法。同時，結構體的腐蝕和白蟻災害等狀況，也和其他的改造一樣，都是不可忽略、且必須充分確認的項目[圖2]。

圖1 增建例

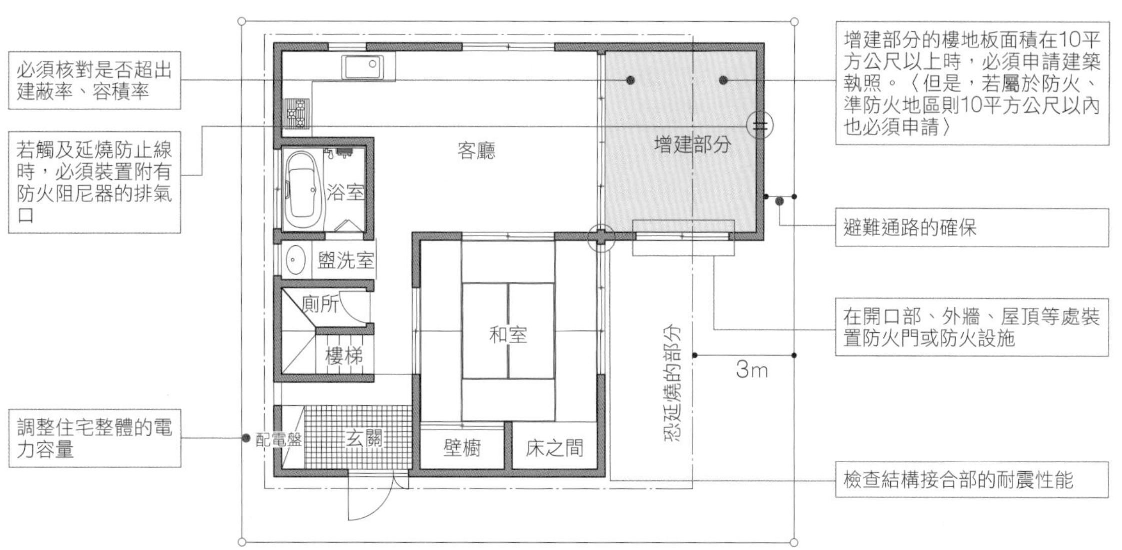

圖2 減建例

改造1

拆除二樓成為單層平房，一樓的和室變更為臥室

- 因建築物整體的重量減輕，可能使耐震性提高
- 因重新改造屋頂，必須注意外牆的防水工程
- 可減少固定資產稅（房屋稅）

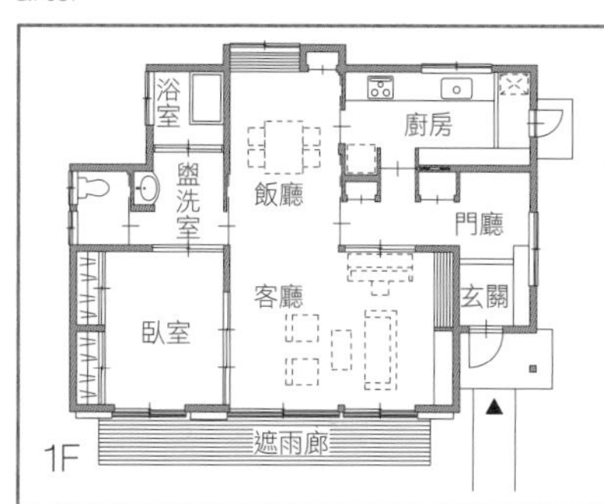

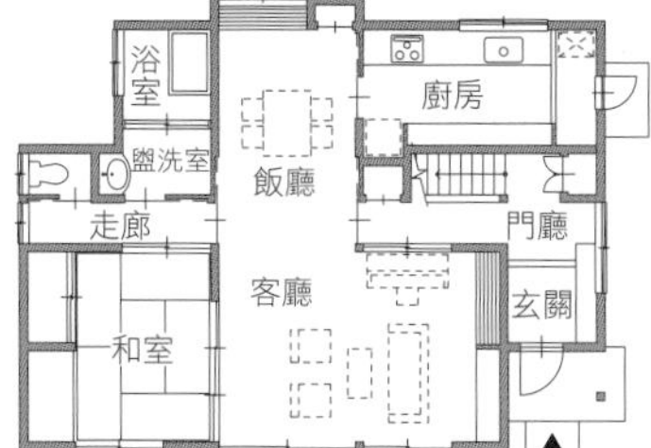

改造2

保留原本的外觀，拆除二樓的兒童房，形成挑空格局

- 必須強化結構
- 調整空調方法

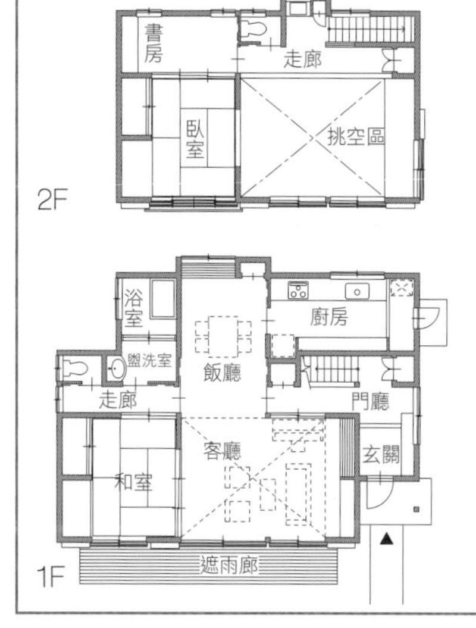

key word 007

住商複合住宅

POINT

- 改造第一種低層住居專有地區內的住商複合住宅時，必須注意樓地板面積的規定。
- 變更住宅用途時，檢查電力容量和設備配管的管路是重點。
- 同時也必須因應居住者的動線變化。

重新檢討用途變更和居住者的動線

所謂「住商複合住宅」是指與提供事務所或店鋪用途等非住宅部分合併設置的住宅。[表1]。特別是位在都市計畫上第一種低層住居專用地區內，居住部分占整體面積一半以上、同時店鋪或事務所等特定用途面積為50平方公尺以下[圖]的併設住宅，由於在建築基準法中有所限制，因此必須加以注意。

進行住商複合住宅改造時，要確保認改造後特定用途的部分不得超過50平方公尺，而且不能有規定之外的用途。

確認電力容量和配管

當居住部分變更為其他用途、或是特定用途變更為其他用途時，都必須確保設備和電力。尤其是設備配管和風管是否通暢、電力容量是否充裕、如果不夠是否能夠增加等項目的檢查。例如，美容美髮店或洗衣店因為需使用大量的水，使用之前的給水管可能會水量不足。還有，若是經營食品製造業，就必須設想到製造機的電力消耗會明顯地增加。因此當電力容量和給水量、熱水供應量不足時，就有必要修正與電力公司和自來水公司的契約內容[表2]。

如果進行擴大給水引入管和水錶口徑的話，成本也會大幅增加，因此必須加以注意。

確認動線

在變更住宅用途的計畫上，要注意必須重新檢視居住者的動線。設計出在住商複合住宅中，居住者可以在居住部分和店鋪或事務所部分兩處來去自如的動線。同樣地，若計畫從事務所或店鋪變更為類似補習班用途時，也有必要針對新的用途檢討內部的動線。

表1　住宅的主要分類

種類		住戶的戶數	用途
獨棟建築		1戶	住居
連棟住宅	水平連棟住宅	複數住戶以水平方向連續	住居
	層疊連棟住宅	複數住戶以垂直方向連續	住居
共同住宅		複數住戶	住居
住商複合住宅		1戶	住居+事務所、店鋪等

圖　第一種低層住居區域內可興建住商複合住宅的條件

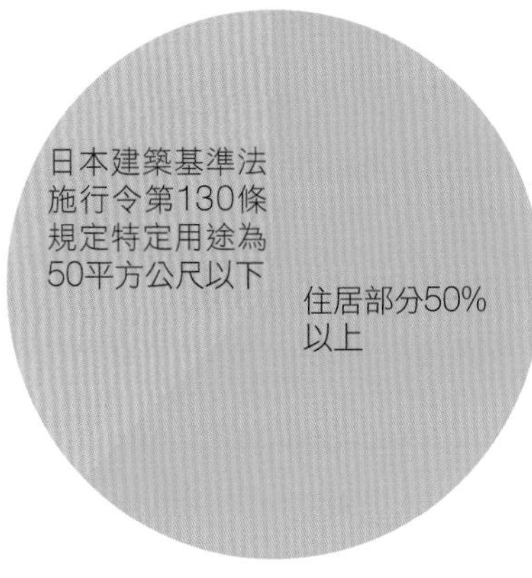

先了解住宅的種類，再計畫可做成哪種住宅型態！

表2　住商複合住宅改造時的注意事項

變更後	注意事項
美容美髮店	美容美髮店或洗衣店會使用大量的水，以目前的給水管可能無法提供充足的水量。另外，洗衣店除了一般的電力系統之外，也可採用其他動力，因此必須留意設置機械的選定。
餐飲店	食堂或咖啡廳如果是以提供簡餐為主，雖然小規模的廚房設備就足夠應付需求，但在食堂等的廚房設備中必須設置排水處理和處理廢油的濾油器等設備，因此要注意設備和電力的計畫。
零售店鋪	零售店鋪通常無須特別調整用水和瓦斯等的容量，可採取使用一般設備的計畫。不過，關於商品配置和陳列的照明計畫，會需要較大的電力容量，有時甚至會需要規劃其他電力迴路的情況，須加以注意。

例如

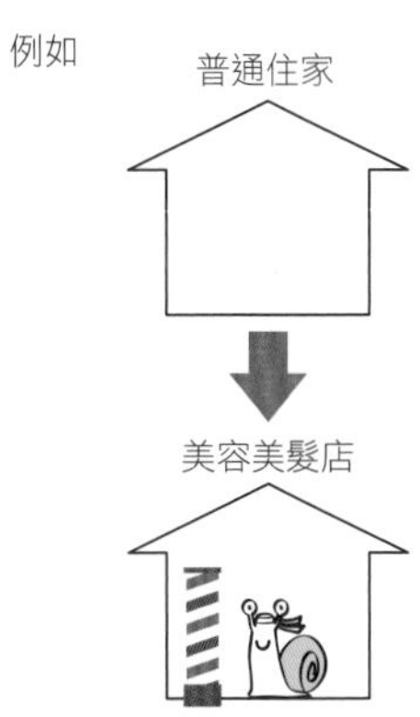

因為給水量增加，也可能必須更換水錶和增大口徑

key word 008

無障礙設施的改造

POINT

- **除了設置扶手、消除高低差之外，也必須檢討動線的流暢度。**
- **考量將來可能需要使用輪椅，採取各部分均預留較寬裕尺寸的設計。**

無障礙設施的改造，是為了消除目前居住上的不便場所和危險場所。同時，也考量到將來的高齡生活所做的改造提案[圖]。

消除高低差及裝設扶手

以需求來說大多數都是要消除室內地板、玄關和通道間的高低落差、以及裝設輔助扶手等設施。

在消除高低差上，一般會採取墊高法、或是設置坡道。不過，以加高地板的方式處理時，選擇要消除哪個位置的高低差會是問題所在。和室和洋室的高低差，可以在門檻部分裝設斜角板、或是製作新地板將洋室的地板高度加高，藉此消除兩處的高低差。玄關框則可採取加高外玄關部分的地面高度來減少高低差。此外，若是屋齡高的老住宅，通常陽台與室內的高低差都會較大。利用鋪設置放式承板，也是一種改善高低差的方法。

扶手可裝設在玄關或走廊、浴室或廁所等移動時、或起立坐下時需要輔助的場所。即使改造當下沒有裝設扶手的必要性，最好還是能在將來需要裝設扶手的場所預先做好基底的補強處理。

規劃移動負擔少的提案

若是獨棟式住宅，可將廚房、浴室、廁所、盥洗室、臥室配置在同一樓層，採取能夠讓住宅內的移動負擔少的方案。遇到難以配置在相同樓層時，也要做成能裝設家用電梯或樓梯式升降椅的計畫。

此外，針對將來看護的需要，會希望採取各部分均預留較寬裕尺寸的設計。若考量使用輪椅的話，走廊通道的有效淨寬至少應確保有850公釐以上、轉角處則應確保有900公釐以上，以便輪椅能夠變換方向。如果受限於結構而難以施行時，可改採通過其他房間的方式確保動線的通暢。

圖　無障礙設施的檢討項目與重點

1 消除高低差

為防止在室內跌倒或絆倒，必須消除數公分到數十公分的高低差。若因結構上的因素無法消除高低差時，則應尋求其他替代方案。最終應將高低差集中於一個場所，利用斜角板或坡道加以消除

以加高方式消除高低差

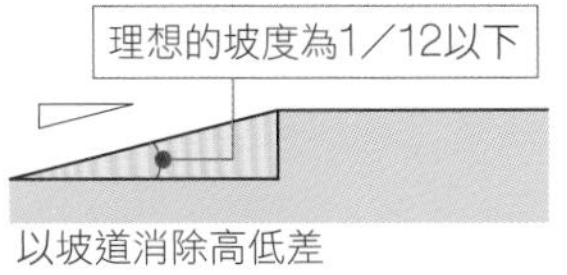

以坡道消除高低差

2 設置扶手

裝設在住宅內走動或起立、坐下輔助用的扶手，或是在將來預期設置扶手的壁面，進行基底的補強處理，以便扶手的裝設

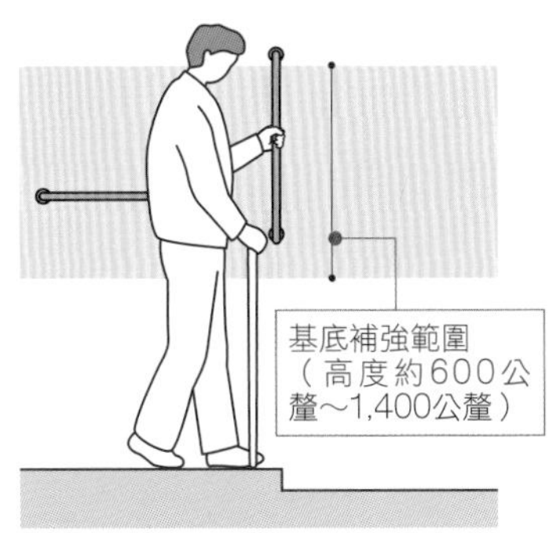

3 無障礙的動線

檢討浴室、盥洗室、廁所、主臥室的無障礙動線設計

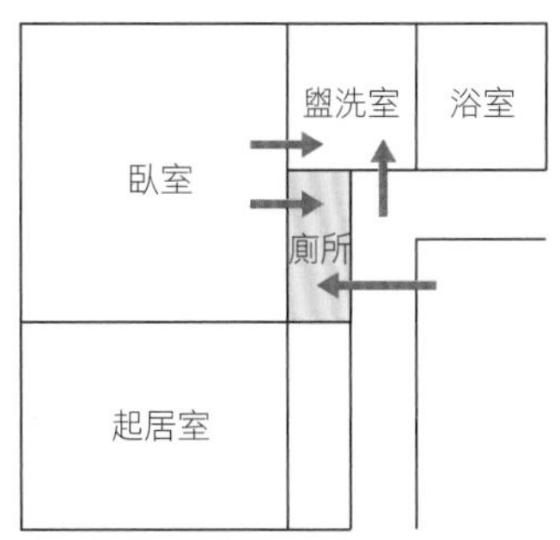

走廊通道和臥室出入動線，都要確保居住者能以最短的距離移動，同時方便看護人員的照料

4 照明器具

考量視力衰退的因素，裝設夜間照明用的腳燈

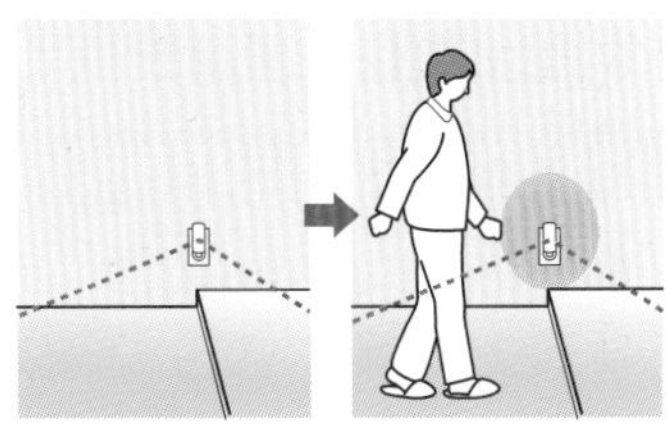

照度與輝度

由於視力衰退，當然得提供明亮的照明環境，但是僅有主照明的燈光，反而會因眩光而看不清楚。因此應多採用間接照明，擬定整體明亮且不刺眼的照明計畫

5 確保動線的通暢

確保使用輪椅時容易移動的動線。走廊通道能有充裕的寬度是較為理想，若結構上難以變更的話，應檢討以其他動線替代

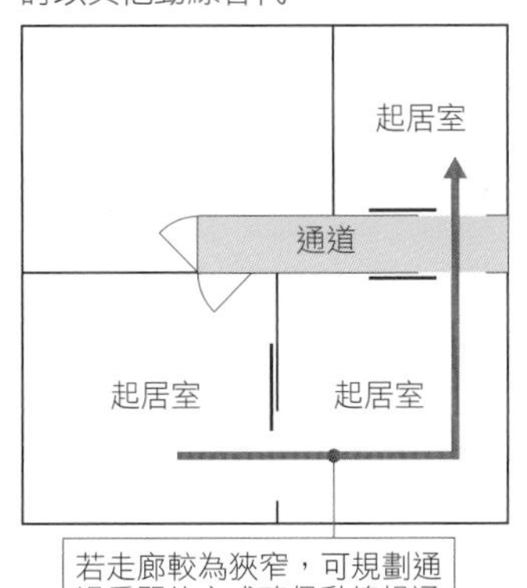

6 門扇的改善

考量使用輪椅時的情形，為使推拉門扉時有足夠的空間，盡量變更為水平式拉門。如果結構上難以變更的話，也應檢討變更為輪椅容易使用的門扇設計

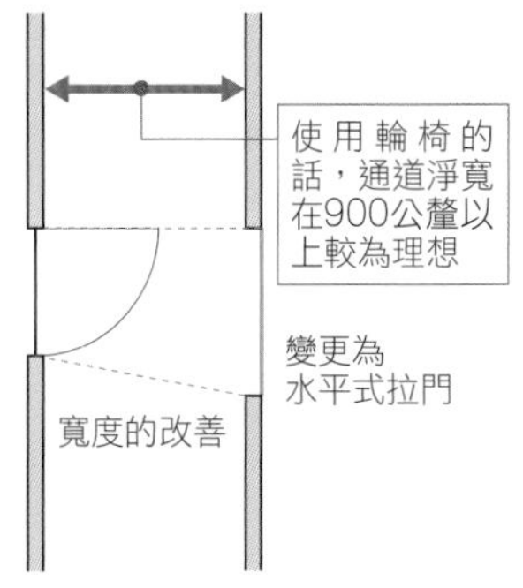

7 盥洗室・廁所的寬廣度

使輪椅使用者自行如廁或盥洗的設計

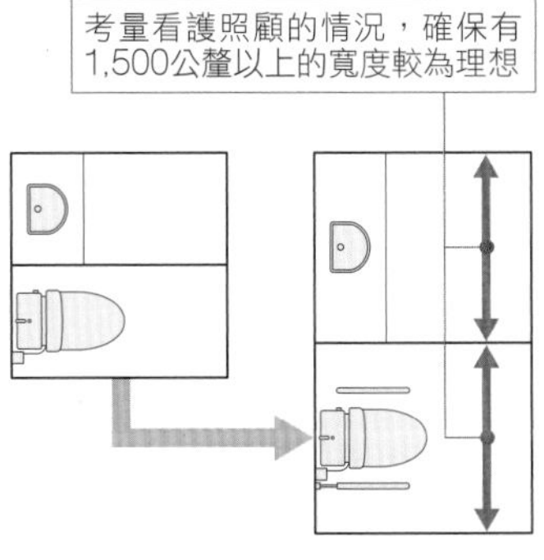

8 確保出入動線的通暢

使輪椅使用者方便進出家門，確保坡度等的通暢性

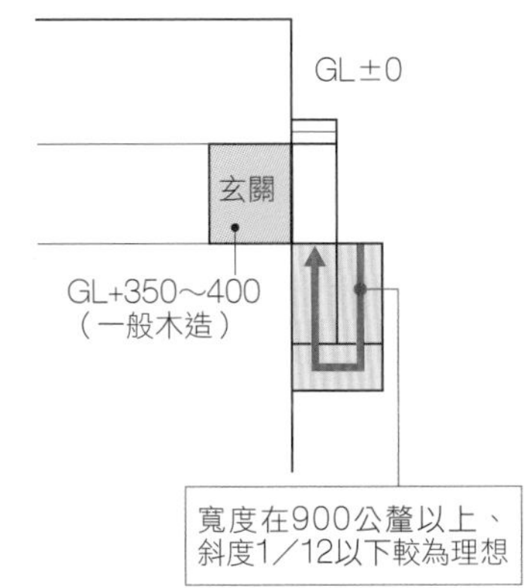

9 空氣的流通

若是局部房間裝設冷暖氣的話，應消除不同空間的溫差

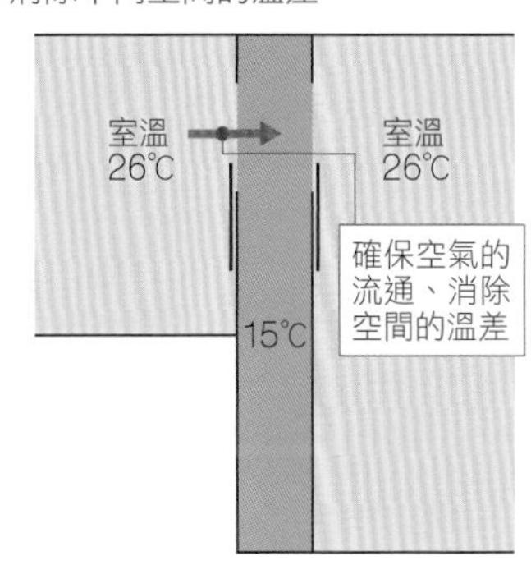

key word 009

節能改造

POINT

- 節能改造的首要工作是改善隔熱性能。
- 冷暖氣機的更換也能提高節能效果。
- 將自然能源的利用和高效率機器的使用也納入檢討。

提高隔熱性能和能源使用效率的節能改造

節能住宅改造必須從強化隔熱性能和裝設高效率機器兩個方向著手。

第一步就是進行隔熱改善的改造。隔熱效能低的住宅容易受到外部氣溫的影響，熱損失較大，使得冷暖氣的效率低落、能源消耗的負荷變大，導致運轉費用提高。在天花板、牆壁、地板內填補或鋪設隔熱材料，能確保隔熱性能、提高熱能效率，達到有效地降低冷暖氣的運轉費用。此外，在提高隔熱性能的措施上，開口部的做法會是很大的影響。因此，將單層玻璃變更為複層玻璃，或是在既有的窗框內側裝設新的窗框，形成雙重窗框等也是提高隔熱性能的方法。

其次，引進新的節能設備除了使室內環境變得更舒適之外，同時能夠提高能源的使用效率，降低電、瓦斯的費用。例如：更換冷暖氣設備也會有明顯的影響。冷暖氣空調的費用約占家庭電費的四分之一，若更換為高效能的冷暖氣空調，能夠有效地降低消費電力[圖1、2]。除此之外，引進環保設備也是最近經常被採用的節能方式之一。例如：在住宅屋頂裝設太陽能板，除了自行發電供自家使用之外，還能賣出多餘的電力。

其他節能改造還包括：將地中安定能源的地熱，做為提供冷暖氣空調、熱水供應、地暖氣的能源；以都市中的瓦斯發電，利用發電時產生的熱能製造熱水的家用燃料電池（ENE-FARM）；以熱交換器將空氣的熱能變為高溫熱能，製造熱水的Eco Cute熱水器等方式。不過，在裝設節能設備之前必須檢核設置方法的確保、足夠的裝設空間、定期檢修的費用等事項[圖3]。

圖1　家庭內各項設備一個月使用電費的比率（以四人家族結構為基準）

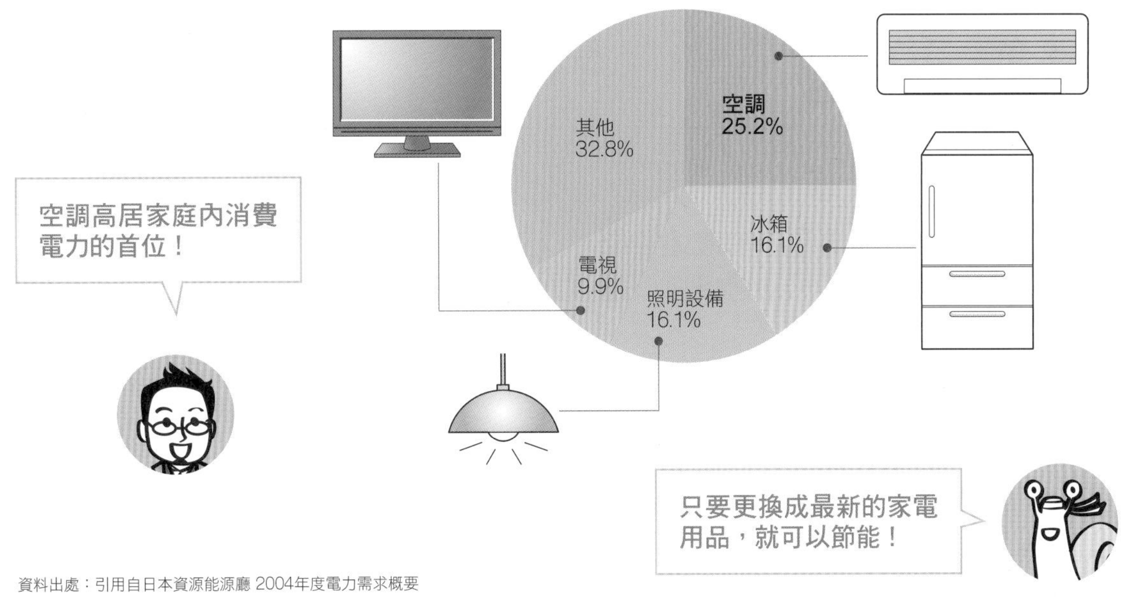

資料出處：引用自日本資源能源廳 2004年度電力需求概要

圖2　選擇節能家電用品

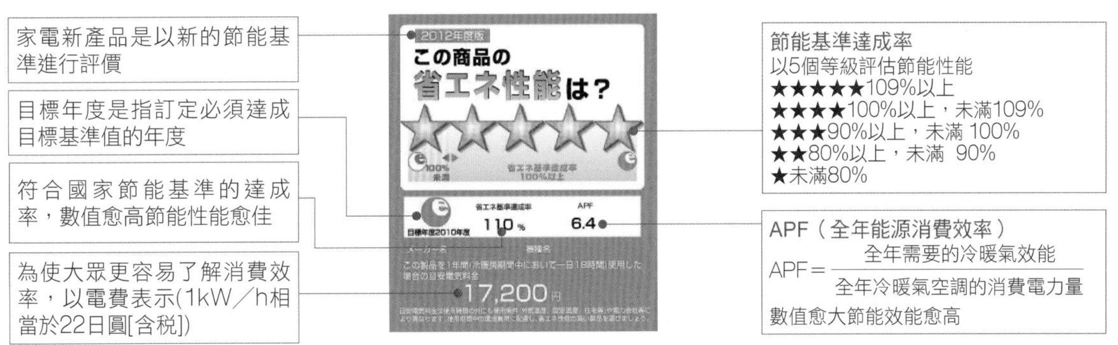

圖3　節能住宅示意圖

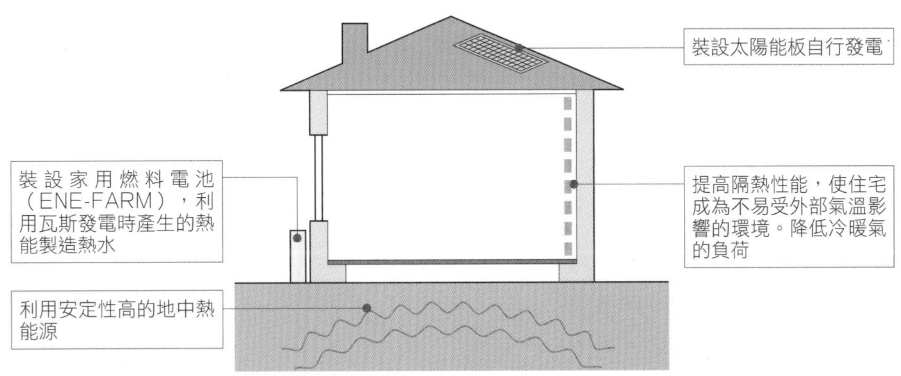

key word 010

耐震改造

POINT

- **為了提高耐震性能而進行的改造。**
- **依結構的不同，調查方法、項目、補強方法各有差異。**
- **必須選對適合的方法。**

住宅耐震改造是指提高耐震性能的改造。依據結構、工法不同，調查方法、規劃設計、補強工程也各有所異，因此必須特別留意[圖1]。

Step 1 耐震調查、診斷

木造住宅的診斷方式分為一般診斷法和精密診斷法。一般診斷法是以目視為原則，進行簡易的調查診斷[圖2]。另一方面，精密診斷則是為了最終判斷是否有補強必要性的診斷方法。精密診斷屬於調查整體結構的劣化和接合部狀態的高精度診斷方法，因此費用比一般診斷高。日本各市、區、鎮、村等機構對於提供各項免費診斷和補助對象建築物（規模、用途）、以及補助金額各有不同規定，最好能事先調查和確認。

耐震調查的內容大略包括地盤狀態、外部調查、內部調查、地板調查、天花板內部的閣樓等項目。外部調查是檢查完成面及其劣化程度；內部調查則是檢查內部的狀態和雨水滲漏等狀況。

耐震調查的方法包含檢視現況以及透過解體的目視檢查、使用檢查機器的非破壞性檢查、從結構體取樣的破壞試驗等方法。診斷費用的概略基準方面，木造住宅為10～20萬日圓，RC造（鋼筋混凝土）約1,500～2,000日圓／平方公尺左右。

Step 2 耐震計畫（設計）

依據耐震診斷結果執行補強計畫。維持建物強度的平衡性是一大重點，必須採行保有耐力超過必要耐力以上的設計。

Step 3 耐震（補強）工程

主要的補強工程包括增設斜撐和結構牆、補強基礎和樑柱等構件以及接合部等，並換掉劣化或腐朽等受損的構材[圖3]。必須留意解體時費用增加的狀況。

圖1　耐震改造的流程

必須事先了解各地方自治體的補助規定！

現地調查（一般診斷法、精密診斷法）

↓

耐震診斷（撰寫診斷書）

↓

耐震計畫（設計）

↓

耐震補強工程

圖2　耐震診斷（一般診斷法）

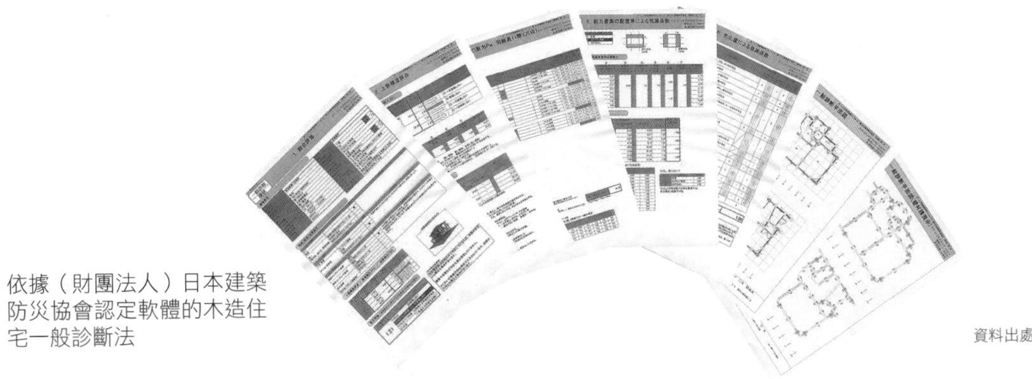

依據（財團法人）日本建築防災協會認定軟體的木造住宅一般診斷法

資料出處：Integral

圖3　構架的主要補強部位

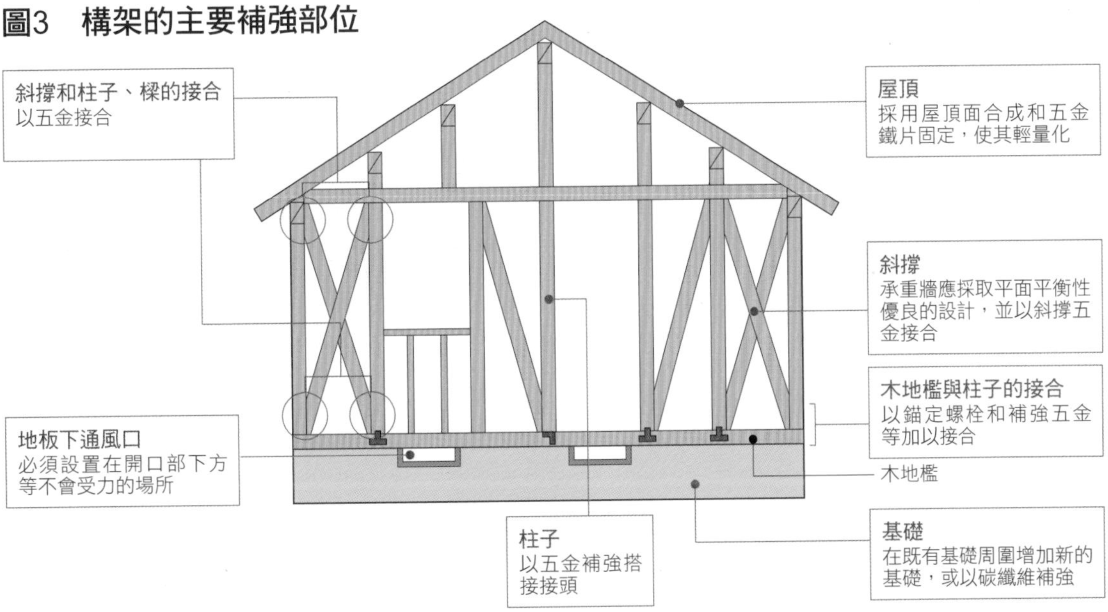

斜撐和柱子、樑的接合
以五金接合

屋頂
採用屋頂面合成和五金鐵片固定，使其輕量化

斜撐
承重牆應採取平面平衡性優良的設計，並以斜撐五金接合

木地檻與柱子的接合
以錨定螺栓和補強五金等加以接合

木地檻

地板下通風口
必須設置在開口部下方等不會受力的場所

柱子
以五金補強搭接接頭

基礎
在既有基礎周圍增加新的基礎，或以碳纖維補強

key word 011

公寓大廈改造——購入中古屋時的改造建議

POINT

- 依據物件狀態，必要的改造種類會隨之改變。
- 根據購屋費用和工程費用的總價進行評估。
- 洞察與預算相符的優良物件很重要。

工程費用和屋齡的平衡

打算購買中古公寓大廈進行改造的話，考量的重點不只是物件的售價，還需要將改造工程費用的預算一併納入，再以此尋找適合的物件[圖]。通常屋齡較久的物件，改造的工程費用也較高。依業主想要的改造類型，物件的尋找條件也會跟著改變。下列三種改造類型中，必須聽取業主期望進行的是哪種方式：

・全面改造工程：既有的內部裝潢全部拆除。雖然完成面材料、設計的自由度較高，但是工期長、費用也較昂貴。

・局部改造工程：拆除建築的一部分，重新利用保留的部分。必須注意既有部分與新改造部分的吻合度和尺度。既有部分的再利用，相對的可降低工程費用。

・表層改造工程：不變更隔間的設計，僅進行壁紙、地板的更換，以及換裝機器設備（廚房等），因此施工期間短。

周邊、環境的確認

確認住宅各個房間的景觀、日照、通風、噪音、室溫等生活環境條件，並提供適切的建議。

用水區域的確認

考量廚房、浴室、廁所等既有設備機器的再利用[照片]。如果預算較少時，可考慮選擇屋齡十年左右較新的中古物件，同時在查看住宅內部時，必須確認用水區域再利用的可能性。

共用部分的確認

確認共用部分的維修狀況。事先向管理委員會或物業管理公司詢問共用部分的改修工程、大規模修繕、專有部分的排水管高壓清洗等的施作頻率。

圖 中古公寓大廈改造時的檢查重點

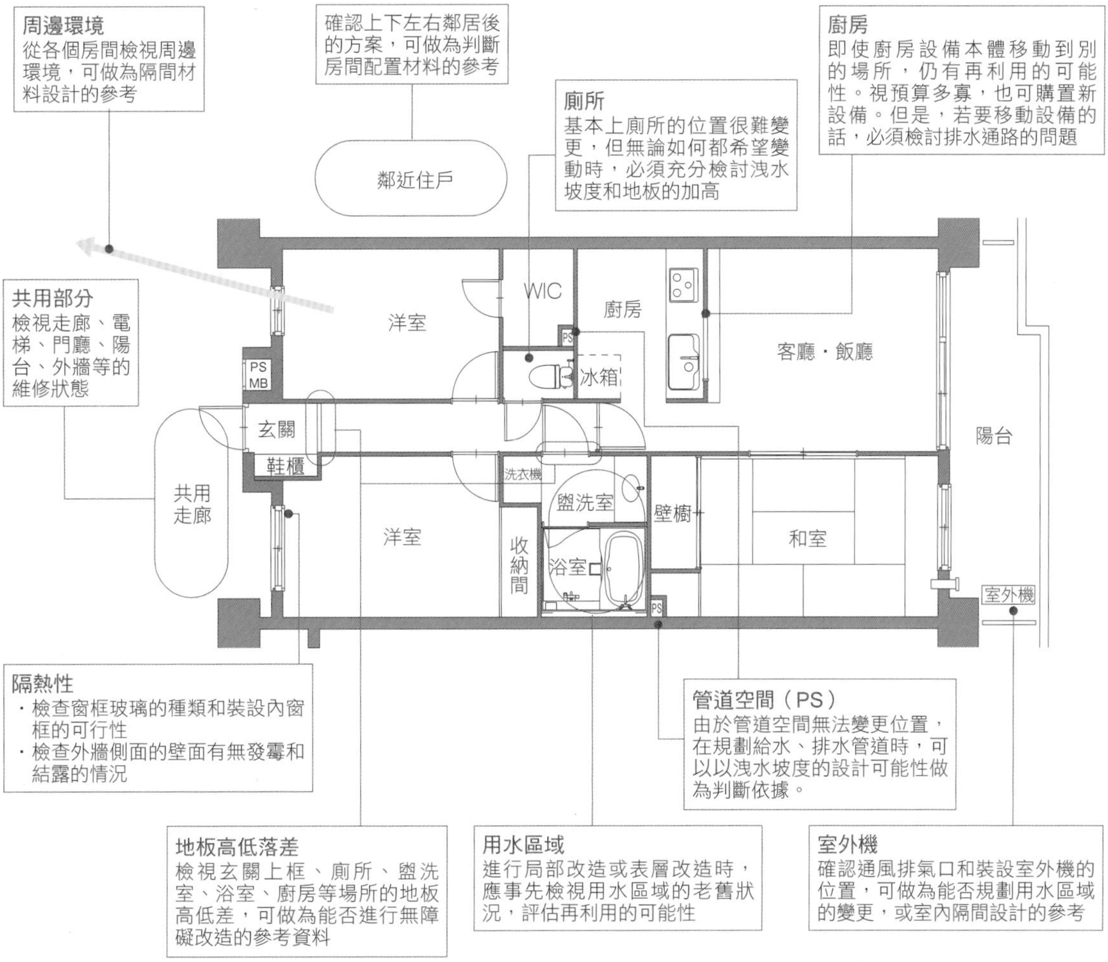

周邊環境
從各個房間檢視周邊環境，可做為隔間材料設計的參考

確認上下左右鄰居後的方案，可做為判斷房間配置材料的參考

鄰近住戶

廁所
基本上廁所的位置很難變更，但無論如何都希望變動時，必須充分檢討洩水坡度和地板的加高

廚房
即使廚房設備本體移動到別的場所，仍有再利用的可能性。視預算多寡，也可購置新設備。但是，若要移動設備的話，必須檢討排水通路的問題

共用部分
檢視走廊、電梯、門廳、陽台、外牆等的維修狀態

洋室　WIC　廚房　客廳・飯廳　PS　PS MB　冰箱　玄關　鞋櫃　共用走廊　陽台　洗衣機　盥洗室　壁櫥　洋室　收納間　浴室　和室　PS　室外機

隔熱性
- 檢查窗框玻璃的種類和裝設內窗框的可行性
- 檢查外牆側面的壁面有無發霉和結露的情況

管道空間（PS）
由於管道空間無法變更位置，在規劃給水、排水管道時，可以以洩水坡度的設計可能性做為判斷依據。

地板高低落差
檢視玄關上框、廁所、盥洗室、浴室、廚房等場所的地板高低差，可做為能否進行無障礙改造的參考資料

用水區域
進行局部改造或表層改造時，應事先檢視用水區域的老舊狀況，評估再利用的可能性

室外機
確認通風排氣口和裝設室外機的位置，可做為能否規劃用水區域的變更，或室內隔間設計的參考

照片 既有廚房再利用的例子

本照片為屋齡約十年的住宅改造事例。經過現場確認後，決定繼續利用既有的本體設備，僅更換門板的材料。廚房設備的再利用可降低改造費用。若要再利用既有的設備時，必須在現場與業主確認既有設備的狀態後，再進行規劃設計

key word 012

改造費用的概略基準——住宅改造的花費項目

POINT

- 住宅改造還必須考慮拆除費和結構補強的費用。
- 為了配合既有部分而需訂製的話，費用也會增加。
- 有搬入限制規定的話，搬運和安置費用相對也會偏高。

改造的費用與新建工程大不相同

住宅改造工程的費用上，與新建工程最大的不同在於多了一項「解體費用」。建築解體費用約占整體工程費的5%～10%，因此必須列入預算內。此外，廢棄物搬移路徑的環境、解體方法、工程範圍等因素，也會使工程的難易度改變，所以最好避免單純以坪單價來編列預算。

木造住宅改造會因為需要做某程度的結構修改，有時也是最花錢的類型。因此最好審慎地看待事前調查，設定好會有多少的費用支出[圖1]。

改造的整體工程費與新建住宅相同，甚至有時更高，所以必須根據業主所期望的內容，事先加以說明。此外，也必須了解不選擇新建而是改造的原因，和業主取得共識。在評估後發生工程費用超過新建費用時，得再向業主確認改造的意向。

許多公寓大廈都被規定地板需做好隔音措施。如果二樓以上的住戶對於地板材料有所偏好和堅持時，就必須採用具有隔音功能的雙層地板設計，因此會產生與木造獨棟住宅不同的費用。另外，搬運路線遇到樓梯或電梯時，常有尺寸上的限制，以致搬運和安置費用偏高，所以必須充分檢討上述的各項因素[圖2]。

和新建住宅相同地，在廚房、浴室、盥洗室、廁所等用水區域的設備，以及家具、隔間門窗和裝潢方面，會因為採用的設備和材料等級不同，費用上的差異性也頗大。此外，在現場施作家具、隔間門窗方面則與新建住宅不同，必須配合既有的部分來製作。像這種不採用固定規格的既製品而特別訂製的案例，別忘了注意費用提高的問題。

圖1　改造費用較高部分的例子

更換牆壁、天花板的基底和完成面
表面積大時會大幅影響工程費用
基底（PB）：利用既有的材料相對較便宜。依據完成面的不同，基底處理的費用也可能增加（例如需做混凝土基底處理時）
完成面材料：依使用的壁紙、塗裝、灰泥、磁磚、石材、木材等材料的等級，增減工程費用

變更浴室
傳統方式：90萬日圓～
系統衛浴（UB）：50萬日圓～
採用傳統方式和系統衛浴的費用不同。一般來説傳統方式的費用較高

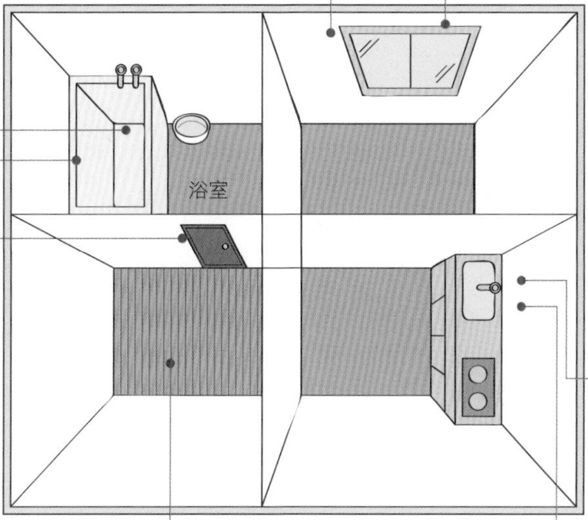

更換窗框
多數公寓大廈無法變更
窗框：5萬日圓～
裝設新窗框時，除了窗框的費用之外，還包含外牆側面的完成面和防水工程的費用
窗框的框架：2萬日圓～
採用既有的窗框可降低費用，但是裝設內部窗框時，必須檢查尺寸是否足夠

浴室

更換隔間門窗、框架、門扇
門：5萬日圓～
・一般既製品較為便宜；現場施作較為昂貴
・蝶型鉸鍊和門鎖把手的價格因面材而有差異

換裝廚房、洗臉台家具
既製品廚具：50萬日圓～
訂做廚具：100萬日圓～
・通常現場施作的費用較高，但既製品又因廠牌的不同也有高價位的廚具
・配合既有的牆壁、地板、天花板進行改造時，採現場施作的變通做法也很管用

移動用水區域的位置
變動用水區域會增加費用
公寓大廈通常無法變更管道空間（PS）的位置
・重新配管
・必須留意隨著排水管的傾斜度變更地面水平等問題

更換地板的基底和完成面
基底：4,000日圓/平方公尺～
基底做成具隔音效果時，費用也會隨之增加
完成面材料：鋪設地板：3,000日圓/平方公尺～、磁磚：6,000日圓/平方公尺～、石材：6,000日圓/平方公尺～、地毯：2,000日圓/平方公尺～、榻榻米：15,000日圓/平方公尺～、塑膠地板：1,000日圓/平方公尺

圖2　公寓大廈改造估價的例子

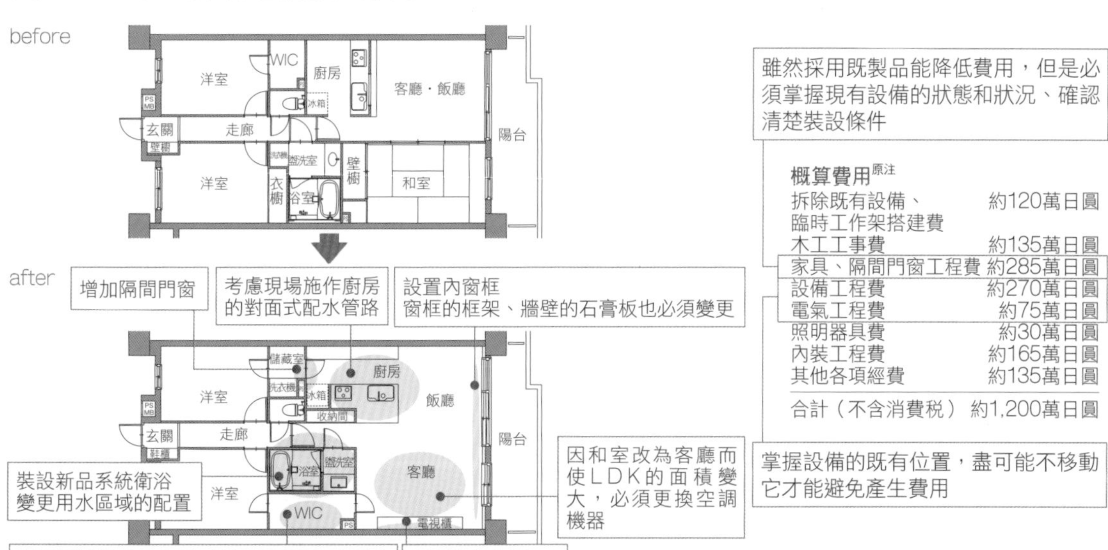

概算費用[原注]

拆除既有設備、臨時工作架搭建費	約120萬日圓
木工工事費	約135萬日圓
家具、隔間門窗工程費	約285萬日圓
設備工程費	約270萬日圓
電氣工程費	約75萬日圓
照明器具費	約30萬日圓
內裝工程費	約165萬日圓
其他各項經費	約135萬日圓
合計（不含消費稅）	約1,200萬日圓

原注：所列的金額僅是概略基準，須視現場狀況調整

key word 013

聽取業主的意見——明確了解改造目的

POINT

- 很多業主無法清楚傳達自己的需求和期望。
- 設計者必須傾聽、詢問，了解業主真正的需求和期望。
- 針對業主的要求做出精確的判斷，以執行規畫設計。

明確了解改造目的

為了執行高滿意度的住宅改造計畫，首先必須透過聽取業主意見的方式，明確了解業主的改造目的[圖1、2]。在聽取業主需求上，可從1修繕、設備的更新、2空間的改善、3性能的提高等三項分類加以確認目的，這樣能較容易調整出需求的優先順位[圖3]。可以在最初階段裡就弄清楚業主在1～3之中，最重視的是哪個部分。

1 修繕、設備的更新

因住宅老舊或設備故障造成生活不便和障礙時，進行結構改造和設備更新，能使住宅變成可長期舒適居住的狀態。

例如：老舊住宅常有電源插頭的數量和迴路電力容量不足的情況。還有一些案例是因為給水量或熱水供應量不足，導致無法獲得足夠的淋浴水壓、或是感覺水洗次數變少了很不方便。對於上述不滿的情況，有時業主會認為無法改善而未表達出來，因此必須詳細地詢問清楚。

2 空間的改善

當業主對於住宅隔間感到不滿意時，可將業主的需求歸納整合後，提出包含改善動線在內的設計方案。然後，聽取業主對室內設計的喜好樣式或風格等意見，並且確認哪裡是預算較多、必須講究的場所，比如客廳、廚房、用水區域等，以及哪些場所是採用標準規格即可。

3 性能的提高

針對家庭保全、地暖氣和太陽能發電等最新設備，以及提高節能性能、隔熱性能和耐震性能等設備的導入，必須加以確認改造的優先次序。由於許多業主本身對於上述事項常有錯誤的認知，所以設計者必須以專家的角度提供正確的建議。

圖1　從聽取業主意見到規劃設計的流程

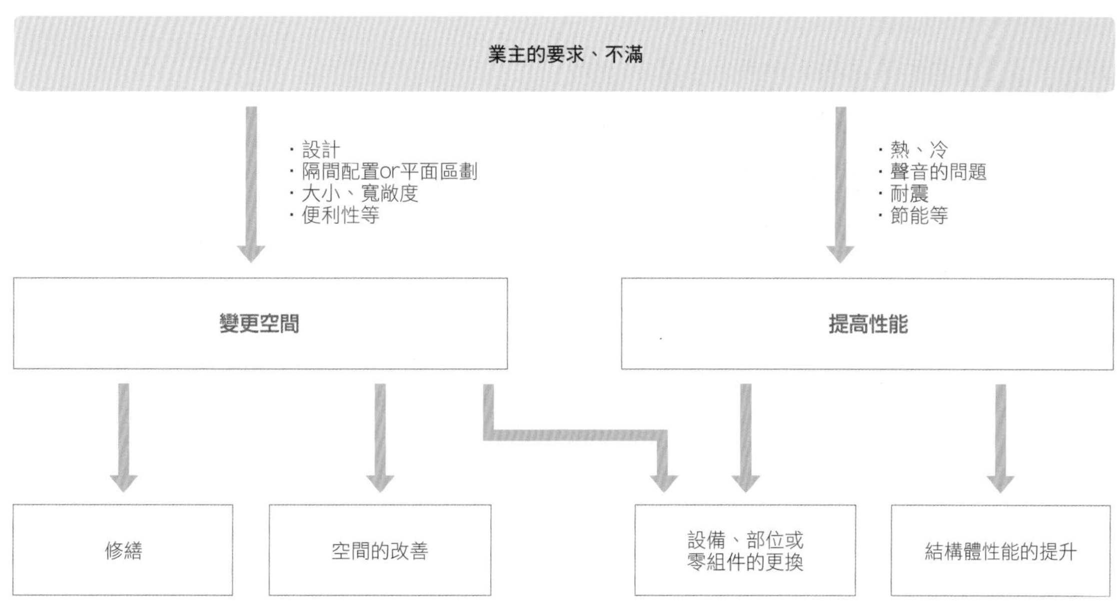

圖2　業主的要求清單範例

1 填入業主和建物的基本資料
2 填入希望改造的場所和部位
3 填入希望修繕的場所、對不便使用的缺點等現狀不滿的描述
4 填入對於 3 的改善要點、新要求要點
5 填入色調或風格等項目
6 如果有和 5 相關的資料，則加以描述
7 希望投入較多費用的填入「高」、標準的項目填入「中」、要控制費用的填入「低」，以做為評估價格的參考
8 最後填入優先順位

業主的要求清單

1

姓名	○○ □□□	聯絡電話	03-××××-××××		
住址	東京都○○區□□□1-2-3 303室				
家族成員	父（40）公司職員　母（38）兼職　長男（10）小四　長女（6）小一				
結構	RC造 5層樓建築	屋齡	20年	隔間配置	2LDK[譯注]
預算	500萬日圓	既有圖面	有・無		
預定完成日期	20××年×月左右	建築執照	有・無		

2 改造場所	3 對現狀的不滿等	4 要求	5 風格	6 其他	7 性能	8 優先順位
廚房	・獨立廚具使用不便 ・瓦斯爐具和流理台的汙垢明顯 ・收納空間太少 ・清洗餐具很辛苦	・與客廳相連的中島廚具 ・更換為IH調理爐・大型水槽 ・增加收納空間 ・裝設洗碗機	・白色 ・設計簡潔	附件資料①(業主期望的風格等資料）	高	1
兒童房	・小孩長大需要個別的房間	・一個房間隔成兩個房間的兒童房 ・房間有各自的收納空間	・將來打算還原成一個房間 ・明亮的房間	附件資料②	低	3
浴室	・狹窄、浴缸也很小 ・浴缸小無法放鬆地泡澡 ・浴室老舊無法去除汙垢 ・寒冷	・希望空間和浴缸能盡量擴大 ・希望裝設清掃和機能性優異的系統衛浴 ・裝置浴室暖氣乾燥機	・暗褐色 ・沉穩的感覺	考慮採用○○公司的 □□□ 系列	中	2
客廳	・地板損傷 ・缺少地暖氣	・更換地板材料 ・裝設地暖氣			中	5
收納空間	・缺少收納空間，物品只能放置在室內	・擴大收納空間 ・希望有WIC			低	4

圖3　決定優先順位的方法

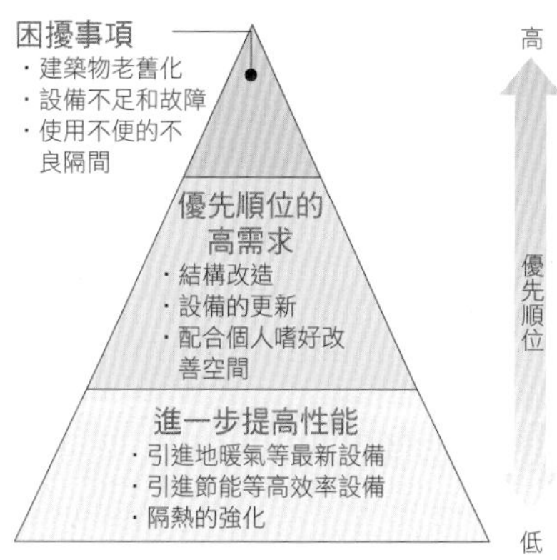

譯注：LDK即Living、Dining、Kitchen的縮寫

key word 014

年代別住宅檢查要點①——獨棟住宅・木造篇

POINT

- **由於法規的規範和生活型態的變化，各年代的木造住宅差異頗大。**
- **先了解各年代住宅的特徵，就能預測耐震改造或隔熱改造的必要性。**

日本的木造獨棟住宅隨著生活型態的變化、法律的規範、性能的需求等因素，產生了很大的變化。本章節將屋齡大略區分為三種類型，分別敘述其結構、性能的特徵。

屋齡 30 年以上（1980 年以前）

大多採用鋪瓦屋頂、外牆以塗抹砂漿並噴塗油變性合成樹脂或鋪貼木板為主流。基礎為無鋼筋連續基礎，結構材（骨架材）大多使用稱為Gr材（生材）的柳杉或扁柏等未乾燥材為主。接合部也使用一直以來慣用的橫穿板和橫架材，並未使用五金。地板下方保留泥土地面，而在地板支柱上方組裝地板，大部分的地板都未施作隔熱和防潮處理。另外，內裝牆壁的基底材也大多使用合板，幾乎都不用隔熱材施工處理[圖1]。

屋齡 10～30 年（1980～1990 年）

這個時期日本住宅的屋頂大多使用石棉瓦，牆壁採用窯燒類外壁板居多，基礎方面以鋼筋混凝土連續基礎為主流。結構材則從90年代起大多改採人工乾燥處理的Kd材（含水率不滿15%），接合部也首次使用五金接合。此外，地板下方也因為改為在泥土面上鋪設混凝土，使得直接在泥土上架設支柱來組合地板的情形減少。地板下方的隔熱施工約有五成的普及率，但是有關防潮方面的施工事例則極為罕見[圖2]。

屋齡未滿 10 年（2000 年以後）

這個時期日本住宅的外牆開始使用各種不同的外牆材料，另外基礎方面，採用可兼做為耐壓盤的板式基礎的情形增加，地板的組合也普遍採行厚層合板的無樓板格柵工法。結構材除了以往常見的人工乾燥材之外，也可看到集成材的使用，並以五金補強，形成堅固的結構體。此外，牆壁則是普遍使用結構用合板等，以及採外牆通氣工法和防水透氣膜，因此普遍公認提高了住宅性能。在設備方面，則開始裝設24小時換氣的機器設備[圖3]。

圖1　屋齡30年以上（1980年以前）的木造住宅

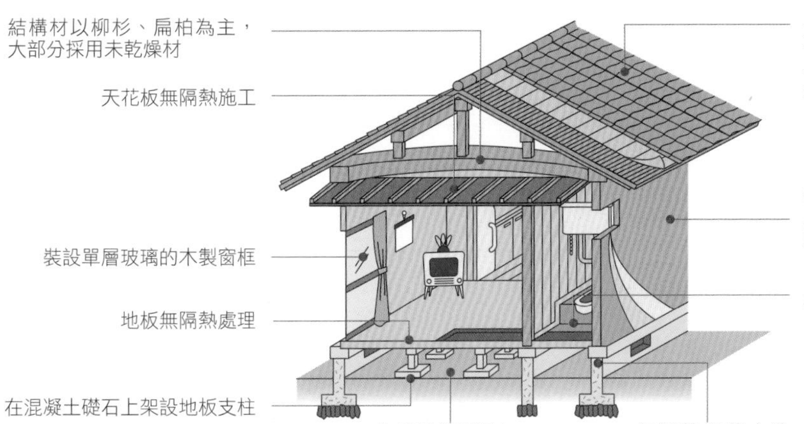

KEYPOINT

必須考量提高耐震性能、防潮性能、隔熱性能

圖2　屋齡10年～30年（1980～1999年）的木造住宅

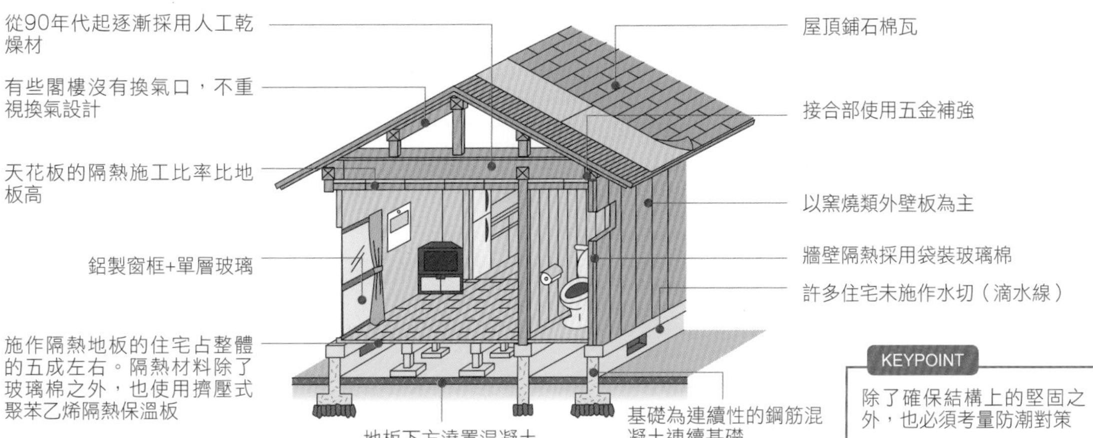

KEYPOINT

除了確保結構上的堅固之外，也必須考量防潮對策

圖3　屋齡未滿10年（2000年以後）的木造住宅

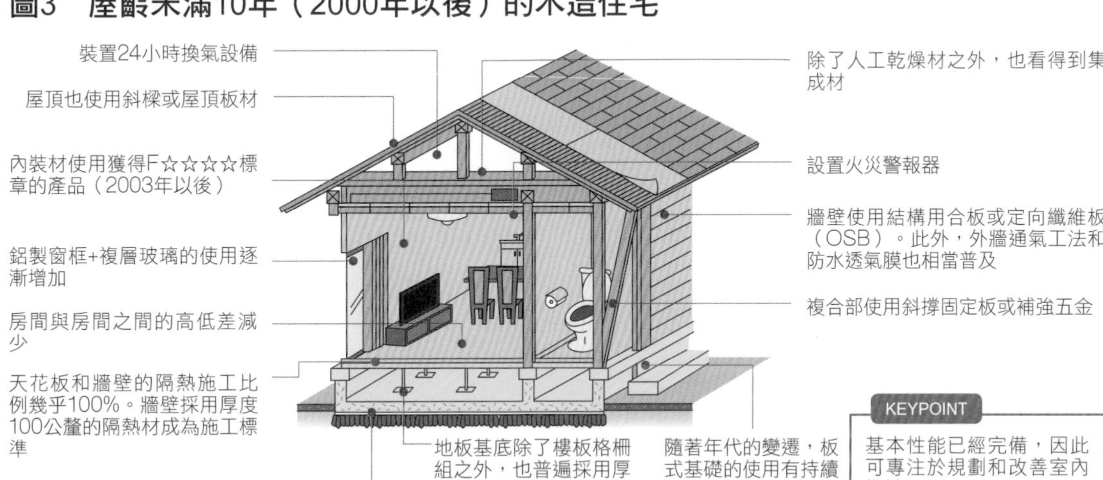

KEYPOINT

基本性能已經完備，因此可專注於規劃和改善室內設計

key word 015

年代別住宅檢查要點②——公寓大廈・RC篇

POINT

- **以公寓大廈的完工日期做為確認耐震基準的時間點。**
- **室內地板和天花板的完成面和配管路徑會依據時代而有差異。**

公寓大廈改造必須先確認是否符合耐震基準。日本的耐震基準大略區分為兩種，一種是1950年11月23日頒布施行的舊耐震基準，另一種是1981年6月1日實施的新耐震基準。[譯注]

如果是在新耐震基準頒布實施之後興建的公寓大廈，就可大概判斷是與現行基準同等、可承受震度6弱的地震的建築物。[原注]此外，老舊公寓大廈所使用的結構用鋼筋，大多為圓棒鋼筋。比起主流的異形鋼筋，在強度和拉伸抗力方面都較差，因此耐震性上會有不安的疑慮。

老舊公寓大廈的注意要點

許多老舊的公寓大廈常見在樓板上直接鋪設完成材的「直鋪地板」方式，以及在上層的樓板下方直接鋪貼壁紙等完成材的「直鋪天花板」形式。給水排水管等管路也大多直接埋設在樓板之中，因此當大幅度隔間變更或維修時，便會產生問題。

另外，配管也有通過下層天花板內部的情況。當進行配管的更換或維修時，就必須解體下一樓層的天花板內部，因此對其他居住者會造成直接的影響[圖1]。

RC造種類和隔間變更時的注意要點

RC造分為構架結構和壁式結構[圖2]。前者可經由拆除隔間牆，較容易變更隔間設計；後者由於是將住戶內的結構牆配置為住戶隔間牆的一部分，因此較難變更隔間配置方式和開口部。

不過，依據檢查和結構計算，經嚴謹檢討並加以補強後，如果能證明沒有結構上的問題，也有將結構牆拆除、使相鄰的兩戶合併為一戶的可能性[圖3]。但是，因為結構體屬於共用部分，所以必須事先查明管理規約的規定。

譯註：依據營建署建築技術規則，不同區域之耐震係數標準不同，全台劃分為「地震甲區」及「地震乙區」。耐震係數為0.23~0.4，可以承受5~6級的地震搖晃

原注：新耐震基準
・達震度5時建物不會損壞
・即使達震度6時建物也不會倒塌，能確保屋內住民的安全

圖1　老舊公寓大廈常見的地板、天花板管路的特徵

直鋪地板

雖然具有天花板較高的優點，但是樓板不夠厚的話，樓下會聽到腳步聲

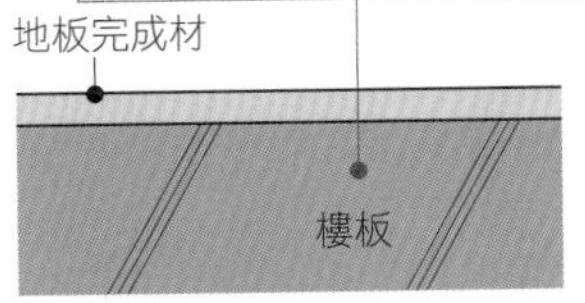

直鋪天花板

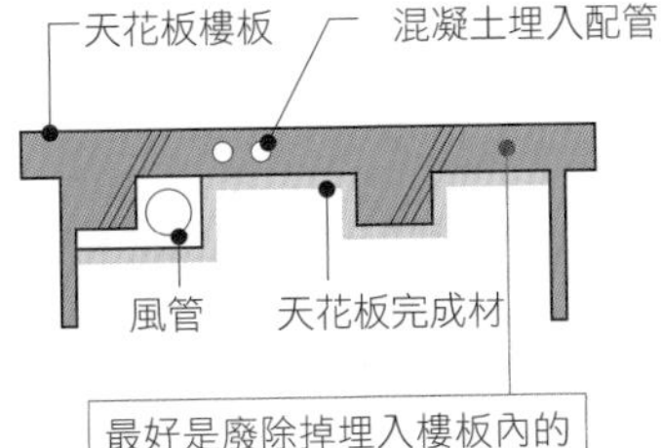

最好是廢除掉埋入樓板內的配管，改採雙層地板、雙層天花板的方式，在地板下方或天花板內部配管

樓板下方配管

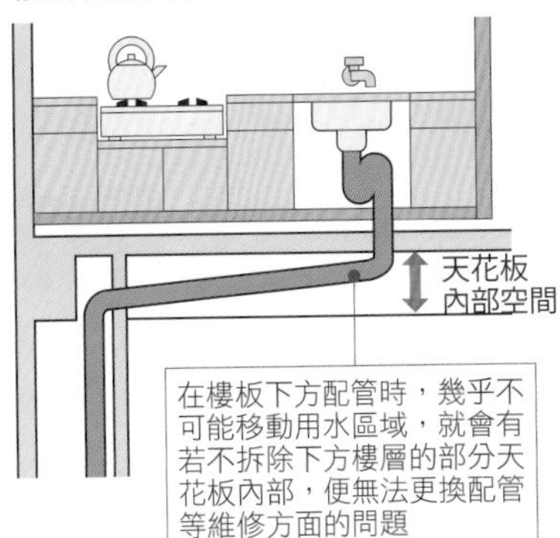

在樓板下方配管時，幾乎不可能移動用水區域，就會有若不拆除下方樓層的部分天花板內部，便無法更換配管等維修方面的問題

KEYPOINT

直鋪地板、直鋪天花板大多將配管埋入樓板內。如果採取樓板下方配管的方式，則必須確認樓板是屬於專有部分還是共有部分

圖2　構架結構、壁式結構

構架結構

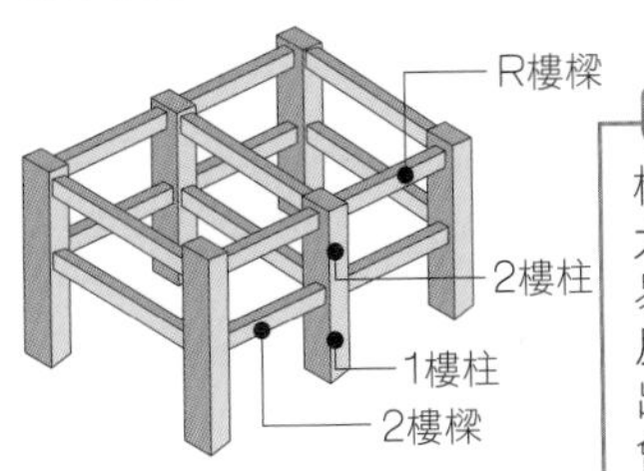

KEYPOINT

柱和樑的骨架構成了大型開口部、以及容易自由規劃的空間，反倒是柱或樑是露出、還是隱藏起來，會成為設計上的課題

壁式結構

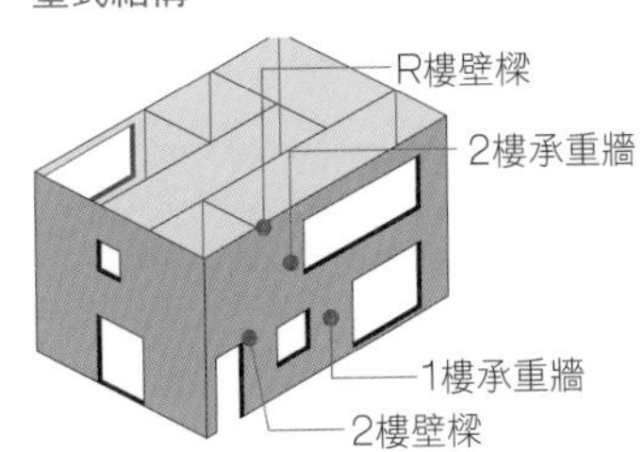

KEYPOINT

以牆壁組立結構，形成沒有樑和柱的通暢空間，但是在大空間規劃上會有限制，隔間的變更也會受到侷限

圖3　兩戶變更為一戶的改造例子

拆除隔間牆時，別忘了結構計算

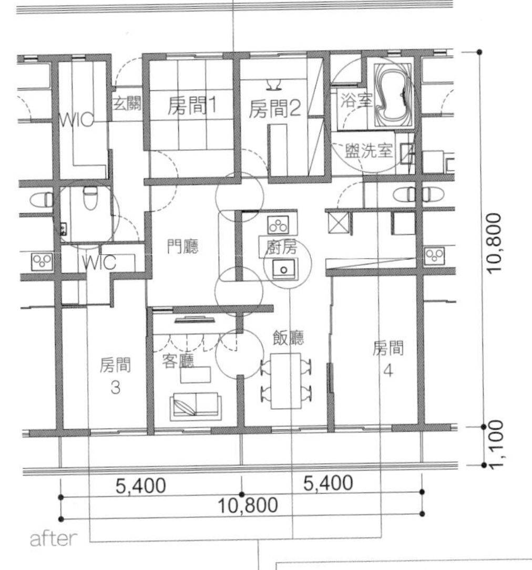

能依照既有管道空間（PS）的位置，配置廚房、浴室等用水區域

KEYPOINT

必須檢討是否可能兩戶變更為一戶的管理規約修正構想，以及執行後管理規約的修改、登記等相關手續

key word 016

公寓大廈改造①——共用部分與專有部分

POINT

- 釐清所有權區分是公寓大廈改造時很重要的事項。
- 玄關門和陽台屬於共用部分不可任意變更。
- 專有部分施工時也必須事先向管理委員會諮商。

在執行公寓大廈住戶的改造時，必須區分不可變更的共用部分、以及業主（所有者）可依照判斷自由變更的專有部分[圖1]。此外，施工前向管理委員會辦理手續時，往往需要一些時間，所以事先確認施工進度表是很重要的事項。

共用部分是全體住戶的財產

共用部分的範圍除了包括公寓大廈的外牆、屋頂、基礎等結構體，以及電力設備、給水排水衛生設備、瓦斯配管設備、火災警報設備、入口、走廊、電梯等共同使用的部分之外，還包含連結外部的窗框、與鄰居共有的分界牆（僅表面完成面為專有部分）、住戶內的結構牆等部分[圖2]。

除此之外，只能從住戶內部使用的陽台，雖然賦予區分所有權者擁有專有使用權，但是在區分所有權上仍然屬於共用部分。

專有部分的改造也必須遵守管理規約

所謂的專有部分是指不包含在共用部分在內、屬於區分所有權範圍的東西，在設備方面，與整體連結的管道空間（PS）屬於共用部分，但是住戶內配線、配管、裝設的設備則屬於專有部分。不過，公寓大廈管理規約中，對於專有部分變更時的變更範圍、申請內容、地板隔音等級等項目，有明確記載房屋所有者應該遵守的事項，所以必須事先加以確認。

專有部分的施工也要事先向管理委員會諮詢

牽涉電力容量變更的全電化住宅、裝設空調設備等項目，雖然屬於專有部分的範圍，但是為了安裝設備，必須在外牆上鑽孔、或是在陽台上設置室外機，以及改變隔間而必須變更火災警報器的位置和數量等諸如此類，與共用部分有關連的施工項目，都必須事先向管理委員會確認和提出申請。

圖1　共用部分與專有部分的注意要點

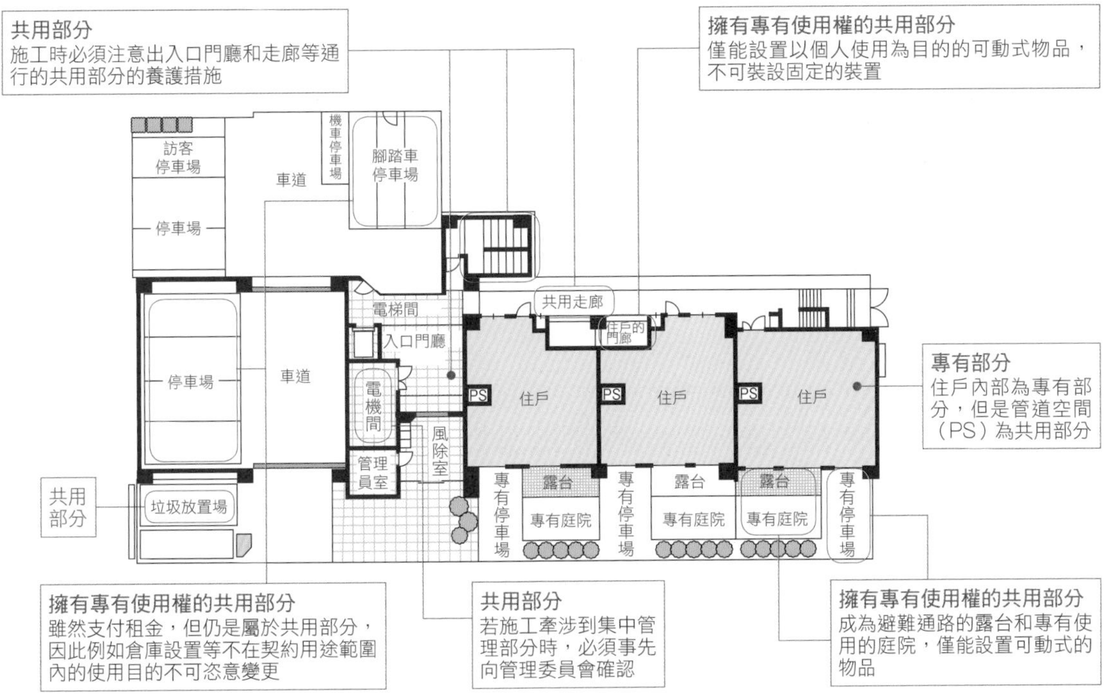

圖2　公寓大廈管理區分圖（例）

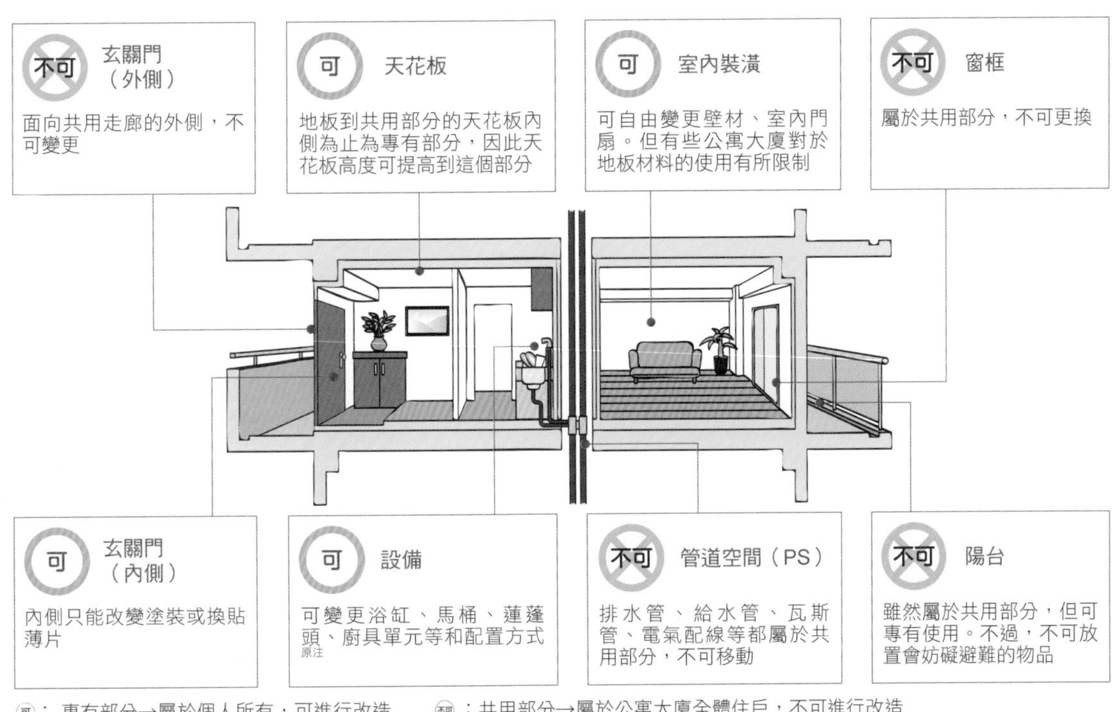

原注：確認管道空間（PS）的連接方向，在可能範圍內規劃排水傾斜度

key word 017

公寓大廈改造②——與管理委員會的合作

POINT

- 改造時必須與管理委員會合作。
- 管理規約中訂定了住宅改造時必須遵守的規則。
- 因每間的管理規約都不同，改造時須加以確認。

確認管理規約的規定是公寓大廈改造時必要的事項

公寓大廈都有明定住戶必須遵守的規約。購買新建公寓大廈時，管理規約是由房屋銷售公司所訂定，後續則由管理委員會決定和修訂。最近許多公寓大廈針對各項規格的性能基準，都訂有規定事項。

尤其是地板的隔音、振動等相關的性能基準，在進行住宅改造時，會造成很大的影響。此外，對於天花板、牆壁的改造也明定要求必須符合隔音性能的標準，所以必須加以注意。

有些管理委員會要求事前必須提出工程計畫書、規格書、工程・養護計畫，並且必須取得許可。由於經過管理委員會審查和許可的手續，就可能耗費兩個月以上的時間，所以在開工日程之前，必須預留充裕的時間[表1]。

同時注意施工期間和搬運通路

在施工相關方面，一定要確認施工期間、搬運通路等事項。施工用料和在工廠製作的訂製物品等家具搬運，也都必須配合搬運空間的寬度進行規劃。

有些高層公寓大廈會准許改造時利用非住戶用的管理者專用電梯，但是也有無法使用的情況。如果使用與住戶相同的動線時，則必須確認工程車輛的停車位置、時間等規定[表2]。

拆除既有部分建築時，應特別留意噪音、塵埃、廢棄物的問題。搬運解體之後的廢棄物，原則上採徒手搬運，因此應顧及對鄰近住戶的影響。

通常管理規約或規則嚴謹的建物較容易執行改造計畫和施工。相反的，在沒有約束和規定的情況下，較容易引起糾紛，所以必須慎重地執行計畫。

表1　在管理規約中必須確認的事項

提出申報	各個公寓大廈的管理委員會大都會準備申報用文件等。必須向管理事務室確認
附件	必須附上記載工程內容的圖面和補充資料
地板隔音等級	必須依照管理委員會規定的隔音規約決定用材。有時也會規定廠商和產品型號
提出申報時間	有些在工程開始前一天提出即可，但是也有必須取得管理委員許可，審查也有耗費2個月的情況，因此最好及早確認
睦鄰措施	視情況有些會由管理委員會提供需拜會的住戶名單

施工期間，包含上下、左右住戶的睦鄰措施很重要！

表2　必須向管理委員會確認的事項

計畫階段

嚴謹地擬定開工為止的工程（日程）計畫很重要。向管理委員會提出預留寬裕時間的工程計畫

	設計基準．工程計畫	**確認項目**	**其他**
管理規約	有性能基準	□ 地板的隔音性能 □ 振動	・特別注意噪音問題
	工程許可	□ 工程計畫書 □ 工程的規格書	・向管理委員會申報。有時必須取得許可 ・查明管理委員會的會議日程

施工階段

為了避免與管理委員會或鄰近住戶發生糾紛，在使用公共空間時，必須遵守規定事項。如果鄰近住戶的內裝採用泥作或磁磚完成面時，必須事先調查並加以記錄

	作業內容	**確認項目**	**其他**
時間・搬運通路	高層公寓大廈等的電梯使用	□ 空間 □ 可使用的時間 □ 使用規則 等	・以對住戶影響最小的方式訂定計畫
	工程車輛的停車場所	□ 如果無法在出入口附近停車時，資材的搬入和解體後的廢棄物就得徒手搬運 □ 能夠使用的時間	・必須獲得管理委員會的確認

key word 018

改造的進度表

POINT

- **確實掌握改造相關的確認事項或工程內容、工程種類等要項。**
- **必須先了解施工的流程。**
- **根據改造的種類和圖面的有無，施工期間長短各有差異。**

簽約前的準備與調查期間

住宅改造牽涉到各種工程種類和調查等複雜的事項[圖]。一開始先聽取業主的期望和條件，同時進行現地調查、收集既有圖面等，確認業主的改造目的。通常公寓大廈的建築圖面，大多由管理委員會或管理公司保管。能獲得業主的許可，直接連絡的話手續上較為方便。

獨棟建築的圖面必須配合實際的狀況，確認是否基本上由業主自行保管、還是必須透過業主向當時負責興建的建築公司詢問和索取。若找不到既有圖面時，也可以採現地調查的資料做為依據繪製現況圖面。這些程序所需的時間約為兩週左右。

簽約前的初次提案

在正式簽訂設計契約前，通常會要求初次提案。初次提案在調查完成之後，約需花費兩週到一個月左右的時間準備。必須整理各種不同的條件、以及預先設想的事項，以便設定必要的期間。

設計期間

根據規模和結構的不同，改造的種類和設計作業的內容也各有差異，因此必須確認實際上必要的作業、以及應該檢核的事項。另外，為了與業主有充分的溝通，也必須設定協調和討論的次數等所需的必要時間。有關必要的作業和應該檢核的事項，也必須向業主說明並獲得協助。

估價與估價調整期間

在交付圖面和現地說明後，大多需等待2～3週左右的時間才會收到施工工程公司的估價單。然後再經過約4～6週的調整時間，決定最終的金額和承包的公司。為了迅速地進行施工，在這段期間內，必須確實地進行行政相關事項，並向管理委員會提出申報等程序（大約在施工前一個月左右）。

圖　從計畫到完工為止的住宅改造流程[原注1]

初次見面 ▶ **準備與調查** 所需期間：～2週

第一印象很重要

確認目的・條件

聽取業主的期望，檢討改造目的、方法（002～013）
收集既有圖面（021）
執行現地調查（022）

↓ 2週～1個月

簡報 ▶ **初次提案**（是否簽約後提案，必須協商）

詳實地說明設計意圖、使用方法等

提出包含預算、條件等可能事項的提案[原注2]

如果變更平面圖、斷面圖、外部時必須準備立面圖，並且用色彩區分，以業主容易理解的方式説明。可準備模型、透視圖・素描等立體而容易理解的示意圖。確實向業主說明工程費、必要的手續費用以及設計費在內的整體金額

↓

簽約 ▶ **設計監理委託契約**

簽訂契約

建築設計監理業務委託契約（020）

↓

詳盡說明 ▶ **設計期間**

以一般人容易明白和理解的方法說明

充分與業主溝通協調[原注3]

決定開會方式和時間點（例：兩週討論一次+用E-mail確認）
依照業主的期望進行設計
準備解體圖面、設備、估價注意事項，以及估價時必要的圖面

↓ 2～4個月

確認三方之間的關係 ▶ **估價和估價的調整**

契約是由業主與施工廠商簽訂，設計師站在提供建議和確認契約內容的立場

向施工廠商詳細說明，確認估價內容沒有缺漏事項

在現場將圖面交給施工廠商，並在現場進行說明（092）
別忘了向有關單位申請執照[原注4]，並向管理公司[原注5]提出施工申報等必要的手續

↓ 1.5～2個月

詳細檢核 ▶ **施工**

改造的施工順序，有時與新建工程不同

執行工程監理

進行解體工程
進行基底工程
進行木工、家具工事
進行外部設施、電力、衛生設備工程
進行耐震補強工程

工程期間的概略基準[原注6]

解體	1～2週
耐震	2～4週
基底	4週～
設備	2週～
木工	2～4週
外部設施	1～4週
整修	1～2週

↓

別忘了後續的解說 ▶ **完工**

進行完工檢查

完工後除了點交機器設備和使用說明之外，也必須以生活者的立場，向業主說明設計概念及使用方法、素材的保養法等事項

原注1：( )內的數字代表參照標題　2：順便確認提案的費用　3：所需時間視既有資料的有無而不同
4：根據工程的規模、內容，有時必須提出申請（參照 P46）　5：為公寓大廈的情況
6：根據規模的大小，有時採取基底和設備、裝潢和外部設施等一併施工的方式

key word 019

改造與建築執照（日本法規）

POINT

- 即使是改造有時也必須提出各項申請。
- 依日本建築法規，四號建築改造沒有提出申請的義務。
- 不合規定之原有建築物的增建、改建，適用放寬規定。

住宅改造的建築執照申請與否

即使是進行住宅改造有時也必須申請執照和完成法定手續。例如：木造二層樓、樓地板面積為500平方公尺以下的建築屬於四號建築[原注]。即使修建部分為對象建築物、或超過主要結構部的一半，要變更樓梯位置時，也沒有申請建築執照的義務。此種情況下，大多由設計、工程監理者在自行負責的範圍內進行改造工程。

縱使沒有申請執照的義務，仍須符合建築基準法的集團、單體規定[圖1]、和條例的規定。是否要申請建築執照，並非憑個人判斷，而必須向各地方自治體的建築指導課確認。近年來，消防法規定住宅有裝設火災警報器的義務[圖2]。

增建的情形為增建部分超過10平方公尺，或屬於防火區域、準防火區域時，則必須申請建築執照。四號建築物以外的建築，若修建的部分為對象建築物、或是超過主要結構部[圖3]的一半時，也必須申請。所謂主要結構部，是指支撐建物的牆壁、柱、樓板、樑、屋頂、樓梯等部分。申請時，必須提交載明修建內容的文件。

不合規定之原有建築物的改造

即使建物興建時符合日本建築基準法和都市計畫法的規定，但隨著法規的變更，也有變成不合現行法規的建物，稱為不合規定之原有建物。這種建物在進行增建或修建時有適用的放寬規定，可事先向相關機構諮詢。[譯注]此外，若住宅興建時的使用執照遺失，只要符合各項條件規定，也能增建或修建，因此須加以確認。申請變更建築用途的手續時，也有適用的規定和放寬規定。依照用途區域的不同，會限制變更的用途或樓地板面積，必須留意。

原注：不屬於日本建築基準法第6條1～3號規定的建築物

譯注：台灣方面可參照內政部都市計畫法第41條，都市計畫實行後其土地上原有建物不合土地使用不得增建或改建

圖1　日本建築法規的限制

集團規定

用途限制、絕對高度・各斜線・日影限制等高度限制、容積率・建蔽率等大小限制、接道義務・道路的規定等，與建築物的形態和都市計畫等相關的規定

單體規定

採光通風、防火避難、結構強度、室內空氣環境、安全性等，與建築物相關的規定
其他規定，由各地方自治體自行制定條例（例：東京都安全條例、神奈川縣條例）

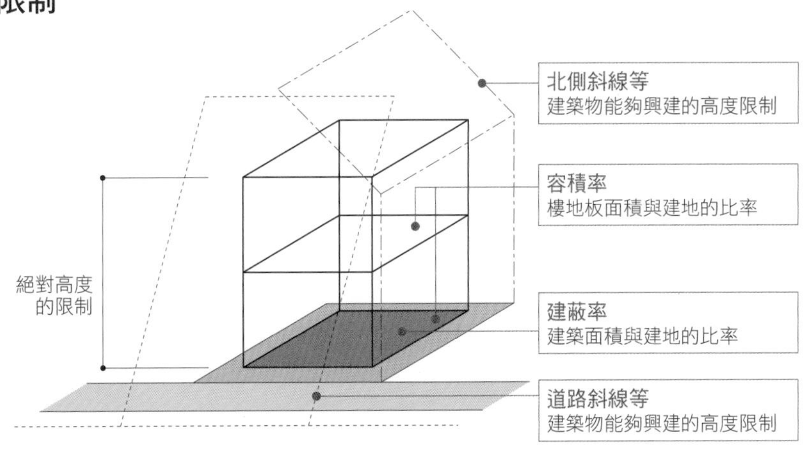

圖2　日本住宅用火災自動警報器的裝設場所

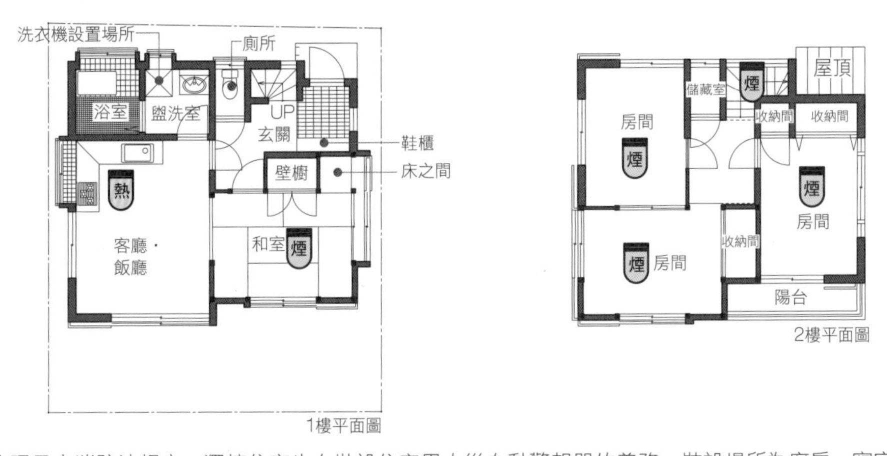

依照日本消防法規定，獨棟住宅也有裝設住宅用火災自動警報器的義務。裝設場所為廚房、寢室（客房除外）、樓梯等處。裝設的種類分為設置於廚房等處的偵熱型警報器，以及其他場所的偵煙型警報器

圖3　木造建築物的主要結構部

主要結構部

牆壁、柱、樓板、樑、屋頂、樓梯

非主要結構部

隔間牆、間柱、最下層的樓板、小樑、雨庇、局部的小樓梯、室外樓梯、基礎

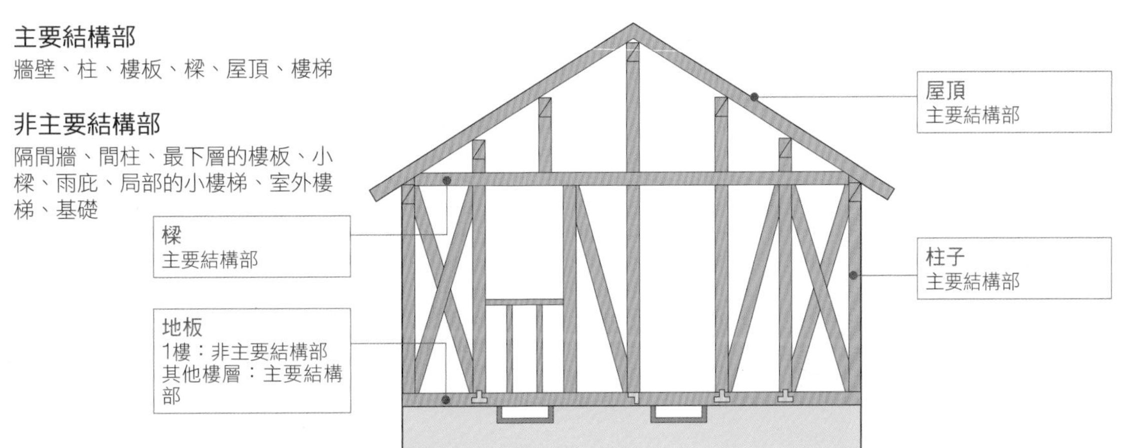

1 — 必要的調查與準備

key word 020

建築設計、監理等業務委託契約

POINT

- 委託契約書內必須明確記載「進行的項目、項目的完工日期及報酬」等內容。
- 委託契約必須以正確且易懂的方式向業主傳達委託的內容。
- 在事前調查前簽訂契約。

建築設計、監理業務並非承攬契約而是委託契約。

業務報酬的計算

改造工程的建築設計、監理業務，與新建工程時的情況不同，業務內容非常多樣化。其中包括：室內改造就可以處理的項目、設備等更換或新增、改變隔間規劃、增建與減建、建築結構體的工程等等。

因此，改造的建築設計、監理等業務的委託契約費用，很難比照新建工程常用的根據工程金額和工程面積為基準的費率表來計算。改造費用的計算，最好能附加工程內容和所需時間等項目，依據日本國土交通省告示15號（業務報酬基準）的公告（2009年1月7日）為準[圖]。此外，負責方的經驗、技術費、各項經費等也能依此計算出來。

契約書的製作

在日本，住宅改造工程專有的建築設計、監理業務等業務委託契約書並無標準格式，因此可自行擬定契約書，或將新建工程用的建築設計、監理等業務委託契約書修改後加以利用。[譯注]一般熟知和常用的格式包括四會聯合協定，以及（社團法人）日本建築家協會（JIA）所制定的契約格式。

建築設計、監理等業務委託契約書，必須將「此項業務以多少報酬、到何時為止完成何事？」等內容，以正確且易懂的形式傳達。

簽約後開始進行作業

住宅改造計畫首先必須依據需求繪製現況的平面、立面、斷面、結構、設備等圖面。簽訂契約前先決定調查、繪製圖面的金額，並在交換契約後再執行事前調查，以避免發生糾紛。

譯注：台灣則可依內政部營建署公布〈建築物室內改造—設計委託契約書範本〉簽署契約

圖　日本國土交通省告示15號（業務報酬基準）的公告（2009年1月7日）

日本國土交通省告示15號是2009年1月7日新訂的建築師業務報酬基準。詳細內容請參照下列圖表

第一　業務報酬的計算方法

○設計、工程管理、建築工程契約相關事務，或者建築工程之指導監督業務相關之報酬，是將第二之業務經費、第三之技術費等經費及消費稅相當之金額，以合計方法計算為標準

第二　業務經費

○業務經費＝直接人事費＋特別經費＋直接經費＋間接經費

第三　技術費等經費

第四　依據直接人事費等相關之概算方法計算

○　揭示計算直接人事費或直接經費及間接經費金額之概算方法（下列A、B）

(A)　直接人事費（對應附件一之標準業務）→依據建築物類型（附件二）對應之標準業務人、時間數(附件三)乘以人事費單價計算之

(B)　直接經費與間接經費之合計金額→以直接人事費金額為1.0之標準，乘以倍數計算之

附件一　標準業務

所謂標準業務，是在設計或工程監理中揭示必要資訊時，基於一般性設計受託契約或工程監理受託契約，為履行其債務所執行之業務

附件二　建築物類型別之用途等一覽表

附件三　概算表

概算表中依據建築物之類型別，揭示標準業務對應之標準業務人、時間數

附件四　標準業務附帶之標準外業務

資料出處：（社團法人）日本建築士會連合會

住宅改造時的事前調查相當耗時和勞力。在執行調查前，最好能事先計算出繪製圖面和調查所需的費用，待簽訂契約後再著手調查

key word 021

圖面的取得

POINT

- **取得圖面能幫助了解既有建物的狀態。**
- **如果無法取得圖面，則依照實際測量結果繪製圖面。**
- **日本政府機關可取得或閱覽建築概要書。**

計畫前必須取得圖面

住宅改造時掌握建物的現況很重要，圖面的取得是改造時的參考線索。在日本，即使是老舊建築物，也大多能在政府機關取得或閱覽建築概要書。

接著，在現場依照這些圖面和資料，核對現場的實際狀況。該階段不只是單單確認現有建物的結構和興建方式，也必須了解施工不良或老朽劣化等問題。

一旦發生現有建物的狀況與圖面不吻合的情況時、或是無法取得圖面時，則依據調查所獲得的實際測量資料，繪製現況圖面。尤其是老舊木造住宅，大多屬於此種狀況。

另一方面，公寓大廈的改造也是在這個階段確認完成面的基底狀況和設備配管等項目、以及與結構體的淨空間和接合方法。雖然在完成解體施工計畫書之後才會進行施工，但可預防改造時經常發生的糾紛。

圖　取得圖面的流程

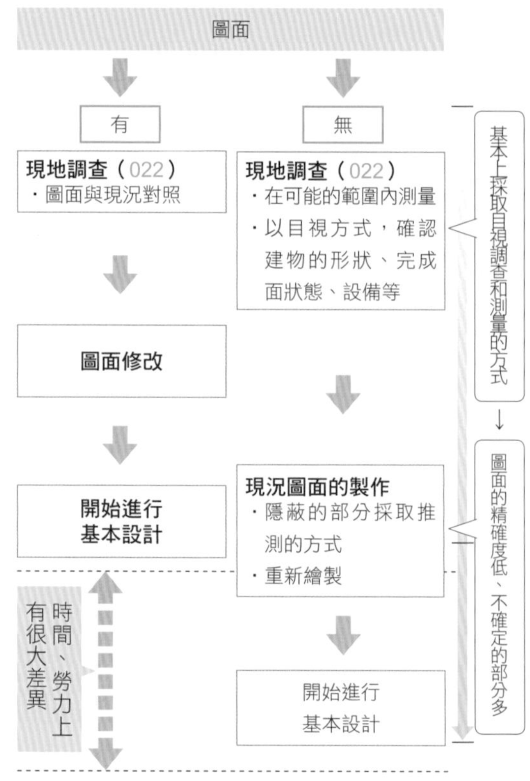

改造時必要的圖面

- 建築執照申請書一份
- 工程設計圖
- 施工圖
- 結構計算書
- 特記規格書（標準規格以外）
- 結構圖
- 設備圖
- 改造規格書
- 混凝土調合表、鋼料出廠證明等其他資料

2

現地調查和
圖面復原作業

key word 022

一般性現地調查

POINT

- 事前整理調查的項目。
- 不僅是針對施工處，也必須確認與周邊的接合、劣化和老朽化的狀況。
- 搬運路徑、周邊狀況、鄰居和規約等會影響工程的部分也要調查。

現地調查與確認事項

為實現業主的期望，在進行現地調查時必須充分做好各項確認。在調查中，除了查看預定整修的場所之外，別忘了接合部分的檢查。

現場的判斷是既有部分可利用到什麼程度的重要依據。雖然也會進行劣化狀況的調查，但視劣化的內容查明其原因後，也必須檢討使用材料和收整的改善[圖1、2]。

在外牆的調查上，由於窗戶和換氣口的周邊容易產生裂縫，必須加以注意。關於基礎的裂縫問題，有可能屬於地盤傾斜下沉的狀況。必須視情況向施工公司和專門業者尋求協助。

在現場應確認的事項繁多是住宅改造的特徵，尤其必須注意搬運出入通道的確認。除了現場檢視狀況之外，一定要實際測量通道的寬度。在最初的階段中，就必須了解清楚基地內進行施工對植栽和外部設施是否會有影響，以及電力、給水排水、瓦斯等基礎設施的鋪設狀況。

公寓大廈的管理規約和鄰近住戶的生活狀況會影響工程的進行，因此必須事先查明規約的限制和申請手續的必要性，並且在現場確認連接主要道路的接道、停車場、搬運出入通道等項目[圖]。

既有圖面的確認

若有既有設計圖或資料，需比對與現況的差異處。若沒有既有圖面時，就得繪製現況圖面。在進行各個場所的實際測量時，必須盡可能一面確認改修部分和利用既有的部分，一面確認清楚各項設備的規格和搬運路徑。

公寓大廈改造也必須確認共用部分與專有部分的接合狀況。

圖1　現地調查的流程

1 詢問調查 既有圖面的收集
- 管理規約、申請手續的確認
- 搬運路徑
- 道路狀況
- 周邊狀況的確認

2 與圖面比對 現地調查
- 劣化狀況的確認
- 與預定改修部位的接合狀況
- 實際測量必要的場所

3 分析 圖面的復原
- 既有部分的利用檢討
- 查明與圖面不符合的原因
- 檢討在業主期望之外、但有必要改善的部位

4 改造 方法的檢討・提案
- 與既有部分的接合
- 設備的配管路徑的檢討
- 既有部分的利用範圍

圖2　建築物診斷的流程

必須查明缺陷、劣化的原因，並了解其危險程度。在盡可能不損傷既有部分的情況下，以階段性的方式進行調查

第一次診斷

透過建築物概要調查與建築技術者的目視、觸摸、探查等方式，進行各種劣化調查

依據第一次診斷的結果，對那些以目視等方法無法判別、但認為可能有缺陷或劣化的部位加以確認

第二次診斷

進行木造框組架和混凝土基礎的非破壞性檢查

若以X光或超音波等儀器無法確認時，則破壞其附近的部位，直接目視確認

第三次診斷

進行拉伸和壓縮等破壞性檢查

避免發生調查遺漏的狀況，事先整理調查項目！

表　以目視方式檢查建築物的調查項目

部位	調查項目
結構體	☐ 龜裂、爆裂、缺損、鋼筋、生鏽、混凝土中性化、混凝土壓縮強度
屋頂防水	☐ 屋頂、屋頂機房、屋頂陽台
外部塗裝	☐ 一般外牆、天花板、現有塗膜附著力
鐵質塗裝	☐ 屋頂、共用走廊
外牆磁磚	☐ 外牆、扶手牆、走廊、現有磁磚附著力
填縫	☐ 外牆、窗框周圍、磁磚接縫、橡膠拉伸試驗（dumbbell）
陽台	☐ 地板、牆壁、天花板
外部樓梯	☐ 地板、牆壁、天花板
出入口	☐ 地板、牆壁、天花板
整體外部設施	☐ 鋪裝、柵欄門、汽車停車場、垃圾放置場
電力設備	☐ 幹線、避難逃生設備、插座
給水排水設備、衛生設備	☐ 給水、排水、消防設備、通風設備
屋頂	☐ 形狀的扭曲、漏雨引起的汙垢、完成面材料的狀態、屋架的狀態
外牆、基礎	☐ 有無裂縫、地檻的狀態、混凝土的破損、木材部分的含水率
給水排水設備	☐ 配管的漏水、惡臭、噪音、振動的確認、水量的確認
白蟻損害	☐ 蟻道、有無啃食損害、範圍的確認
溫熱環境	☐ 空調機的效率、有無結露、日照狀態、閣樓、外牆、地板下方有無隔熱材

key word 023

實際測量①——獨棟住宅／局部改造

POINT

- 局部裝修要仔細檢查與既有部分的接合處理。
- 以量尺測量內側的尺寸也很重要。

局部改造與居住者的生活有很密切的關聯性，而且也會有相當多與既有部分接合的地方，因此必須實際進行精密的測量。此外，很難在現場調整的偏差情形也很多。為此與其模稜兩可保留一半既有部分，不如進行房屋整體改造反而較容易施工，所以必須能夠臨機應變。

內側尺寸的測量

進行局部改造時，即使有既有的圖面，也必須檢查圖面是否與現況吻合，而且不僅得測量中心線，也必須量測天花板高度、或牆壁與牆壁之間的內側尺寸。

另外，外部門窗裝設在牆面的哪個部位、內部門窗的寬度和高度、窗框與牆壁的距離和落差、框的細部規格等，也都必須詳細測量。

除此之外，如果能夠檢查閣樓的話，就可實際測量樑的架設方式、樑與柱子的接合方式、以及閣樓的尺寸等，做為變更結構體設計時的參考。

與既有再利用部分的接合

許多要改造的建築，由於經年累月的變化等原因，結構體都出現了歪斜和扭曲的狀況。在進行內側尺寸的測量時，最好使用鉛錘等工具，簡易檢查牆壁是否有傾斜的情形。此外，在測量壁面的施工是否垂直沒有歪斜，或是經過多年的變化，是否呈現傾斜等狀況時，也會因測量的位置不同，使得內側尺寸有所差異，所以必須加以注意。除了採取目視方式確認之外，也必須使用量尺和鉛錘等工具精確地丈量，之後才能執行高精確度的施工。另外，可採用水準儀等工具，測量地板的水平程度。若發現問題時，可在施工時一併進行改善。

圖　實際測量的檢核重點

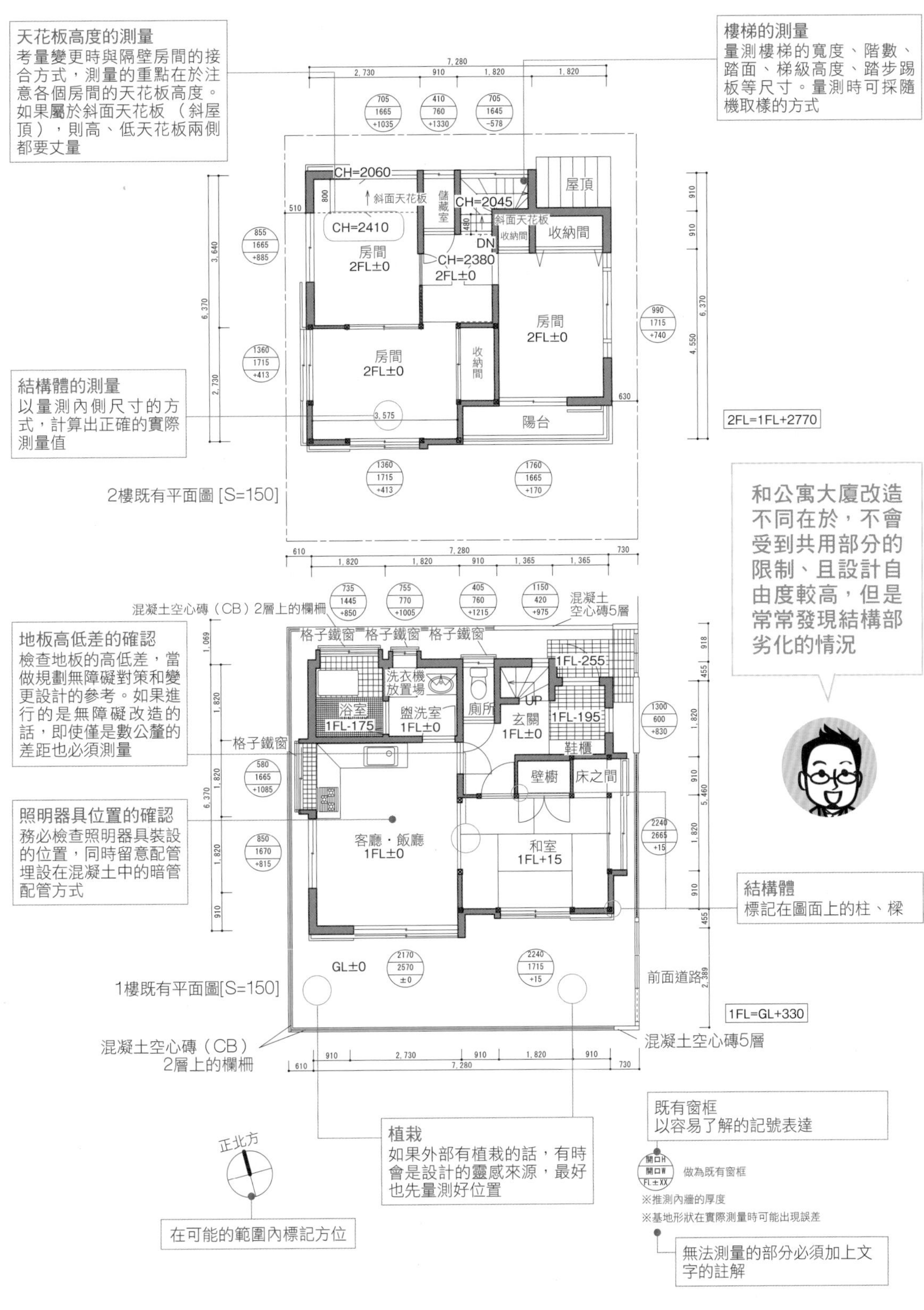

天花板高度的測量
考量變更時與隔壁房間的接合方式，測量的重點在於注意各個房間的天花板高度。如果屬於斜面天花板（斜屋頂），則高、低天花板兩側都要丈量
樓梯的測量
量測樓梯的寬度、階數、踏面、梯級高度、踏步踢板等尺寸。量測時可採隨機取樣的方式
結構體的測量
以量測內側尺寸的方式，計算出正確的實際測量值
2樓既有平面圖[S=150]
2FL=1FL+2770
和公寓大廈改造不同在於，不會受到共用部分的限制、且設計自由度較高，但是常常發現結構部劣化的情況
地板高低差的確認
檢查地板的高低差，當做規劃無障礙對策和變更設計的參考。如果進行的是無障礙改造的話，即使僅是數公釐的差距也必須測量
照明器具位置的確認
務必檢查照明器具裝設的位置，同時留意配管埋設在混凝土中的暗管配管方式
結構體
標記在圖面上的柱、樑
1樓既有平面圖[S=150]
1FL=GL+330
混凝土空心磚（CB）2層上的欄柵
混凝土空心磚5層
既有窗框
以容易了解的記號表達
做為既有窗框
※推測內牆的厚度
※基地形狀在實際測量時可能出現誤差
無法測量的部分必須加上文字的註解
植栽
如果外部有植栽的話，有時會是設計的靈感來源，最好也先量測好位置
正北方
在可能的範圍內標記方位

key word 024

實際測量②——獨棟住宅／全面改造

POINT

- 進行全面改造時，模組的確認很重要。
- 確認柱的位置和尺寸。
- 精確實測窗框和開口的位置。

全面改造時的實際測量

進行全面改造時，首先必須確認結構牆的位置和規格。由於現況與圖面常有誤差，所以務必對照設計圖面進行。住宅改造時常會出現缺少圖面和檢查完成證明（使用執照），在這種情況之下，必須確認清楚能否施作工程。此時，實際測量所得的數據，就成為重要的判斷依據。

實際測量的重點

所謂的實際測量，並非指所有部位都要測量，而是針對重要的關鍵部分。首先要了解整體的隔間狀況，再從其中測量分析出可測定為半間（910公釐）或1間（1,820公釐）模組的場所，以做為基本。2間（3,640公釐）量的話，可在以倍數計算成立的場所測量後加以驗證，這樣會比較容易進行實際測量的確認[圖]。[譯注]

能夠掌握整體的尺寸後便可調查結構牆的狀況。雖然在建築解體後進行是最好的做法，但當不解體時，可檢測柱的位置和尺寸、以及牆壁的位置和厚度。

即使有圖面，還是經常發生外牆面窗框的正確位置有所差異的情況，所以務必實際測量。為了方便接下來會做的圖面還原作業，窗框的寬度、高度、以及從牆壁算起的距離、和從地板到窗框下緣的高度等，也都是必要測量的部位。

設備的實際測量

最後是確認與設備相關的位置。進行全面改造時，雖然會將浴室等用水區域全部拆除掉，但若是獨棟住宅要變更外周部汙水井位置的話，改造工程就會變得相當棘手。若僅是變更內部，則是必須考量與既有配管位置的連接方式，若能在確保排水傾斜度的情況下，在地板下方取得足夠的配管空間，就可能遷移用水區域的位置。廚房的換氣扇和通風口、冷氣空調套管等牆壁有開孔的部位，也都必須檢測。

譯注：關於 1 間、半間的定義，請參照 P063 圖 2 說明

圖　獨棟住宅實際測量的重點

基本尺寸

找出可做為基本尺寸的場所。和室等看得到柱子的地方，較容易檢證

電源插座的位置

別忘了檢查既有的電源插座位置

開口部

從窗戶牆壁的尺寸偏差（與基準線）、高度等數據，是新設計時非常重要的參考資料

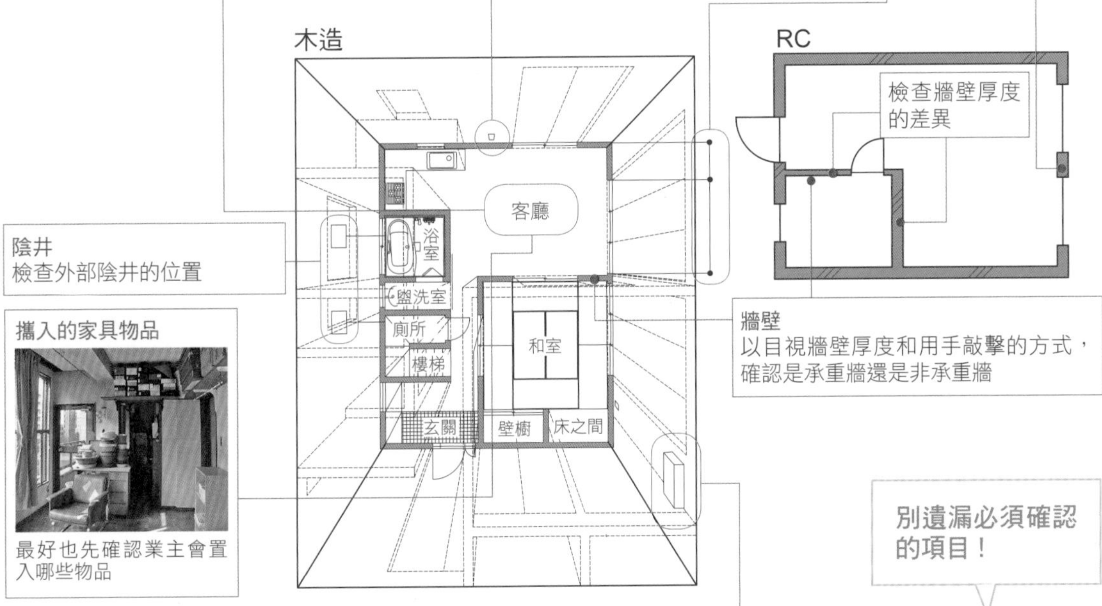

陰井
檢查外部陰井的位置

牆壁
以目視牆壁厚度和用手敲擊的方式，確認是承重牆還是非承重牆

攜入的家具物品

最好也先確認業主會置入哪些物品

別遺漏必須確認的項目！

開口部的測量方法

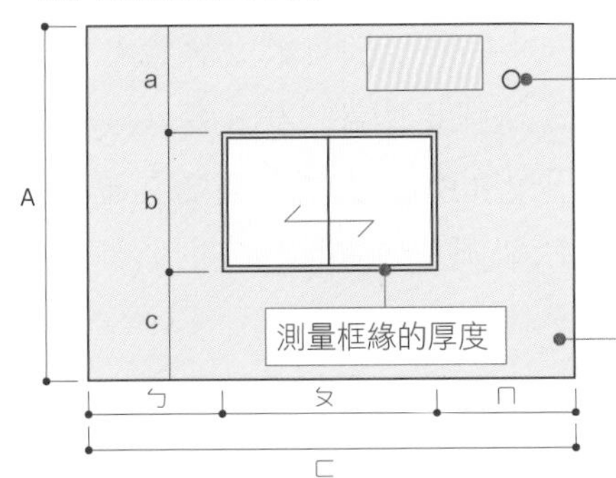

確認是否為A：天花板高度=a（天花板到窗戶）+b（窗戶高度）+c（窗戶到地板）、以及 ㄈ=ㄅ+ㄆ+ㄇ等

其他開口部

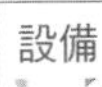

別忘了檢查廚房的換氣扇和通風口、空調等牆壁有開孔的部位

設備

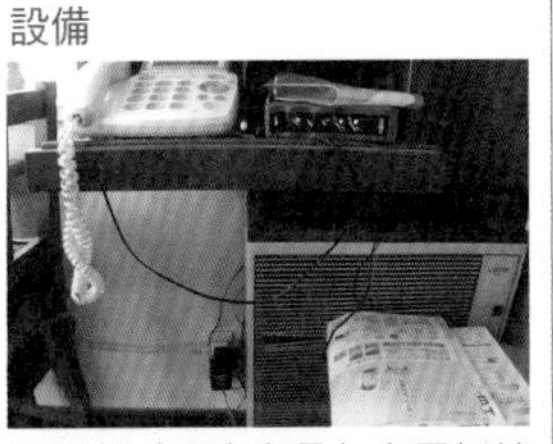

配電盤（電力容量）和電話端子、瓦斯接頭等、包含日後新的使用計畫在內，與更新的設備有關的出線位置也必須檢查

key word 025

實際測量③——公寓大廈／局部改造

POINT

- 即使有圖面也要做現場實際測量。
- 幾乎所有的設備配管都與圖面不符。
- 當必須破壞建物進行調查時，要選擇容易臨時補修的地方。

牆壁的調查方法

公寓大廈的改造首先必須知道混凝土結構體的位置。要判別是結構體、還是單純的隔間牆[圖1]，就必須進行基底的調查。

雖然業主所持有的圖面可做為規劃設計前的參考，但還是必須實地進行目視檢查和實際測量[圖2]。

牆壁完成面的做法，可分為在基底上鋪貼材料、以及在混凝土結構體上直接鋪貼材料而成的製作物等。究竟是哪一種方式製作而成的，也要進行調查。可敲擊牆壁、以針狀探測工具戳刺看看，或是從天花板檢查口窺視，都是有效的方法[照片]。

地板的調查方法

公寓大廈的地板，可分為直接在混凝土地板上鋪貼地板材料、以及在地板構組架上鋪裝地板材料等兩種方式。若地板下方有檢查口則較容易調查，但是公寓大廈通常很少在地板下設檢查口，所以較難以檢視和確認。廚房、洗臉化妝台、榻榻米房間、壁櫥的地板等處比較容易移除，因此必須詳加確認內部的情形。調查時所需的工具有鏡子、照明器具等。

在現地調查的階段中，如果必須破壞建築物以便於調查時，可選擇在較容易臨時補修的地方執行作業。調查時要注意天花板、牆壁、地板內側是否有埋設設備。如果是地板的話，則要注意瓦斯配管、地暖氣的鋪墊等裝設情況。此外，調查階段也要確保瓦斯的總開關是關閉的狀態。

與全面改造的差異

局部改造是為了盡量減少解體原有的建築，因此必須就改造的部分進行詳細的實際測量。既有部分並非都是直角、水平的狀態，所以得考量如何處理接合的部分。

圖1　鋼筋混凝土剛性構架

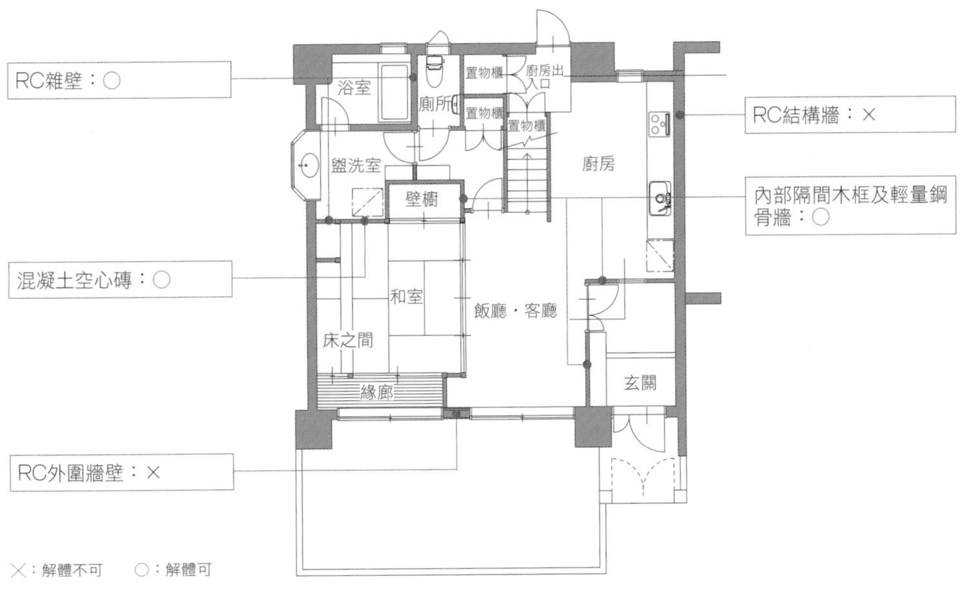

圖2　檢查口的位置

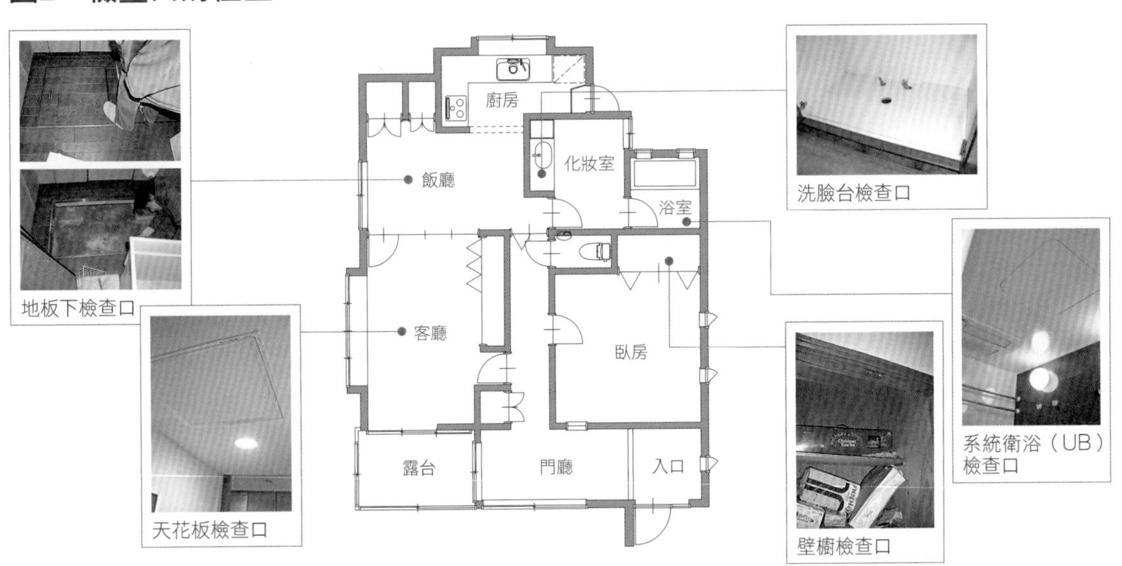

照片　牆壁基底檢查工具

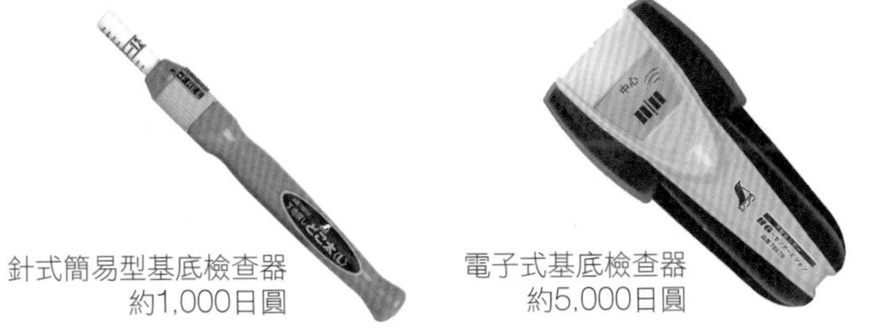

針式簡易型基底檢查器
約1,000日圓

電子式基底檢查器
約5,000日圓

照片提供者：Shinwa Rules

key word 026

實際測量④——公寓大廈／全面改造

POINT

- 雖然屬於全面改造，但是在解體之前必須謹慎調查結構設備的套管位置等項目。
- 精細的實際測量資料能夠活用在設計上。

雖然全面改造前的實際測量，只要調查結構體、窗框、管道空間（PS）、配管等不可能解體的部位，但是由於大多數的結構體和配管都被隱藏起來，使得在解體之前很難進行實際測量作業。建議可依照下列重點執行實測，並靈活運用在規劃設計上。

取得既有建物的竣工圖

取得既有建物的竣工圖確認清楚結構、設備圖是件很重要的事。在某些情況下，竣工圖面是由管理委員會保管，可向該會索取或調閱。公寓大廈的樑和配管大多隱藏在地板、牆壁、天花板內，因此可能無法以目視的方法進行調查。另外，圖面上往往沒有記載正確的套管位置，所以必須從陽台和走廊等能夠量測的地方進行全面性的實測。若要遷移用水區域和廚房位置的話，也必須檢查送風與排氣的通道，事先確認清楚實際狀況與既有圖面是否相符。

廁所的排水位置

確認廁所的排水是採取牆壁排水、或是地板排水的方式，可做為判斷能否變更廁所位置的依據。此外，事先測量從走廊的樓板到玄關地面、上框、廁所、洗臉台等處的地板高低差，以便較容易規劃後續的排水設計。

柱和樑、共同壁等

有些建物的既有圖面上雖然仔細標示著各樓層柱樑所設計使用的不同尺寸，但是實際情況未必與圖面相符，所以必須測量柱子的粗細，確認其設計的樣式。除此之外，共同壁、外牆側壁、管道間牆也都有各自的規則，解體之前一定要仔細檢查。直接做為完成面的牆壁較難增設電源插座，因此最好能確認清楚電力設備中弱電裝置的位置。如果判斷結構體周邊的板材和窗框不影響平面設計的話，就有縮減經費規劃、並加以利用的可能性。

圖　調查項目和重點

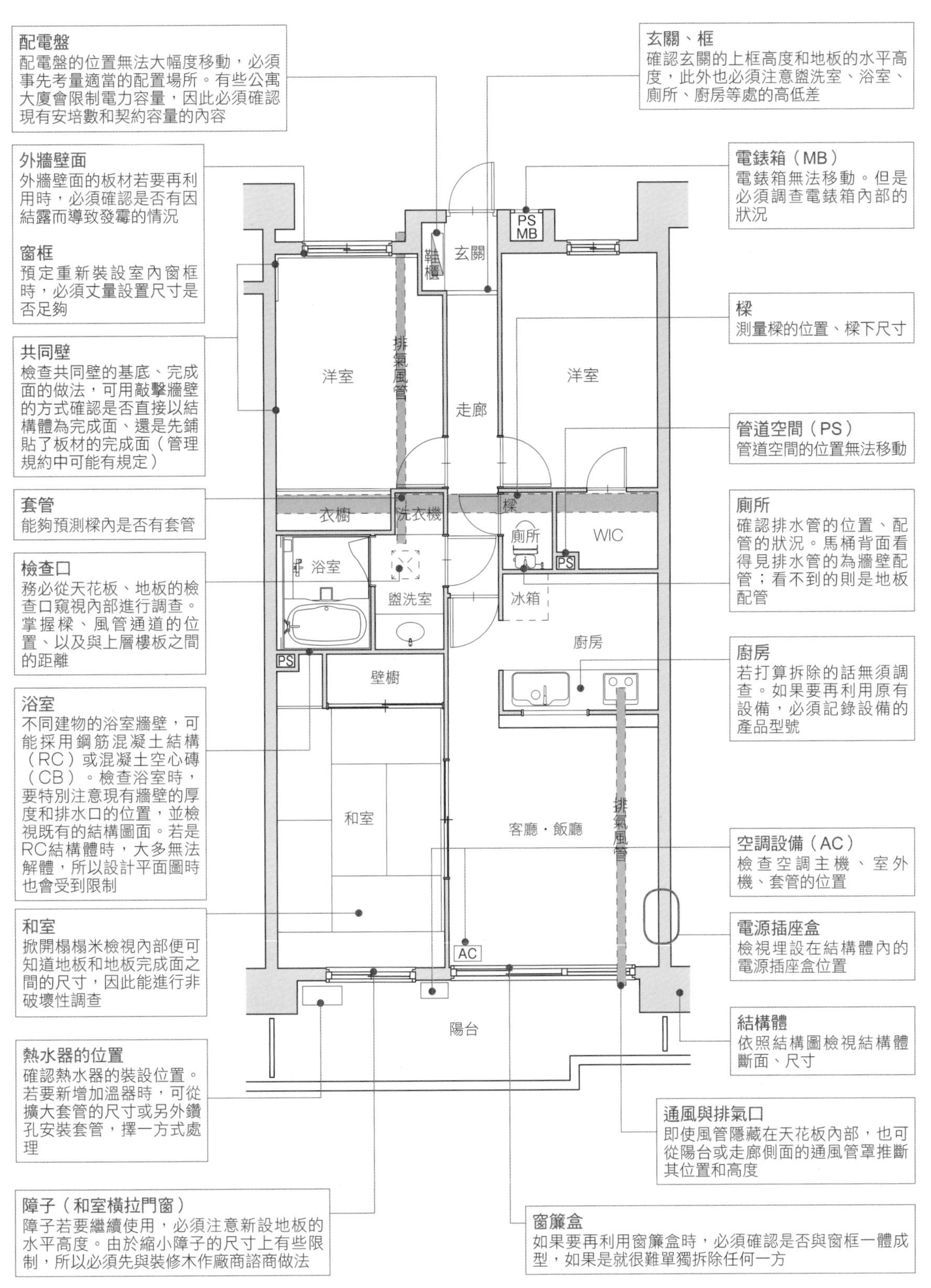
配電盤
配電盤的位置無法大幅度移動，必須事先考量適當的配置場所。有些公寓大廈會限制電力容量，因此必須確認現有安培數和契約容量的內容
外牆壁面
外牆壁面的板材若要再利用時，必須確認是否有因結露而導致發霉的情況
窗框
預定重新裝設室內窗框時，必須丈量設置尺寸是否足夠
共同壁
檢查共同壁的基底、完成面的做法，可用敲擊牆壁的方式確認是否直接以結構體為完成面、還是先鋪貼了板材的完成面（管理規約中可能有規定）
套管
能夠預測樑內是否有套管
檢查口
務必從天花板、地板的檢查口窺視內部進行調查。掌握樑、風管通道的位置、以及與上層樓板之間的距離
浴室
不同建物的浴室牆壁，可能採用鋼筋混凝土結構（RC）或混凝土空心磚（CB）。檢查浴室時，要特別注意現有牆壁的厚度和排水口的位置，並檢視既有的結構圖面。若是RC結構體時，大多無法解體，所以設計平面圖時也會受到限制
和室
掀開榻榻米檢視內部便可知道地板和地板完成面之間的尺寸，因此能進行非破壞性調查
熱水器的位置
確認熱水器的裝設位置。若要新增加溫器時，可從擴大套管的尺寸或另外鑽孔安裝套管，擇一方式處理
障子（和室橫拉門窗）
障子若要繼續使用，必須注意新設地板的水平高度。由於縮小障子的尺寸上有些限制，所以必須先與裝修木作廠商諮商做法
玄關、框
確認玄關的上框高度和地板的水平高度，此外也必須注意盥洗室、浴室、廁所、廚房等處的高低差
電錶箱（MB）
電錶箱無法移動。但是必須調查電錶箱內部的狀況
樑
測量樑的位置、樑下尺寸
管道空間（PS）
管道空間的位置無法移動
廁所
確認排水管的位置、配管的狀況。馬桶背面看得見排水管的為牆壁配管；看不到的則是地板配管
廚房
若打算拆除的話無須調查。如果要再利用原有設備，必須記錄設備的產品型號
空調設備（AC）
檢查空調主機、室外機、套管的位置
電源插座盒
檢視埋設在結構體內的電源插座盒位置
結構體
依照結構圖檢視結構體斷面、尺寸
通風與排氣口
即使風管隱藏在天花板內部，也可從陽台或走廊側面的通風管罩推斷其位置和高度
窗簾盒
如果要再利用窗簾盒時，必須確認是否與窗框一體成型，如果是就很難單獨拆除任何一方
PS
MB
鞋櫃
玄關
洋室
排氣風管
走廊
洋室
衣櫥
洗衣機
樑
廁所
WIC
PS
浴室
盥洗室
冰箱
廚房
PS
壁櫥
和室
客廳・飯廳
排氣風管
AC
陽台

key word 027

圖面的復原

POINT

- **即使有既有圖面，沒經過實際測量還是無法知道是否與現況一致。**
- **整合掌握既有圖面與現況，製作成可執行的設計圖面。**
- **別忘了將基底或進氣口、電源插座也標記在圖面上。**

現況的確認

住宅改造經常發生實際建物與原有圖面不一致的狀況，因此必須進行實測、調查，以製作符合現況的圖面[圖1]。

在確認現況時，必須注意像結構體這種不容易從外部看到的場所。也有在解體後發現結構性變更的情形，因此這部分也就成了基本的調查事項，所以盡可能詳加調查很重要。

木造建築因為沒有既有圖面，大多從製作現況圖面著手。這種情況可從確認建物的中心線開始進行[圖2]。檢查柱的位置，就能推斷出該處有從外部看不見的柱。這些資料對於後續在結構體的變更上會很有用。此外，除了測量各個房間的內側尺寸之外，最好也能確認天花板內部的樑、格柵的位置。

雖然很多設備配管和電力配線都隱藏在天花板內部，但是從天花板維修口探視的話，還是能推測出設備管道的路徑。此外，檢查排水管路徑時，若無法鑽入地板下方檢視，可繞行巡視建物的外部，從用水區域的場所和外部排水集水井的位置關係來進行推測。

公寓大廈的情況也和獨棟住宅一樣，在未經實際測量求證前，即使取得既有圖面也無法判斷圖面與現況是否一致。既有圖面從製成至今已經過長久歲月，因此隨著改裝、改修工程的進行，需變更圖面的可能性很高。尤其是相關設備集中的場所，會產生很大的差異，因此必須特別注意。

圖面的製作

如果能獲得既有圖面，可以根據原有圖面繪製簡略化的圖面，並填入實際測量的數據[圖3]。在作業途中也可能產生誤差和不一致的狀況，這時可在結構體和看不見的地方調整尺寸，以減少誤差。

圖1　做為復原依據的實際測量

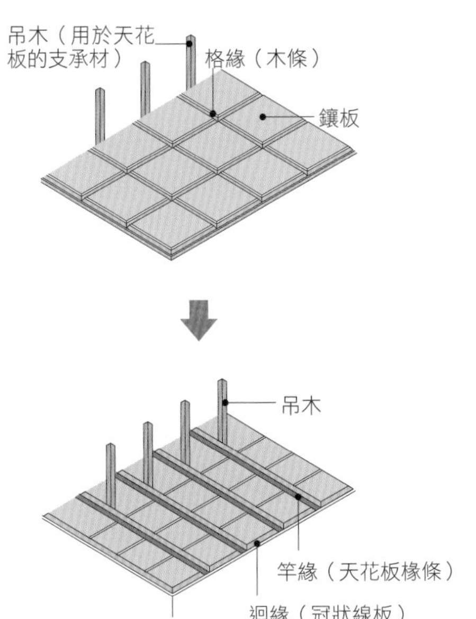

使用鑲板的懸吊式天花板例子。檢視天花板內部時會發現也有隱藏竿緣的做法

圖2　圖面的復原（木造）

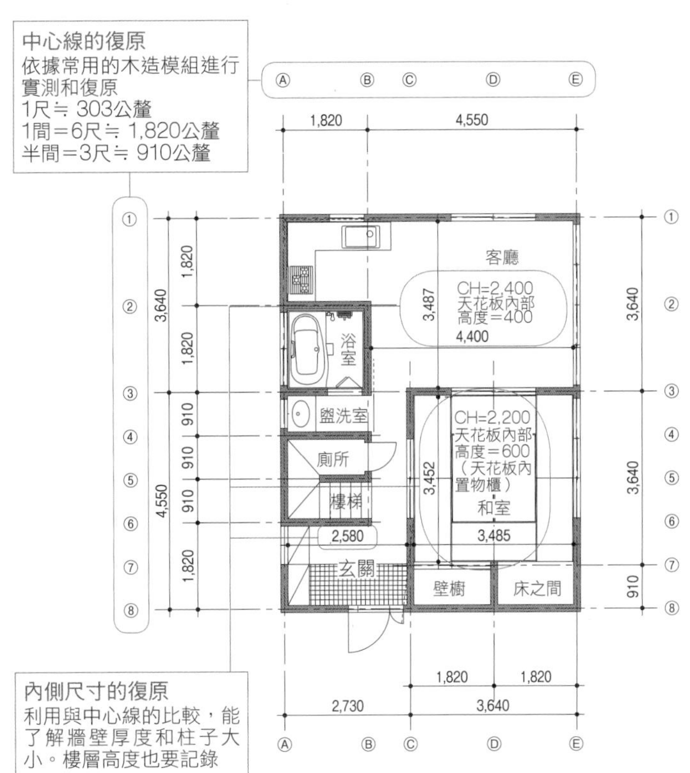

圖3　圖面的復原（RC）

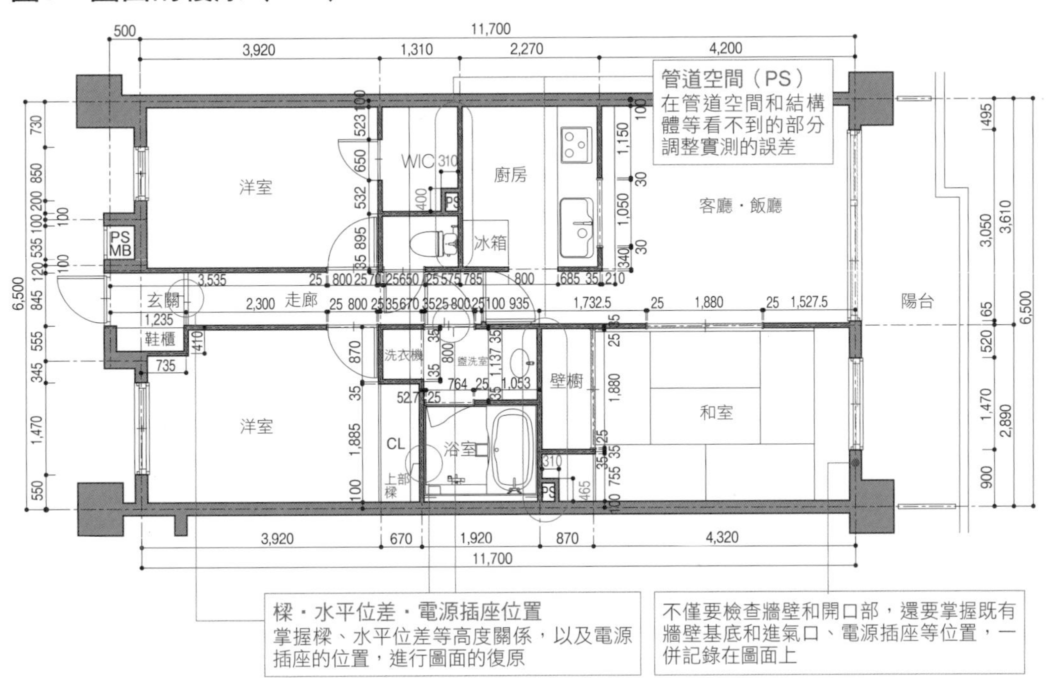

2 — 現地調查和圖面復原作業

key word 028

既有再利用計畫書的製作

POINT

- 重新利用既有物時，明確標示再利用的範圍。
- 解體時的處理方法也必須說明清楚。
- 既有物再利用的指示必須記載在平面圖內。

既有物再利用的計畫書

當重新利用既有物時，必須向施工者明確傳達哪些物品、以及要再利用到哪種程度等要點，為此而擬定的便稱為「既有物再利用計畫書」。

裝飾柱的再利用

需清楚寫下哪一根柱到哪裡為止要保留、以及再利用的用途為何等要項，這樣在進行解體作業時才不會搞錯。此外，原有的柱再利用時，也要考量所需木材尺寸的處理方法，因此必須在計畫書中標明清楚。

再利用物品的處理、保管方法

保留門窗的原樣再利用時，最好也將解體時處理的注意事項等重點說明清楚。有些具歷史的古老住宅所使用的一整片檜木樓板材（一枚板），現在都是價格昂貴而且很難買到的材料。這些材料經過多年的變化會產生劣化的現象，解體時可能會破裂，所以不能缺少處理方法的標示。在保管期間內，木材或楣窗等物品可能會產生翹曲或變形的狀況，因此必須載明保管的方法。關於現場施作的家具等要再利用的部分，也要檢查是否有解體的可能。

設備的再利用

為了降低工程費用，有時會再利用系統衛浴、馬桶、洗臉盆等各項設備機器，因此在解體計畫書內也必須載明是否一同遷移。如果需要遷移，因為必須配合配管工程，所以也要明確標明解體的範圍。需要在施工現場養護時，也要一併記載在計畫書內。

電力設備要再利用時，照明器具的話需要標示清楚保管方法，若是空調設備，也必須載明內部清潔保養等事項。

圖　既有再利用計畫書範例

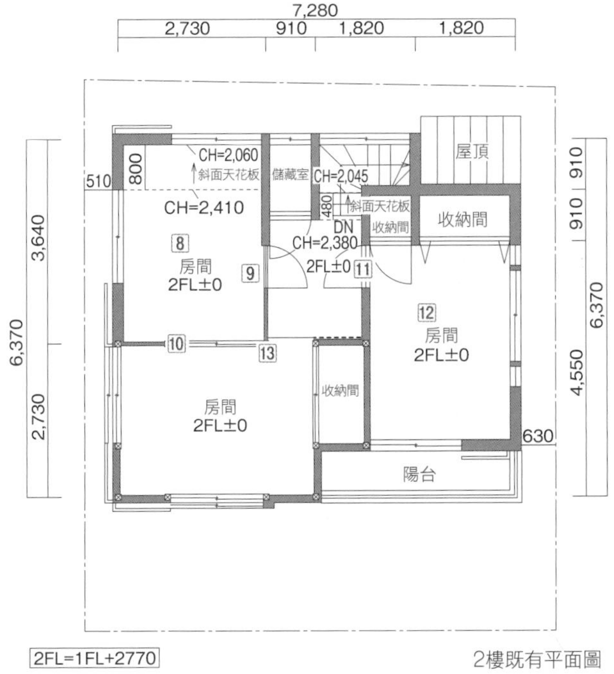

2樓既有平面圖

明確記載再利用的內容，同時標記保管方法和解體、移動與否等事項

編號	內容
1	鞋櫃的再利用
2	洗衣機防水底盤的再利用
3	馬桶及遙控器的保管→在新增廁所的位置再利用（整套附屬品也保管）
4	手工拆除地板之後，平放在乾燥的場所保管
5	楣窗的保管→嵌入隔間門窗的再利用
6	障子（和室橫拉門窗）預定再利用
7	下照燈照明器具的再利用
8	照明器具的再利用
9	門窗的保管
10	門窗內彩色玻璃的再利用
11	門窗的保管
12	照明器具的再利用
13	手工拆除柱子（刻有小孩成長記錄）之後的保管

將平面圖內既有再利用的部分加以編號，整合為容易閱讀的一覽表

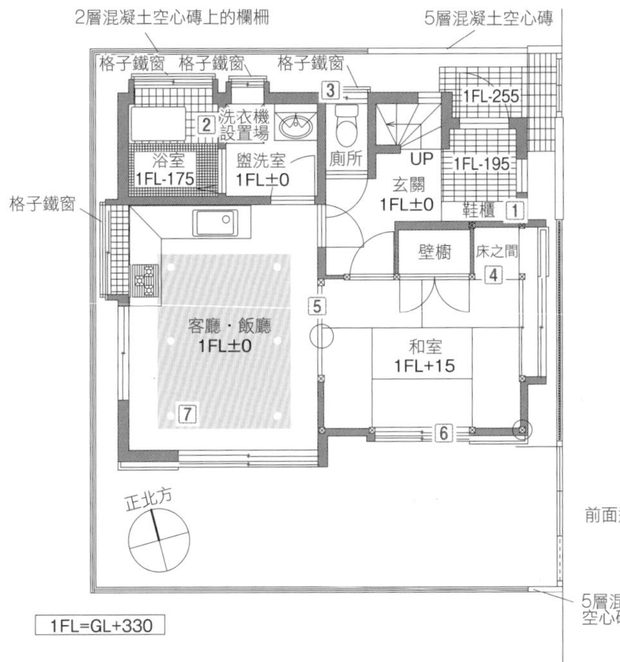

1樓既有平面圖

有些預定再利用的物品在建築解體時會損壞，因此必須事先加以說明。此外，若有些尚未決定如何使用的物品，則採取臨機應變的處理方式

調查時必備的工具

相機
將現有建物的狀況以數位資料的方式記錄。天花板內部等頭部無法鑽入的場所，可配合使用閃光燈攝影後確認其拍攝資料。用相機記錄無法以數據資料呈現的周邊狀況、或是光線照射方向等意象性的情報，也非常重要

捲尺
檢測人員必備的標準裝備，可廣泛運用在細微部分和整體建築的測量上。建議盡可能選用長度5公尺以上，寬度較大且堅實的產品，較能簡便的量測垂直方向的尺寸。最近也有以雷射測量距離的優良工具，可加以確認（①）

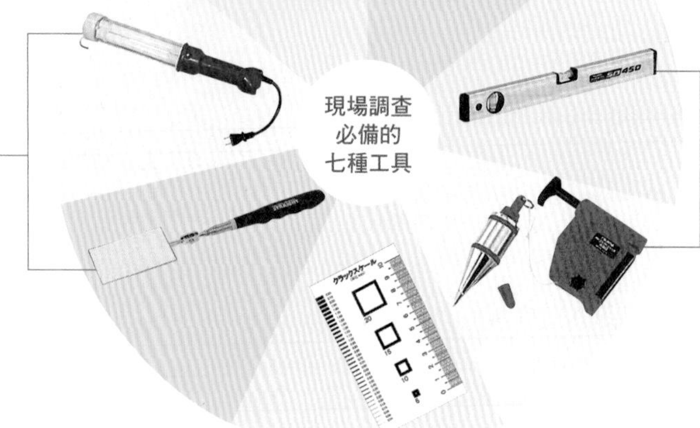

水準儀/鉛垂
測量水平狀態的工具，能夠正確的測定柱子和樑的水平垂直水準，並且能以目視確認的方式，了解基礎和結構體經年的劣化狀態，以掌握建物整體的狀況

手持式照明燈
確認天花板內部或地板下方等陰暗場所時必備的工具。尤其在確認設備配管、管道路徑、電力配線時非常有用。此外，配合鏡子的使用較容易檢查無法直接目視的場所（手持式照明燈③、鏡子④）

裂縫尺
能夠測量混凝土部分龜裂狀況的特殊工具。木造建築進行改造時，也有因基礎部分的劣化程度，而轉為全面改造的例子。同樣地，審慎地檢查RC造建築結構體的狀態也非常重要（②）

照片提供：①TAJIMA ②MYZOX ③ISK ④TOOL COMPANY STRAIGHT ⑤RICHO

現場調查必備的七種工具

住宅改造前的事前調查不是只做筆記或拍照就可以完成的作業。調查時必定需要一些不可或缺的專門工具，例如：在無法取得既有的圖面、只能採取依據實測數據繪製圖面時，儘管拍攝許多現場狀況的影像能了解建物的大致樣貌，但若是缺乏實際測量的數值，仍然無法繪製正確的圖面。此外，也有很多情況是，必須了解天花板內部等看不到的場所的尺寸。在這種惡劣的條件下，為了測定出正確的數據資料、掌握建物的現況，就必須使用專業的工具。因此，本書中特別介紹七種不可或缺的調查工具。

在執行現場調查作業時，別忘了攜帶上述的七種工具。雖然參與設計工作時，也會運用到不太熟悉的工具，但是若缺少這些工具就有重新調查的可能，足見其重要性。

因為工具的種類不同，使用上的順手程度也各有差異。只要找到自己使用起來最順手的工具，就能輕鬆地進行現地調查。

3

室內規劃與改造設計

key word 029

動線、區域規劃

POINT

- **公寓大廈改造能有效活用受限的開口部，使其具有通風和採光作用。**
- **若能確保有排水斜度的話，就有可能移動用水區域。**
- **獨棟住宅也有進行結構改造的可能性。**

老舊的獨棟住宅

超過三十年以上的獨棟住宅，大多都設有接待室、客房、起居室和廚房，而且是以走廊連接起各個房間。以樑柱構架式工法興建的木造住宅，其走廊的有效寬度最寬也只有780公釐，不便於自走式輪椅通行。在進行住宅規劃時，必須考量家屋的使用方式、生活方式、居住方式，用心營造適合居住者生活的空間和隔間設計[圖1]。

1970 年代的公團型住宅

1970年代常見的公團住宅屬於樓梯間式、僅在南北方向設置開口部，一般會採南側為房間、北側為用水區域的隔間配置。此外，面向牆壁的是廚房，旁邊是鋪設榻榻米的起居室。

進行住宅改造時，用水區域不一定要安排在北側，但是排水的連接處屬於既定的位置，因此配置用水區域時必須注意排水傾斜度的問題。公團住宅的樓層高度不高，上一樓層的給水排水系統大多採取天花板內配管的方式，在進行區域規劃時，最好也能考慮聲音的問題[圖2 **1**]。

1980 年代的民間公寓大廈

1980年代的民間公寓大廈大多是興建在都會區的都市型住居。建築物的一側設有單側走廊，以內部來看，在房子中央由北向南有中央走廊，南側設有LDK加上和室、北側是面向單側走廊的房間，沒有窗戶的用水區域則位在中央的位置。

此種隔間規劃的問題在於整個屋子都不通風、用水區域也非常陰暗[圖2 **2**]。

執行住宅改造時，必須考慮如何從受限的開口部引進光線或通風。走廊的作用不僅是連接各個房間而已，最好能做為導入光線和風的空間加以利用。

圖1　獨棟住宅動線、區域規劃的例子

以走廊連接各個房間的一般性住宅。走廊經常很昏暗，冬天則成為最寒冷的場所

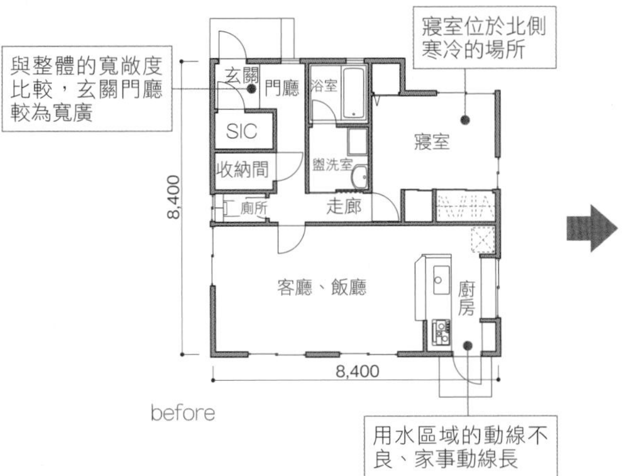

排除陰暗的走廊，創造用途明確的空間，在適切的場所設置必要的收納空間

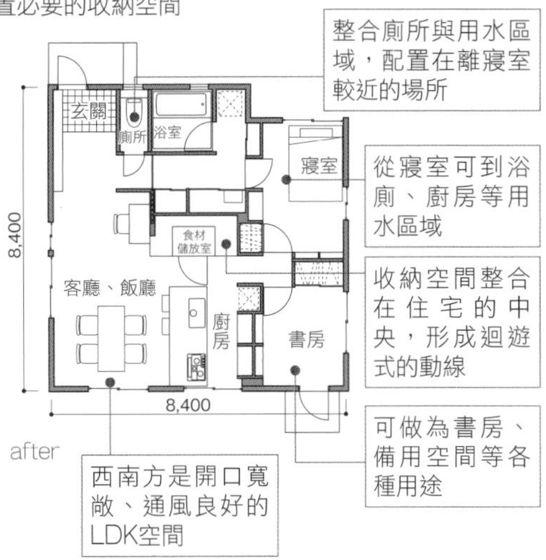

圖2　公寓大廈動線、區域規劃的例子

1 公團型住宅

用隔扇區隔以確保房間數量。但個人隱私、通風和採光都不良

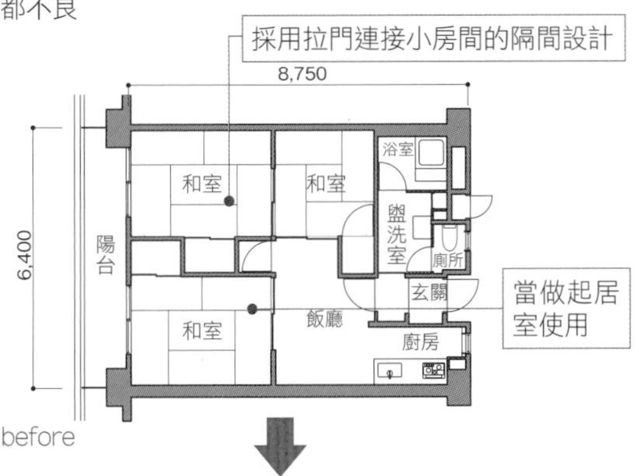

將沒有開口的房間整合成收納空間，打造明亮的居住空間

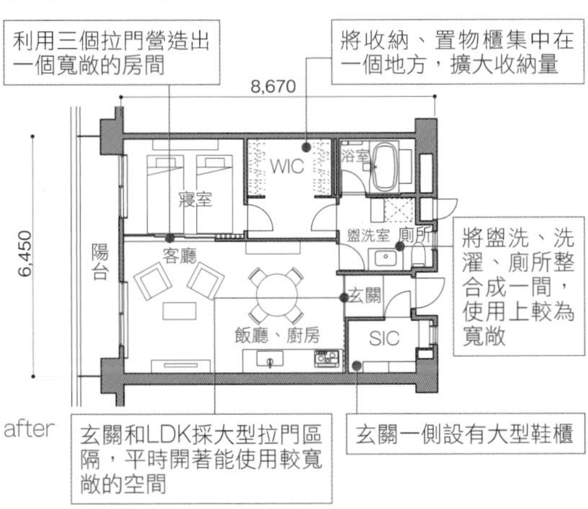

2 民間公寓大廈

南北向的中央設有走廊，用水區域位於中央位置。廚房、浴廁等用水區域的採光不佳，各房間通風不良

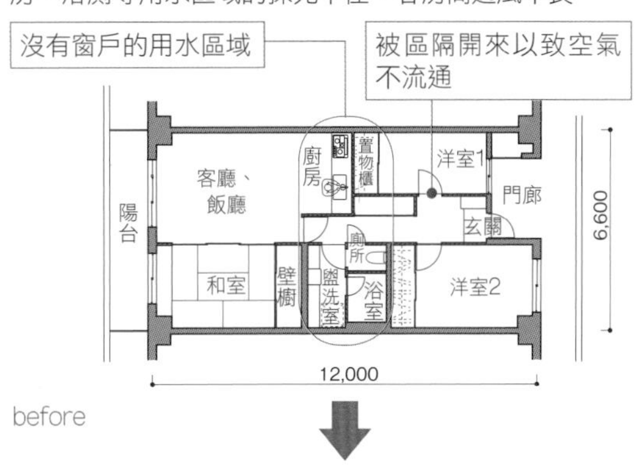

放棄個別和室，改以設置移動式加高地板，打造寬敞且可彈性運用的LDK空間

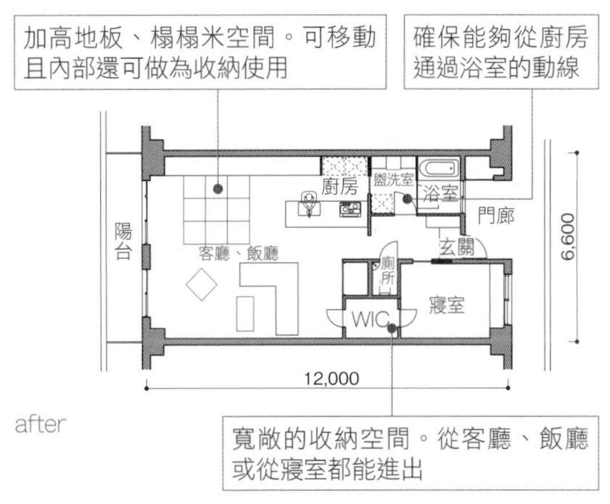

key word 030

採光、通風

POINT

- 採取拆除既有的隔間牆、變更牆壁位置的方式，改善採光和通風問題。
- 在通風設計上，需要規劃能讓空氣流通的窗戶。
- 天窗具有採光和通風兩項作用。

利用牆壁的變更獲得採光和通風

執行住宅改造時，大多都會將採光和通風環境的提升視為主要的目的之一，但是由於開口部的變更困難，因此在設計階段中，就必須詳加檢討。

讓光線照射到房間深處

透過拆除既有的隔間牆、變更牆壁的位置等方法，可消除阻擋光線的障礙物，讓光線較容易從既有的開口部，照射到室內的深處。

針對因為既有開口部的形狀或雨庇的影響等因素，造成光線照入受限的情形，也可將牆壁和天花板改為白色、或降低隔間牆的高度使其與天花板分離的方法，讓光線能夠反射和擴散照入室內深處。

提高通風效果

拆除部分牆壁等障礙物，規劃出讓空氣流通的通道，是改善通風的有效方法。此種方法雖然與前面敘述的採光相同，但是在拆除既有牆壁或移動牆壁位置、以及重新設置牆壁時，做出與天花板不相連、讓牆壁上緣與天花板之間形成空氣流通的通風層，也變得相對重要。

在通風設計上，不僅僅是考量讓空氣進入室內，也必須詳細規劃排風窗戶等整體的通風路徑[圖、照片]。

改善換氣效率

在住宅的換氣效能方面，老舊建築大多未裝設24小時換氣設備，因此必須追加住宅的換氣機能。如果能使用連通外部的風管時，可採取追加換氣扇或全熱交換機等裝置的因應措施。另外，如果現有套管的開口面積不夠的話，追加新的進氣排氣口便可獲得解決。

除此之外，若是獨棟住宅的話，可採取挑空設計和裝設天窗的方法，雖然會使工程範圍變大，但是能有效增進採光和通風效果。

圖　牆壁重劃打造採光和通風的路徑

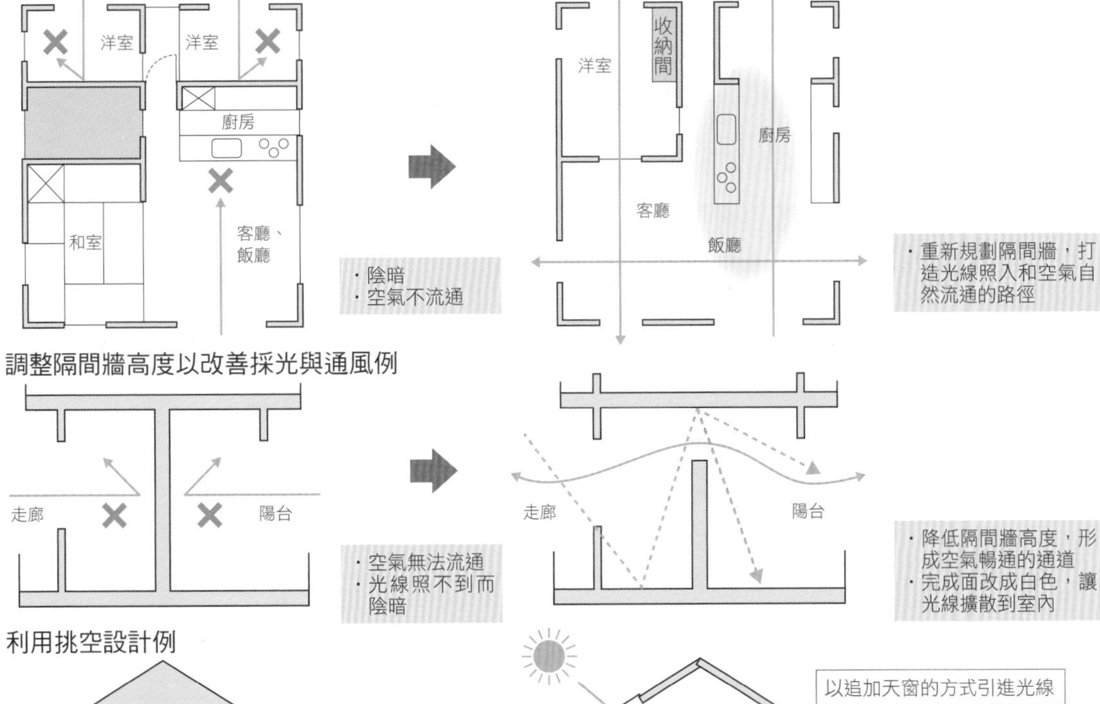

照片　改善走廊空氣無法流通的例子

空氣無法流通、光線無法照入的陰暗中央走廊。即使是白晝也必須點亮照明

調整隔間牆高度，使天花板與隔間牆之間形成開放空間，讓整個房間獲得良好的採光和通風效果

key word 031

隱私的確保

POINT

- 隱私的需求因各個家庭而有所差異。
- 隱私的必要時期或時間、用途都大不相同。
- 隱私的檢討上也必須考量周邊環境。

住宅也是保護家人和個人隱私的空間。

聽取業主的意見時，不僅要了解住宅機能的改善期望，也必須確認生活型態、考量家人之間的隱私問題。因此，也有可能關係到另一個新的改造計畫案。

每個家庭對於隱私的看法不盡相同，聽取業主的想法時必須特別留意。確認清楚隱私需求的時間帶、時期、用途等項目後，在必要的房間數、面積、配置方式上也會出現很大的差異。

隱私需求隨著年齡和家人結構而變化

舉例來說，當規劃孩童讀書房時，考量到是在哪個時期、要設在寢室、客廳、書房、還是走廊樓梯空間的一部分等，像這樣的提案日漸普及。從分析該家人的構成，以及希望透過這次的住宅改造建構什麼樣的生活舞台、形成什麼樣的家族關係，從業主對「隱私」的看法就能了解。

設計者必須能預測業主一家將來的年齡和結構變化，提出未來各個階段的平面設計提案[圖1]，並針對牆壁、門扉、收納空間、照明、電源插座等方案，與業主進行討論。

還有，訪客來訪頻率、留宿的可能性也是聽取的重點，考量留宿者和主人一家的隱私，以確保不受侵犯。

對於周邊環境的考量

隱私的規劃設計並非只有室內而已，也必須針對周邊環境進行檢討。配合周邊環境的變化，檢討窗戶或遮牆等的追加或移動，目標是提升居住環境的品質[圖2]。

在進行隱私的改善時，確認法規上的規定，以及考量對於鄰居的影響也非常重要。

圖1　家族間的隱私確保[以公寓大廈為例]

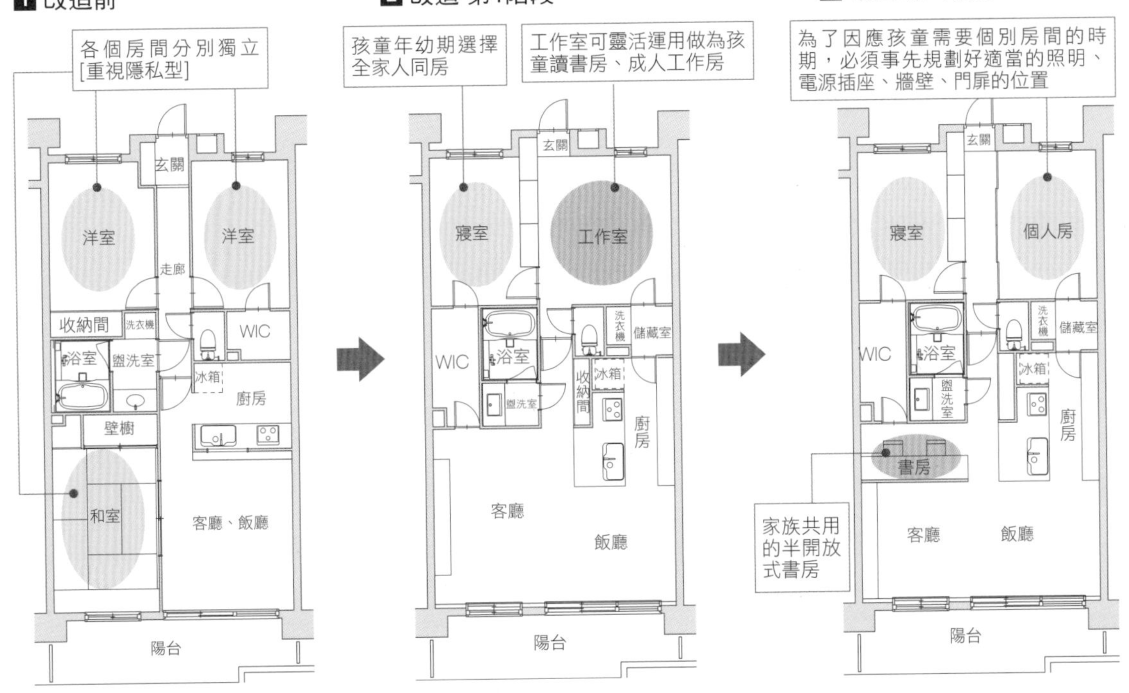

圖2　針對周邊環境的隱私確保[以獨棟、木造建築為例]

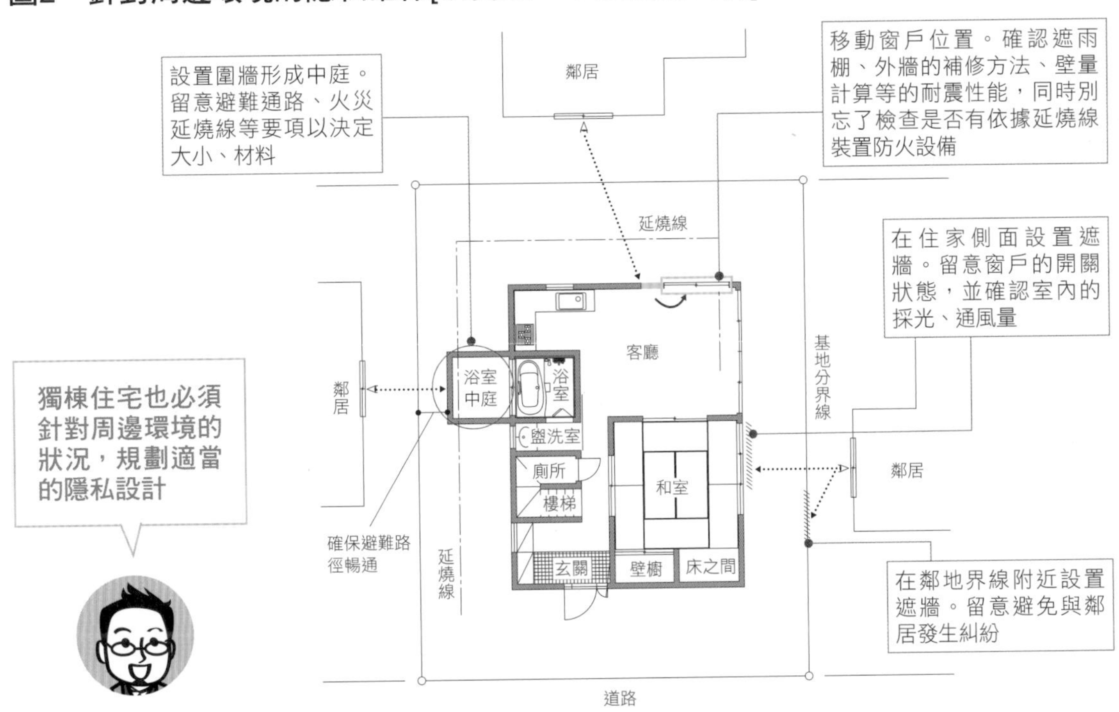

key word 032

照明設計

POINT

- **照明計畫必須檢討照明方式，以消除既有建物的照明不足。**
- **靈活運用建物的形狀，將業主期望的生活情境反映在整體計畫中。**
- **檢討將最新設備也列入採用的選項內。**

營造居住空間氛圍的照明

住宅改造並非只是選擇器具設備，而是必須積極地利用照明方式營造舒適的居住空間。照明的要素包括光和照射方式，僅僅是確保照度的充足性並無法獲得豐富的生活。另一方面，光源隨著節能科技和效率的進步，正迎接著從白熾燈朝向LED燈的重大變革期。由於LED燈的發展日新月異，選定照明設備時必須加以注意[表]。

住宅改造的照明規劃設計重點在於，主要照明和輔助照明（下照燈、聚光燈、壁燈等），以及間接照明等要素的巧妙組合與搭配[圖1]。只採用主要照明往往形成單調的空間，若巧妙地搭配輔助照明，就能從作業用空間或動態空間，塑造出靜態的、不受拘束的空間氛圍[圖2]。除此之外，間接照明在氣氛的烘托上具有優異的效果，特別容易營造沉穩的空間。間接照明所照射的牆壁、地板、天花板等的完成面是規劃設計的關鍵要點，藉由質感或凹凸、光反射的做法，能產生不同的氣氛和效果[圖3]。

透過照明製造氣氛的特徵，雖然大都以夜間為主，但是利用調光等方式，在有限的時間內也能賦予各種情趣的變化。舉例來說，將客廳塑造成舒適的空間時，一般而言，整個空間並不是設置均一的亮度，而是做出較暗的場所營造氛圍。因此，客廳的照度大約需要30～75勒克斯，但是閱讀書籍的場所則必須配置300勒克斯的照度，並以這個範圍為大略的基準，規劃照明器具的配置和照射方式。而且，一般認為人從陰暗的場所觀看明亮的地方時，能獲得安穩寧靜的感受。因此當利用照明創造居住空間的氛圍時，巧妙地運用區分明暗的技巧也是很重要的關鍵。

表　白熾燈、螢光燈、LED燈的特徵

	白熾燈	螢光燈			LED	
		日光色	晝白光	燈泡光	晝白光	燈泡光
光色	偏紅、柔和且溫暖的光色	・接近太陽光的光色 ・青白的光色 ・營造清新舒爽且洗練的氛圍	・接近太陽光的光色 ・偏白的光色 ・營造生動活潑且具有自然活力的氛圍	・接近夕陽的光色 ・稍微偏紅的光色 ・營造溫暖且沉穩的氛圍	・與螢光燈同樣為接近太陽光的光色 ・偏白的光色 ・營造活潑生動且充滿自然活力的氛圍	・與螢光燈同屬接近夕陽的光色 ・稍微偏紅的光色 ・營造溫暖且沉穩的氛圍
特徵	・沉穩的氛圍 ・因為陰影的關係而有立體感 ・色彩的再現性優良 ・小型輕量容易操作 ・瞬間點燈 ・容易調光 ・光源價格相較低廉	・以均一的亮度照射寬廣的範圍 ・光色多樣 ・壽命長 ・消費電力少 ・有些需要若干時間才會發亮			・立刻變亮 ・光線呈直線照射，不太會擴散 ・幾乎不會產生紫外線和紅外線 ・壽命比螢光燈長 ・消費電力比螢光燈少 ・光源價格高 ・不易吸引昆蟲	
壽命	1,000～2,000小時	6,000～15,000小時			20,000～40,000小時	
發熱量	多	少			少	
用途	・適合頻繁點燈、關燈的房間	・不適合頻繁點燈、關燈			・適合長時間點燈的場所，以及更換光源較為費事或危險場所（挑空、樓梯）	

圖1　間接照明

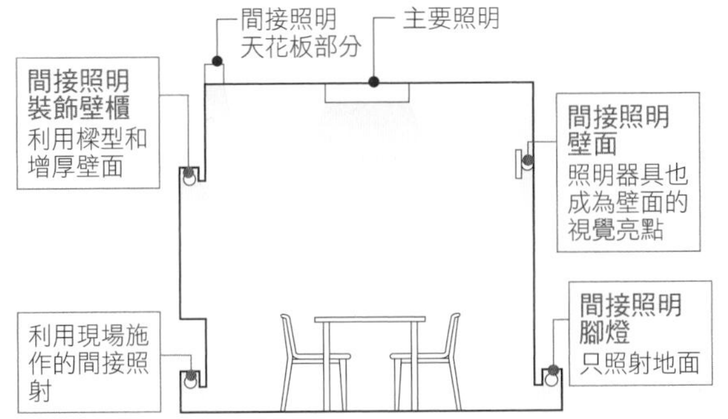

間接照明是利用照明的光線反射到天花板和牆壁，賦予整體空間柔和的印象，並具有放鬆的效果。在挑空和斜面天花板等寬廣的空間上，利用間接照明照亮天花板可營造開放感

圖2　輔助照明

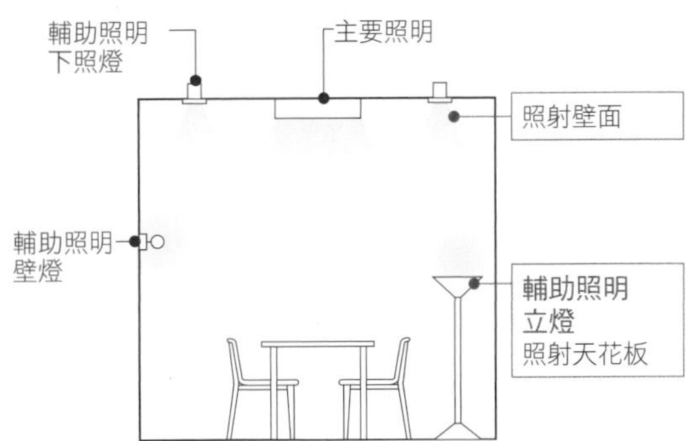

輔助照明是補助主要照明的照明，通常採用下照燈、聚光燈、壁燈等照明器具。輔助照明能使近身處變亮、營造氣氛，還能利用照射局部的方式，使室內產生明暗變化的視覺效果

圖3　間接照明的種類

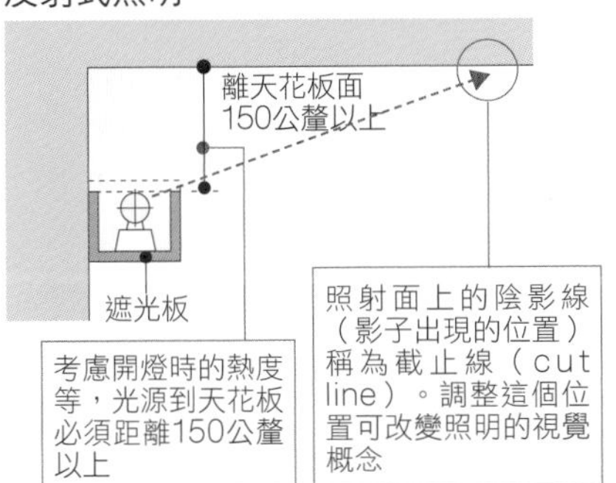

地面間接照明

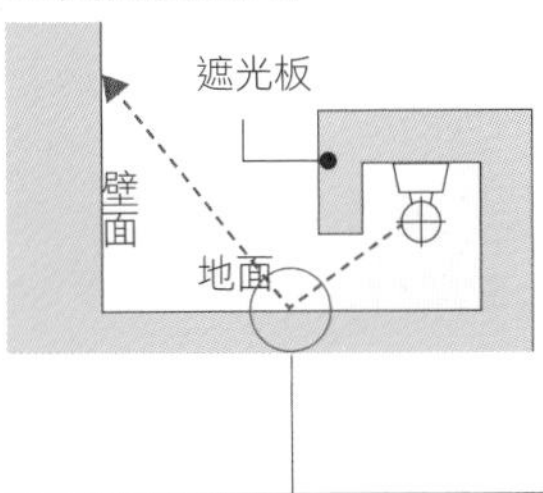

照射地面時，必須注意光源映照地面的問題。地面最好採用淡色系、不易反光的材質或塗料

壁面間接照明

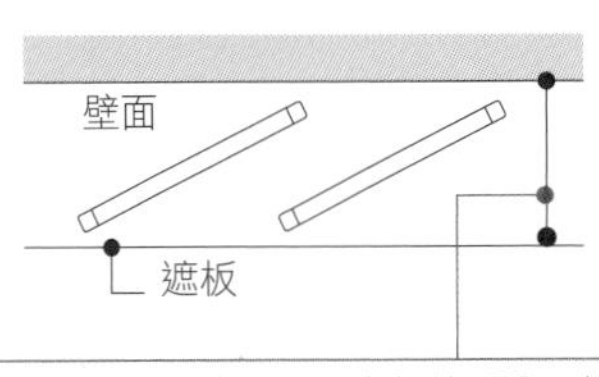

壁面和遮板之間的間隔至少保持150公釐以上的距離。若採取斜向重疊的配置方式可消除燈座部的暗影，不會產生燈光不均勻的現象。此外，也可採用一排無縫燈條式的螢光燈設計

key word 033

客廳、飯廳

POINT

- **擬定因應生活型態變化的改造計畫。**
- **改善空氣的流通和生活動線。**
- **整合大型化家電與室內設計的關係。**

LDK 的一體化

隨著生活型態的變化，住居的客廳、飯廳也產生相當大的改變。以前，客廳是放鬆的場所；廚房是不外露的場所。然而，伴隨著廚房設備被家具化的趨勢和開放化，飯廳也和客廳逐漸融合為一體[圖]。現在，客廳、飯廳大多採取空間一體化的規劃設計，在寬敞的空間內區隔出放置餐桌和放置沙發的場所。在變更各種設備的配置關係時，由於會牽涉到非常多的相關部位，因此必須充分檢討動線。

此外，客廳、飯廳是居住者待最久時間的空間，所以提高天花板高度、改善溫熱環境等期望和需求相對較多。如果上層有房間的話，就有可能採取露樑方式，藉此提高天花板的高度。除此之外，若是進行減建時，上層的房間也有可能改做挑空設計，打造空間的開放感。

最近在公寓大廈的改造上，也經常看到將客廳相接的和室變更為與客廳一體化的例子。不過，客廳、飯廳的規劃設計並非只是單純擴大空間，而必須將其視為住家的中心，檢討空氣的流通、生活動線的改善等事項是相當重要的事情。

降低家電設備的存在感

放在客廳的電視也從傳統的映像管機型，替換成大型化的薄型液晶電視，因此在規劃設計時必須檢討視聽者與電視畫面之間的距離。此外，電視機日趨大型化的結果，可能會產生與客廳的內裝格格不入，或是家電產品的壓迫感等問題，因此必須採取將家電設備設置在收納空間內，以降低其存在感的設計。

圖　客廳、飯廳一體化設計的例子

這個例子中，由於小孩獨立離家後原來夫婦就寢的和室就不再需要了，改為妻子住在廚房旁的房間、丈夫則使用另一個房間，將客廳擴大。

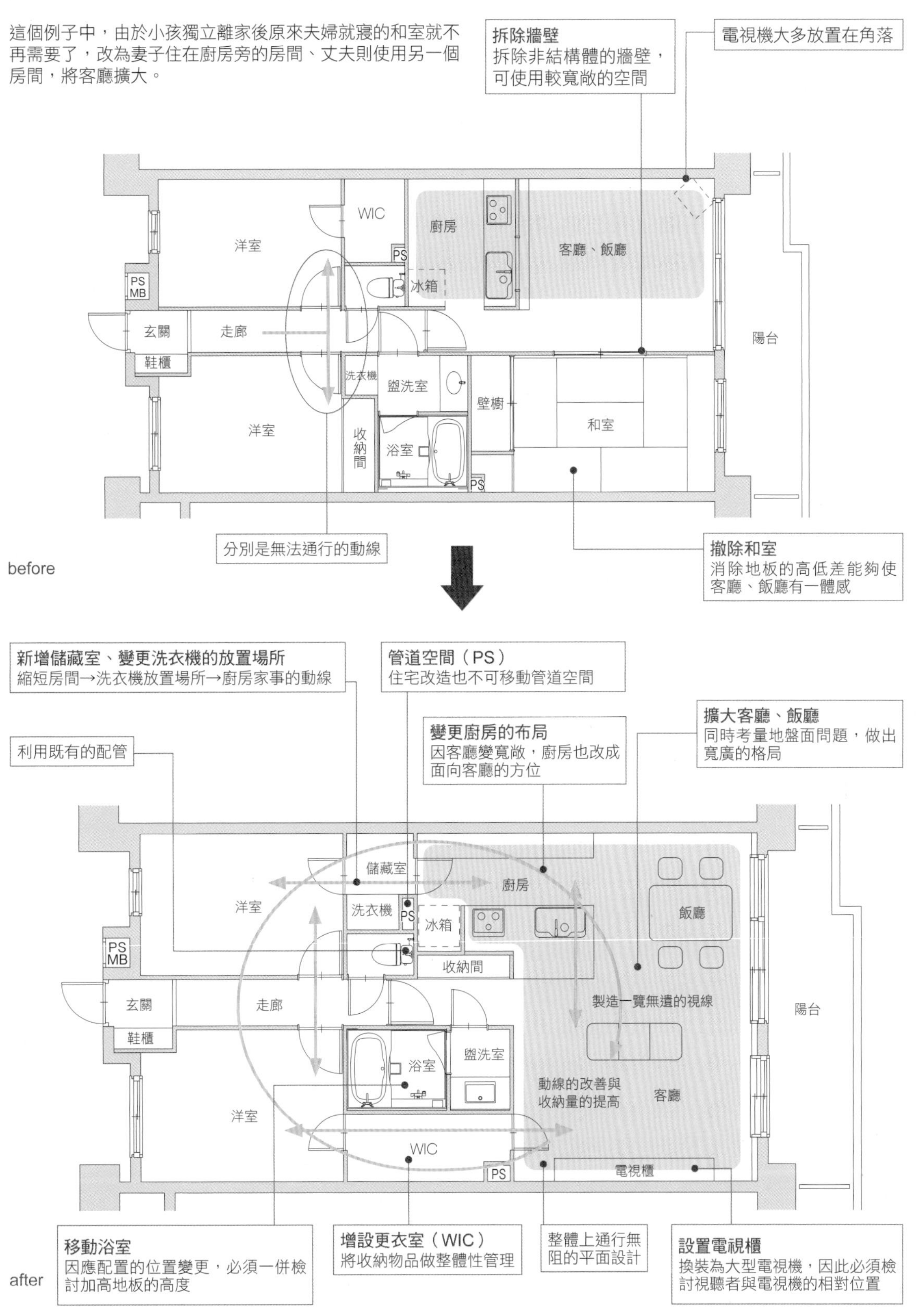

key word 034

廚房、備餐室

POINT

- **隨著生活型態的不同，廚房的樣式也產生很大的變化。**
- **近年來，由於家事區與食材儲放室合併的設計案例增多，可向業主確認意向。**

符合生活需求的廚房布局

隨著生活型態的轉變，廚房的樣式和享受樂趣的方式也產生變化，以往的廚房布局逐漸無法滿足現在的生活需求。廚房改造並非只是變更設備的表面材質，而是必須配合業主的生活型態，提出各種廚房布局的設計方案[圖1]。

開放式廚房是最近流行的廚房布局方式。這是一種讓廚房向客廳、飯廳開放的類型，藉著開放廚房的烹飪作業情景，讓家庭成員凝聚為一體的設計提案。不過，規劃設計時必須注意調理時的臭味和油煙處理的問題。

另一種代表性的廚房布局是封閉式廚房。這種廚房類型能夠確保獨立的空間，可專心在烹調的作業上，無須顧慮他人的觀看視線。也較容易控制油煙和烹調時的異味。

半開放式廚房是介於上述兩種廚房布局之間的類型。這種類型雖然將料理台向著客廳、飯廳露出，但是在料理台設置直立壁板或吊櫃，在某種程度上可遮擋手邊烹飪作業時的情景。也由於上部能提供充裕的收納空間，因此相較於其他類型有較多的實例。此外，也較容易處理油煙和異味的問題。但是不管進行哪種布局變更，都必須檢討伴隨而來的設備問題。

備餐室、食材儲放室和家事區

廚房布局也必須兼顧食材儲放室和家事區的規劃設計。食材儲放室能夠貯藏透過宅配等方式購入的大量食材，並且能有效做為災害發生時的備用資源[照片1、圖1]。另外，家事區是家庭主婦專用的空間，也可以含括PC、音響的設置、以及燙衣架等的設計提案[照片2、圖2、圖3]。

圖1　各式各樣的廚房布局

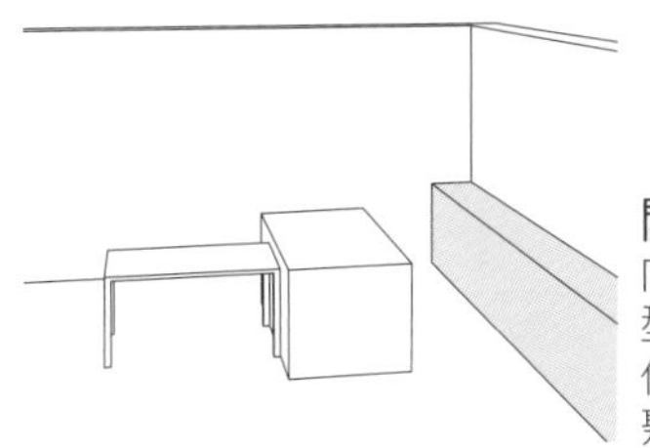

開放式廚房
向客廳、飯廳開放的類型。藉由開放廚房的烹飪作業情景，讓家庭成員凝聚為一體的設計提案

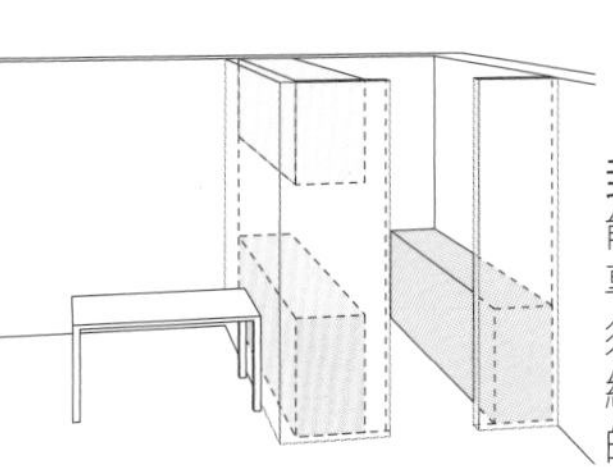

封閉式廚房
能夠確保獨立的空間，可專心在烹飪的作業上，無須顧慮家人以外的訪客視線，同時較容易控制廚房的油煙和異味

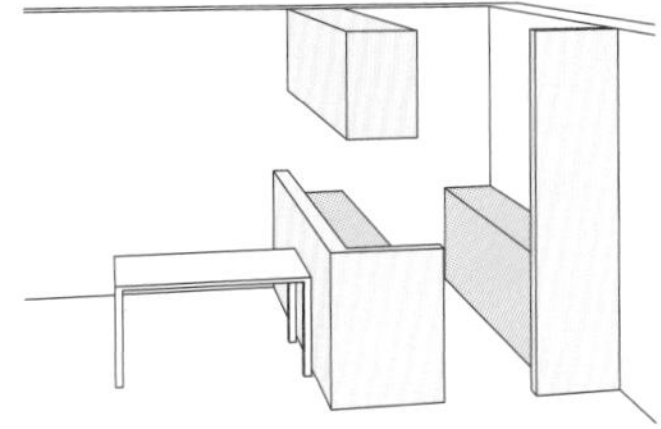

半開放式廚房
從封閉式改為半開放式，能保有以往的收納量，同時可實現開放式廚房型態。料理台雖然向客廳、飯廳外露，但在料理台設置直立壁板或吊櫃，在某種程度上可遮擋手邊烹飪作業時的情景。由於上部能提供充裕的收納空間，也較容易處理油煙和異味的問題，所以相較於其他類型有較多的改造實例

照片1　廚房與備餐室

廚房與備餐室一體化的設計。由於與備餐室相鄰，所以動線流暢

照片2　附屬在廚房的家事區

做為家庭主婦專屬的空間可發揮多功能的用途。保有廚房＋α的空間，擴展廚房生活的範圍

圖2　半島式L型＋食材儲放室＋家事區

在7坪（約23.1平方公尺）的空間內，附設大容量的食材儲放室

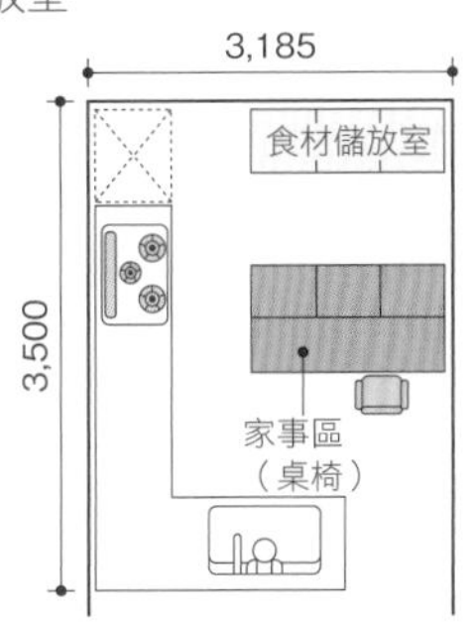

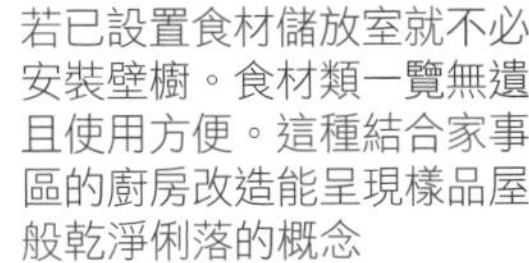

若已設置食材儲放室就不必安裝壁櫥。食材類一覽無遺且使用方便。這種結合家事區的廚房改造能呈現樣品屋般乾淨俐落的概念

圖3　廚房旁設置家事區

家事區的運用訣竅

- 裝設PC，一面烹調料理一面搜尋網路上的食譜
- 利用烹飪的空檔熨燙衣物
- 媽媽烹調料理時，小孩在旁邊做功課……等

或許這就是創造嶄新生活情境的關鍵裝置

key word 035

浴室

POINT

- 浴室改造有系統衛浴、傳統工法、半系統衛浴等三種選項。
- 傳統工法的自由度高，但是有漏水風險。
- 半系統衛浴較無須擔心漏水問題且自由度高。

配合使用目的選擇浴室

近年來的浴室一般大多採用組裝而成的系統衛浴。各式各樣的衛浴產品都致力於追求設計性、機能性、易於維修保養等性能。設計師和施工業者在考慮短工期、容易施工、完工移交後的維修保證等因素時，通常大多會向業主推薦系統衛浴。不過，另一方面由於規格化的設計都一定有某些限制，因此也會發生無法配合規劃的狀況。此外，若設備也是採用高價位產品的話，就會比傳統工法貴，結果，在設計階段從採用系統衛浴改成自由度較高的傳統工法的案例也增多了。

傳統工法的浴室

進行浴室隔間較自由的改造設計時，適合採用傳統的施工方法。

利用玻璃隔間、或是設置出入外部的落地窗，不僅能有良好的採光和換氣的機能性，視覺連續性也能確保空間的寬敞、明亮感。若與窗戶規格有所限制的系統衛浴比較，傳統工法具有能自由設定窗戶位置和尺寸的優點，並且可自由選擇完成面的材料，又可降低改造費用。此外，淋浴與浴缸的配置也能自由規劃，因此可有效的運用住宅的空間[照片1]。不過，由於全部採用人工施作，在防水方面必須檢查是否有做好適切的防水施工。

半系統衛浴的浴室

如果能夠避免掉漏水風險，半系統衛浴也是改造方式的選擇之一[照片2]。這種方式是將地板和部分牆壁一體化處理，所以較無須擔心漏水問題，而且能夠自由選擇開口部、牆壁、天花板的完成面材料。

半系統衛浴成為浴室改造的新選項，今後的發展將備受期待。

照片1　傳統工法的優點

玻璃隔間

視覺上浴室和盥洗室是相連的，能帶來明亮感和開放性

開口部的自由配置

配合結構體和浴缸位置，能夠自由地調整開口部

完成面材料的自由選擇、以及浴缸和淋浴位置的自由配置

採取縱長型的配置設計，能增加其他空間的自由度

照片2　半系統衛浴的優點

漏水的風險低、地板與部分牆壁的一體化

地板到浴缸高度為止的部分無須做防水處理。牆壁、天花板能自由選擇完成面

key word 036

盥洗室、廁所

POINT

- 盥洗室、廁所的改造從只更換設備和完成面材料，到打造別具匠心的空間，範圍相當廣泛。
- 改造時必須將無障礙設施和看護等考量也列入改造項目中。
- 慎重地檢討海外進口製品的選用。

針對每日使用的空間的考量

盥洗室和廁所的停留時間雖然比一般房間短，卻是每天都會使用，是日常生活的一部分，也是豐富居家生活的重點所在。雖然在家中容易被忽略，卻是最應該檢討的場所[照片]。

盥洗室和廁所的改造理由，一般大多為了狹窄、陰暗、寒冷等問題。

關於空間狹窄的問題，雖然單純擴大空間就可以解決，將分別獨立的盥洗室與廁所規劃在同一個空間內也是有效的解決方案。對家族成員較少的家庭來說，其優點會多於缺點。

狹窄空間的檢討

擴展盥洗室和廁所的空間，對於看護方面也非常有幫助。

盥洗室和廁所可採用通用設計，但是必須注意拉門或扶手等的形狀和設置方式。

除此之外，將許多家庭放置在洗臉台旁邊的洗衣機，移動到廚房或其他家事區域，在提升家居生活考量上也是相當有效的方案。

盥洗室、廁所的明亮化

許多業主都希望盥洗室和廁所是明亮的空間。針對難以裝設對著屋外的開口，改採用對著室內的窗戶，這類的有效案例不少。此外，還可從照顧高齡者和幼童的觀點，以及室內換氣通風的需求來重新設計。

商品選擇的注意事項

近年來，日本國產衛浴設備在產品性能、設計、維修管理等方面的提升有顯著的進步。雖然日本市場上充斥著世界各廠頗具吸引力的產品，但是若從10年以上的間距來看，進口商或銷售商的流動性都很大，因此採用進口產品時，必須注意將來的維修保養和零件調度等問題[圖]。

照片　盥洗室和廁所的各種變化例子

以玻璃隔開盥洗室和浴缸，在視覺上形成空間相通的感覺

採用低價設備和素材也能營造空間氛圍。照片中使用了廢棄材料

並非做為單品家具使用、而是完全成為室內裝潢一部分的盥洗空間。利用洗臉化妝台和牆壁的一體化設計，使空間呈現整體感

採用大塊磁磚增添俐落感

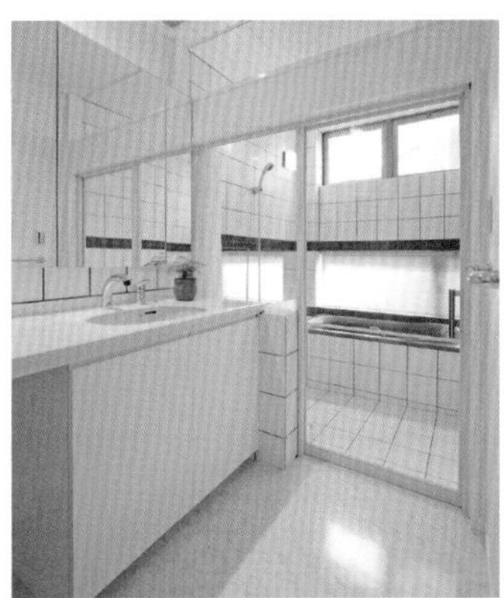

利用裝設大型滑軌式窗戶，可獲得良好採光和開放感

配合木雕花鏡設計，現場施作木質家具感的洗臉台。地板和牆壁的完成面也融入整體空間。利用色彩或完成面材的講究，與家具成功調和

圖　設備的排水差異

傳統馬桶

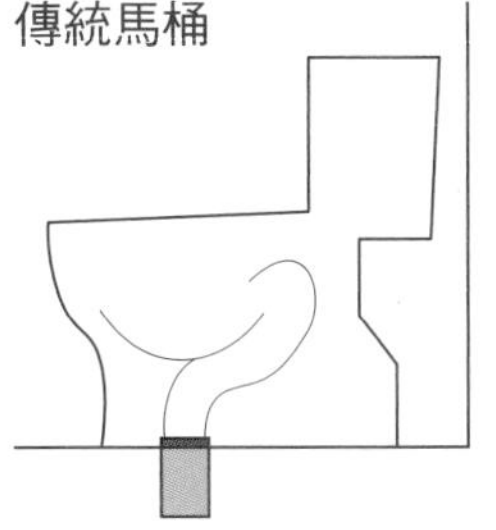

若既有的排水管（糞管）非200公釐的話，必須注意無法與新型馬桶直接連結的問題

新型馬桶

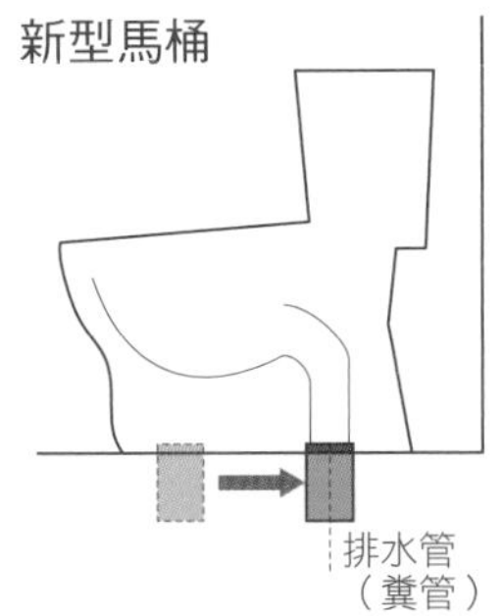

若排水位置不合時，必須進行配水管的遷移工程。由於必須施作地板下方工程，費用和工期都會增加

因應改造需求的馬桶

排水管
（糞管）

若排水管錯位時，可用配管位置調整專用的馬桶移位器，換裝為最新型的馬桶。由於只需施作地板上方工程，所以能控制費用

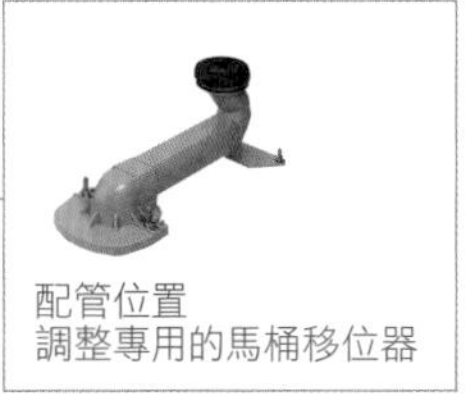

配管位置
調整專用的馬桶移位器

資料出處：日本衛生設備機器工業會．溫水洗淨便座協議會

key word 037

和室

POINT

- 和室改造最重要的是活用自然素材創造豐富的空間。
- 尤其是地板使用可自由設計的榻榻米。
- 依照模組精心設計地板、牆壁、天花板、隔間門窗等改造項目。

充滿四季變化風情的住宅改造

和室是使用自然素材（木材、紙、稻草等）構築的空間，與外界環境的區隔較為模糊。在和室的改造上，重要在於發揮自然素材的特性，創造豐富的生活空間[圖1]。

利用榻榻米

和室地板是鋪設榻榻米的空間。傳統的榻榻米採用稻草壓實製造而成，最近也出現使用草蓆包覆聚苯乙烯發泡塑料的產品。在沒有換氣、容易積留濕氣的混凝土地板下方等場所，也可以選擇這樣的產品。但如果在這種條件下要使用榻榻米的話，就必須考量周圍的換氣問題。由於榻榻米一般都採特別訂做的方式，所以較容易針對表面的編織形式、邊緣的收邊等自由地進行設計[圖2]。

公寓大廈的和室規劃

混凝土建造的公寓大廈由於室內沒有柱子，所以可在牆壁上加裝薄型裝飾柱，營造露柱牆壁的視覺效果[圖3、4]。設計和室空間能享受自然素材的樂趣。在挑選天花板的木材木理時，建議不要使用小面積的樣本，所以最好採用至少60公分×60公分以上、使木理橫向朝上展現瘤紋的素材。

依照慣例竿緣天井（天花板椽條）指向的方向，以及榻榻米的邊緣線配置方向，都會避免直接朝向床之間。洋室與和室的隔間通常採用戶襖，最近推出洋室也能使用的襖紙，建議採用襖這種紙材進行設計。裡外兩面不同材質的隔間門窗會產生不協調的景象，選用時應多加斟酌。

和室用的壁紙的完成面材料種類繽紛多彩，可配合用途選擇適當的材質。總而言之，如何呈現獨特的風情和韻味是和室改造的關鍵要點。

圖1　和室各部位的名稱[譯注]

和室的魅力在於，使用自然素材構築而成、隨著四季更迭改變內裝，還可享受庭院的自然聲音或靜謐。此外，和室也很適合做為各種用途的複合式場所。若是在西式房間或有隱柱牆的地方規劃成露柱牆的和室時，必須考慮到房間變狹小的問題

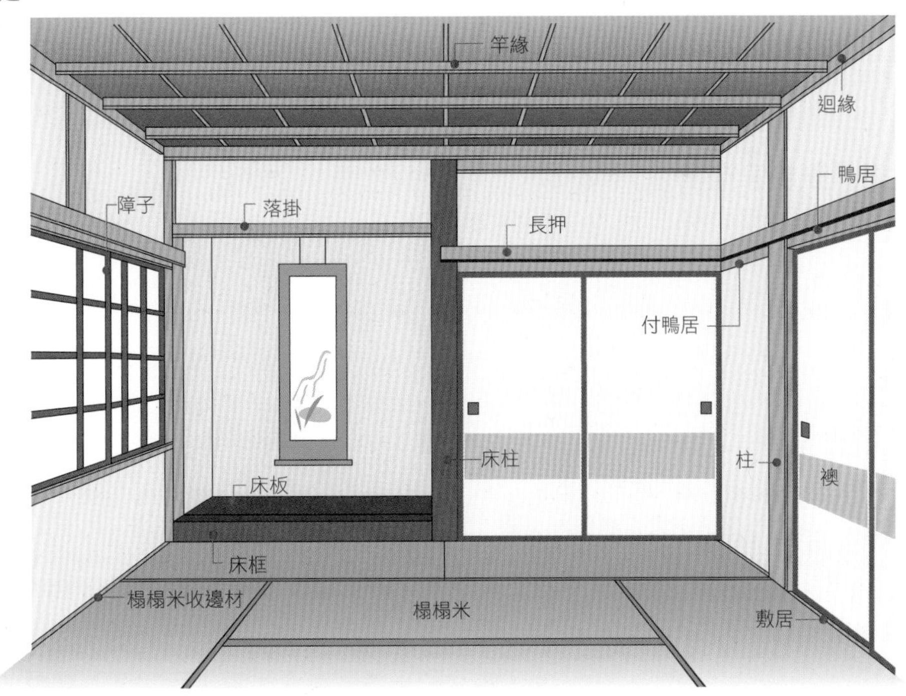

圖2　榻榻米的斷面圖

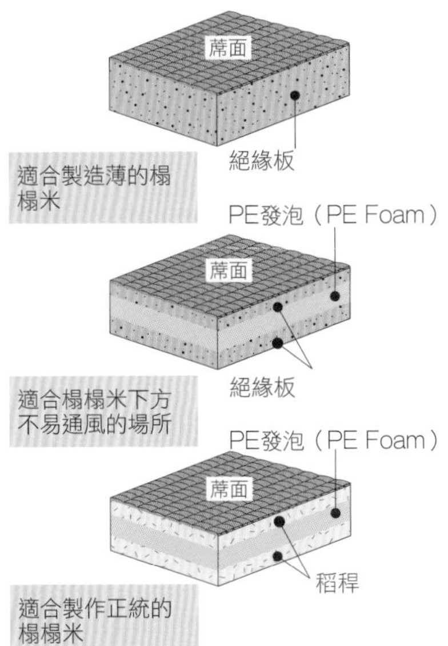

圖3　露柱牆的結構

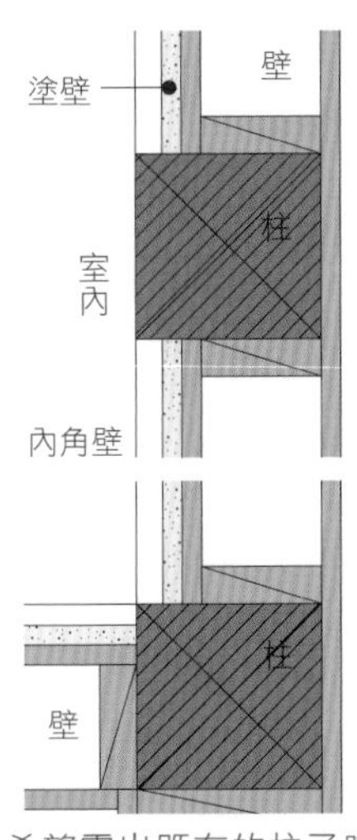

如果希望露出既有的柱子時，除了檢查柱子的表面、裏面以外，也必須查看附著牆壁的結構的損傷、傷痕狀況

圖4　隱柱牆的結構

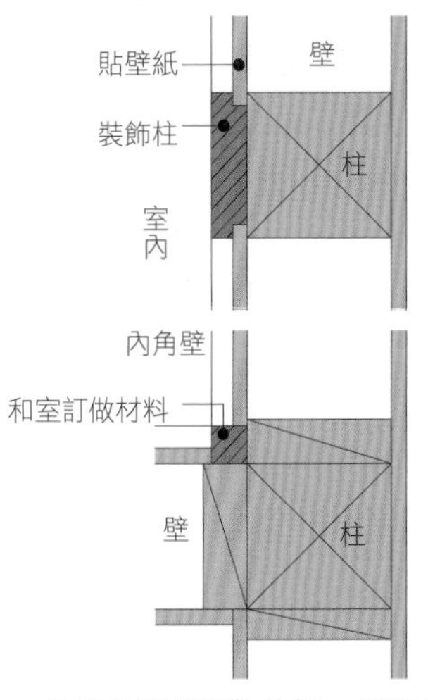

如果設置裝飾柱的話，房間的空間會變小，同時要注意開口框也必須全部加上裝飾框

譯注：障子：紙糊橫拉窗　落掛、長押：橫木　迴緣：線板　竿緣：天花板椽條
鴨居：門楣　付鴨居：裝飾門楣　敷居：門檻　襖：和室拉門

key word 038

樓梯

POINT

- 樓梯改造必須重視安全面。
- 除了考量坡度的調整之外，也必須留意和天花板之間的相關性（淨空高度）。

樓梯改造重視安全面

屋齡較老的老舊獨棟住宅，大多採用以往的尺寸模組來設計住宅，樓梯的寬度較狹窄，梯級高度和踏面尺寸也較小，形成坡度極為陡峭的樓梯。

因此在樓梯改造的委託案裡，針對隨人體尺寸變化之下合適尺寸的確保、以及高齡者和身體障礙者的安全性確保，這兩類的需求也日益增加。

緩和樓梯坡度的設計

針對坡度較為陡峭的樓梯可採取增加階梯數目、降低梯級高度，使樓梯坡度平緩化的方法[圖1]。在既有樓梯第一階踏步的前方追加一個踏面，將整體的樓梯高度平均分攤到既有階梯數和追加的階梯，就能夠降低梯級高度，使原本陡峭的樓梯變為較平緩。

不過，在樓梯前端增加一個踏面的條件是，樓梯上方必須有充足的淨空高度。另外，即使不變更樓梯的階梯數，只要增加踏面的相關尺寸，也能夠使人獲得安心感。

樓梯的安全確保

為了確保樓梯使用者的安全性，可規劃安裝樓梯扶手[圖2]。特別是對於高齡者和身體障礙者而言，確保上下樓梯的安全性極為重要。如果樓梯扶手是之後才會安裝的話，就必須進行針對扶手抓握時足以承受荷重的基礎補強作業。

此外，若在走廊等位置的牆壁上，直接安裝樓梯扶手時，必須將走廊的有效寬度會變小一事事前向業主說明。

另外，如果樓梯牆壁的內部有若干寬裕的空間時，可採取挖空壁面後設置內凹式扶手的設計。此種設計既可保留樓梯原本的寬度，又能確保安全性[照片]。

圖1 增加梯階數緩和樓梯坡度的改造例子

在既有樓梯前方增加一個踏面的方法

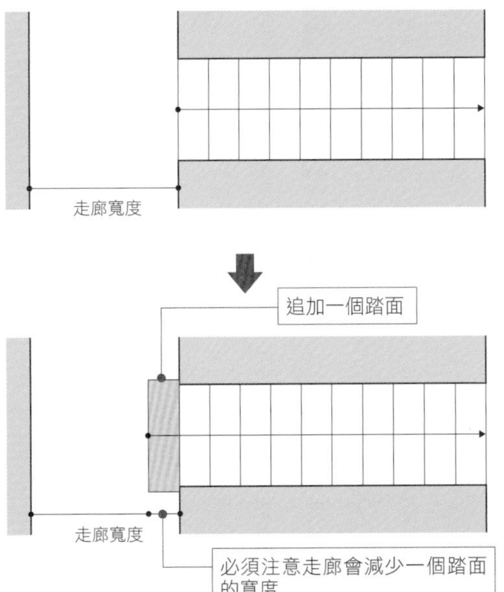

緩和樓梯坡度的方法

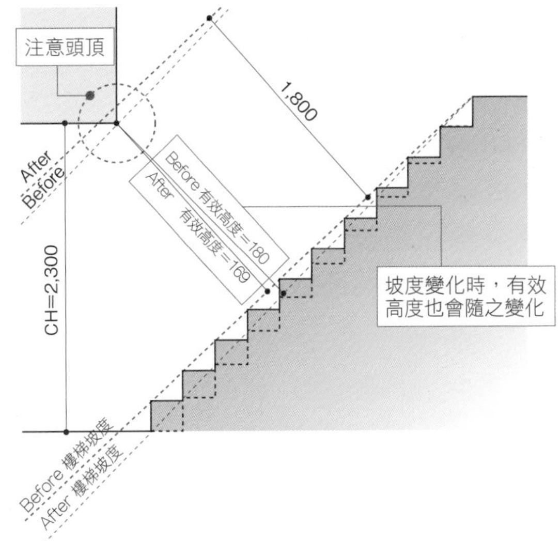

雖然增加樓梯的階梯數能緩和坡度，但是樓梯梯級鼻端到樑下為止的有效高度（淨空高度），也會隨著變化。因此頭頂上方的充裕空間就成為必須滿足的條件。

圖2 直接在牆壁上安裝扶手的例子

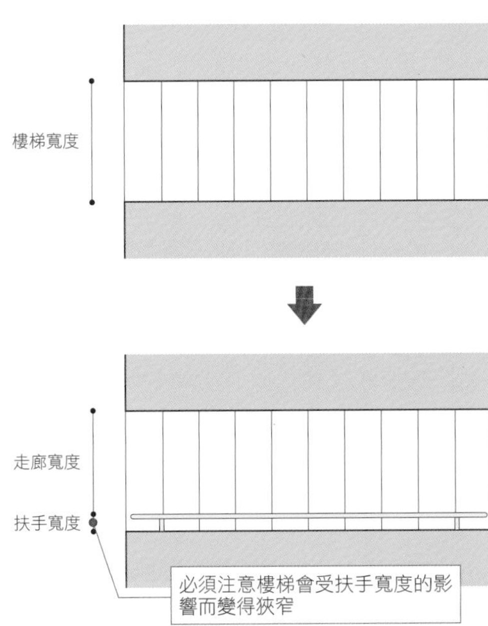

直接在牆壁上安裝扶手時，常常出現樓梯寬度不夠充裕的情況，因此必須向業主説明樓梯的寬度會因為扶手的寬度而變窄的問題

照片 利用牆壁厚度安裝扶手的例子

是利用牆壁的厚度，採取挖空壁面後設置扶手的方法，同時又能夠保留原本樓梯寬度的設計案例。此項屬於能夠確保樓梯寬度的扶手設計

key word 039

外部設施

POINT

- 外部設施也是屬於住家門面的部分。
- 外部設施改造不僅要與周邊環境協調，還必須考量防盜面。
- 展現庭院和植栽的魅力也是提案的重點。

兼具防盜和景觀設計功能的外部設施改造

被稱為獨棟住宅門面的外部設施，必須追求建築基地的狀況與周邊環境的協調性。外部設施與廚房、浴室等設備不同，能看到類似樣品屋實物的機會也很少，因此在設計時難度較高。即使有理想的設計構想，也必須仔細檢討材料和設備的選用。

尤其是連接建築物和道路的通道設計，不僅要注意形象面，也必須意識到防盜面[圖]。特別是建在寸土寸金的都會區住宅，必須考量照明的配置，以及從外面看室內的視線穿透性等許多要項。此外，通道脫離不了使用柵欄，一般多採取與門扉相連的設計。如果設置視線遮蔽效果較佳的圍牆時，必須注意不可形成防盜上的死角[表]。

停車的空間規劃也必須檢討連續設計性，以及周邊環境的協調性。如果是裝設屋頂的話，會被認定為建築物，因此必須提出建築執照申請，並且注意對於建蔽率的影響。

庭院與植栽的魅力

庭院的設計，必須以做出能讓業主樂在其中的空間，精心規劃。最近，為了讓庭院與室內形成一體感，而施作戶外木平台的事例日益增多。

如果使用天然木材時，必須檢討日曬和濕氣等的情形，擬定不易受損傷的設計，同時別忘了從維修保養面選擇適當的材料。

在外部設施的改造中，選定適當的植栽也很重要。擬定能夠欣賞四季風情的花卉植栽計畫、同時也能夠對環保有所貢獻，便是植栽的魅力之一。

圖　外部設施改造的概念圖

before

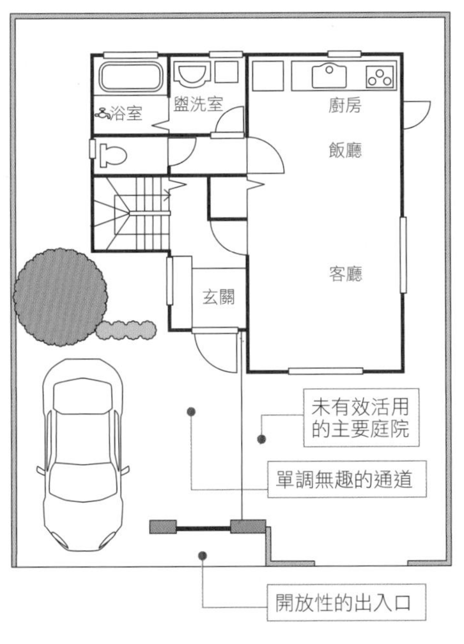

使用上不太方便且景觀單調無趣的外部設施也要注意防盜問題

after

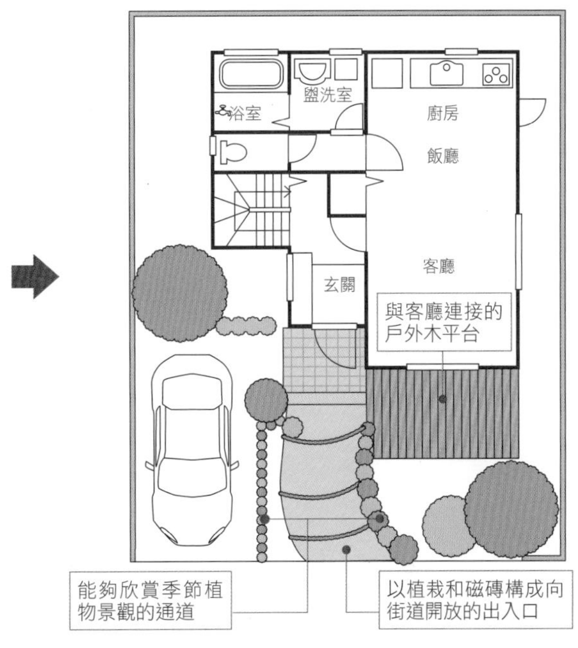

成為獨棟住宅門面的外部設施也必須考量防盜面的問題

表　界線做法的影響比較

	隱私	防盜	特徵
柵欄	○	◎	與圍牆組合的效果佳
綠籬	○	○	雖然兼具植栽功能，但是養護不易
圍牆	◎	△	能提高隱私效果，但是疏忽防盜功能

外部設施等於是住家的顏面。規劃設計時必須考慮防盜面的因素，並且從想要呈現什麼樣的住家景觀，來擬定適當的方案！

可從兼顧防盜面與外觀兩個角度來進行設計～

key word 040

收納

POINT

- 首先了解業主整理物品的方式和必要的收納量。
- 收納分為儲藏室，以及在各個場所設置收納空間兩種類型。
- 獨立收納必須有防止傾倒的措施。

掌握必要的收納方式和數量

首先拜訪業主目前居住的住宅，確認業主收納物品的特性和必要的收納量。調查若遇到困難時，可使用拍照確認。如果會攜入家具時，也必須確認其形狀。

收納的類型

收納分為收集在儲藏室的收納[圖1]，以及在各個使用場所附近設置個別的收納空間兩種類型[圖2]。儲藏室可用來收放非當季的家電用品、個人嗜好的用具。設計時必須確保實際使用的場所和必要的容量，規劃成容易取出的場所。如果收納設置在房間內，必須針對分類方式或場所等，與業主詳細討論和溝通，以符合業主生活上的需求。不論採取哪種收納方法，都應該預留一些收納量，以便因應日後生活型態的變化。

如果將AV或PC等需要連結電源插座的機器收納在現場施作的家具內時，也必須注意將來增加設備時的電源插座需求、和充裕的電力供應。

壁面收納和獨立收納

個別設置收納空間的方式又可分為裝設於牆壁上的壁面收納，以及可當做隔間用的獨立收納（家具）。

壁面收納有裝設在牆壁前方、凸顯存在感的方式；以及嵌入牆壁內、門扇材料採用與牆壁完成面一樣的做法，收斂存在感的方式。不論採用哪種收納設計，隨著素材的選用和把手等金屬配件的不同，價格或印象也會改變，因此設計時必須與業主確認其規格。

獨立收納大多兼具隔間的功能，因此為了讓本體能夠穩固地安置於該處，必須針對強度和防止傾倒等進行充分的檢討。此外，提出設置應變災害的防災用品儲存室、以及家族衣物統一保管的家庭衣櫥等，也必須配合業主的生活型態來提案。

圖　充分掌握必要的收納類型

1 集中收納

儲藏室
如果希望將非當季的寢具和家電用品等集中收納在寢室時，有縱深的儲藏室較為適合

玄關收納
如果室外使用的嗜好用品和鞋子等數量較多時，在玄關設置大容量的收納空間較為便利

儲藏室
浴室
洗衣機
更衣室
玄關
門廳／盥洗室／更衣室
門廳
主臥室

書架的容量
收納所必要的箱子等
衣物
無法收納的物品數量

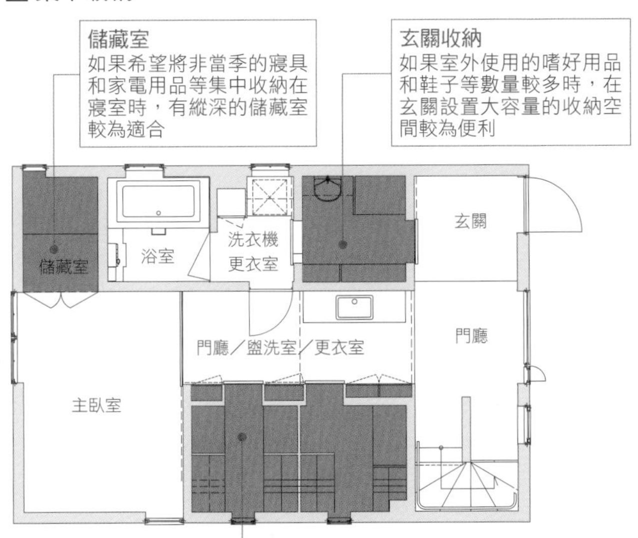

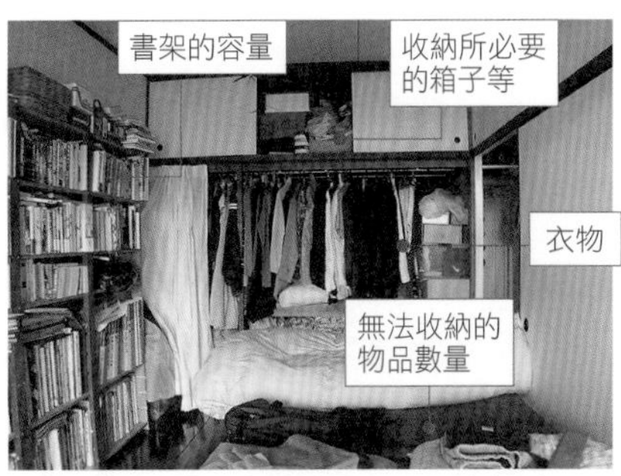

確認業主的所有物品數量和收納的類型

家庭衣櫥
若是在浴室等用水區域附近設置家族成員的衣物收納空間，要設計成單一個別的衣物收納房間會比較容易。

2 在牆壁施作收納裝置

壁面收納

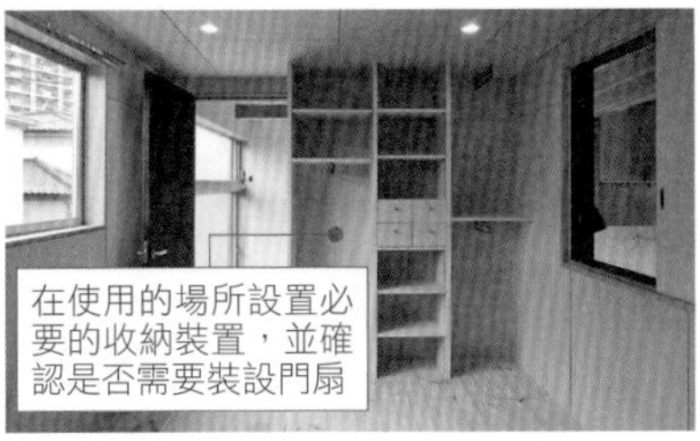

在使用的場所設置必要的收納裝置，並確認是否需要裝設門扇

照片提供：平剛

利用收納隔間

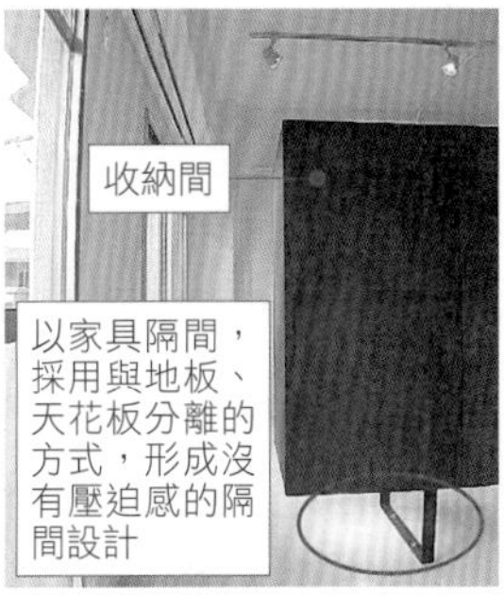

收納間
以家具隔間，採用與地板、天花板分離的方式，形成沒有壓迫感的隔間設計

玄關地板
擴大玄關，改成能容納腳踏車或嬰兒車的空間，使用上頗為便利

洗衣機放置場
妥善安置收納洗衣機或冰箱，使視覺上呈現乾淨俐落的印象

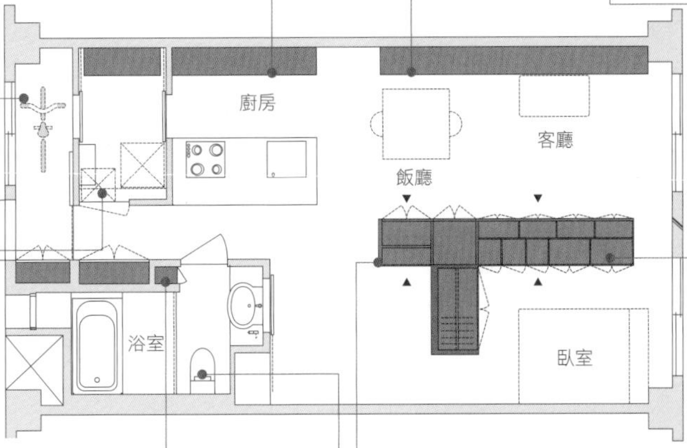

廚房
客廳
飯廳
浴室
臥室

毛巾、內衣物儲藏櫃
在浴室等用水區域規劃收納毛巾、浴袍、內衣物的儲藏櫃的話，使用上頗為便利

家具收納
從必要的場所開始，規劃能夠使用的收納設備

活用間隙

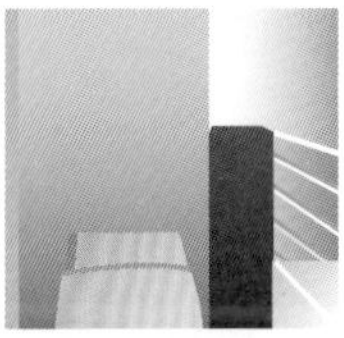

利用廁所背面的管道空間和側壁之間的狹小間隙，做為間接照明和收納空間

了解業主的收納模式，就能提出符合業主生活型態的方案

key word 041

因應高齡化的改造

POINT

- 因應伴隨高齡化的身體衰老，可採取消除高低差、加強地板和牆壁色彩對比的對策。
- 照明器具及照度也必須充分規劃設計。
- 改造計畫中也必須考慮將來裝設電梯的方案。

高齡化需求的改造計畫

在規劃因應高齡化需求的改造計畫時，無障礙設施是最基本的要項[圖]。由於腰腿肌力的衰弱，容易發生在地板高低差處絆倒的意外事故。因此必須在樓梯或廁所裝設扶手，同時別忘了基礎的檢查工作。

地板採用不易溜滑的材質

地板應採用不易溜滑的完成面材料，但是若選用止滑這種摩擦阻力大的完成面材料，反而會成為摔倒的原因。因此選擇具有適度摩擦阻力且易於行走的地板材料，是很重要的事情。

此外，由於眼睛退化的緣故，色彩的辨識能力日益下降，因此地板和牆壁應採取色彩對比的設計，並且將有高低差的地方改成其他顏色，都能使視覺上產生明確的區別效果。

照度的確保也是改造時重要的考量要素。為了獲得充足的亮度，也必須檢討器具的選定、配置計畫、電力設備更換等要項。

容易活動的輕鬆動線

隨著高齡化使得拿取收納上方的物品變得更加困難，因此應該擬定將平常使用的衣物，盡量收納在較低位置的設計。

雖然也必須視平面設計圖而定，若以二層樓建物的情況來說，將廚房、盥洗室、浴室、廁所、臥室設定在同一個樓層的構想，在生活動線上較為輕鬆舒適。即使能夠移動用水區域或寢室，在改造時也可以列入檢討的項目，同時必須在各個部位的尺寸上預留寬鬆的空間。

如果用水區域和寢室分別在不同樓層時，也必須仔細檢討引進電梯、或是預留將來裝設電梯的足夠空間。假設確定不裝設電梯，也可繼續做為目前的挑空或收納空間使用。此外，預定裝設電梯位置下方必須進行基礎補強作業。

圖　因應高齡化的改造計畫重點

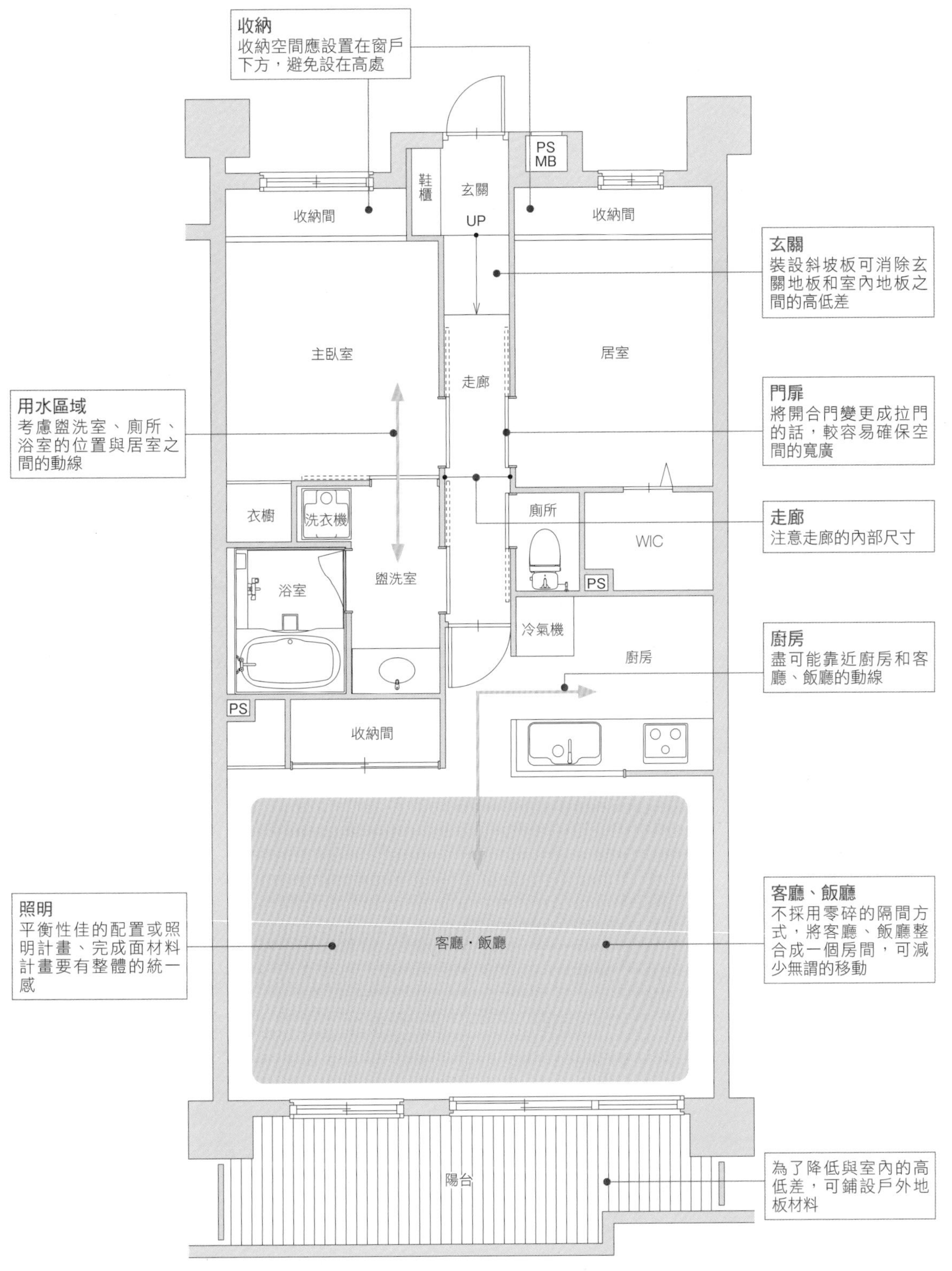

key word 042

與寵物相關的改造

POINT

- **若在室內飼養寵物時，必須規劃寵物廁所和收納寵物用品的場所。**
- **地板和牆壁的材料應選用寵物易於行走且不易損傷的素材。**
- **設置魚缸時，應確認其重量。**

以往大多在庭院飼養狗，然而近年來，寵物在室內和家人一起生活的家庭逐漸增多。如果業主和寵物同居時，就必須事先確認其生活型態，以便擬定適當的改造計畫[圖]。

寵物廁所的檢討

以飼養狗的情形來看，有些飼主不在家時會將寵物關在籠子裡，但也有飼主會將寵物放養在室內，而且平時就和寵物一起睡。若是飼養貓的話，飼主大多放養在室內，因此必須事先確認飼主對於寵物行動範圍的想法，並且在這個時候一併決定寵物如廁的場所。

受過訓練的貓狗能夠在固定的場所排泄，因此可規劃適當的寵物廁所，這樣一來也能避免住家受到損傷。收納寵物用品和收集寵物垃圾的場所，也必須加以規劃[照片1]。為了讓室內犬散步回來後清洗腳部，若能在玄關附近設置沖水設施的話，會非常方便[照片2]。

檢討寵物易於行走且不易損傷的素材

寵物與家人同居時，對於寵物損傷住家的容忍度會因為業主而有差異。重視寵物腳部觸感的業主，可採用原木等柔軟的地板材料。若考慮不容易滑倒和容易清掃的因素，則可採用磁磚等地板素材。確認業主對於寵物損傷住家和清掃方面的想法，是相當重要的事情。

若要避免寵物用身體摩擦牆壁而造成髒汙，可採用容易擦拭的材料。此外，也可採取僅在寵物的接觸範圍內，變更牆壁素材的方法。

魚缸重量的檢討

飼養觀賞魚的魚缸裝滿水之後具有相當的重量，因此設計時必須考量地板的荷重承耐力、魚缸底座的強度、與取水場所的距離、維修用品的收納空間等要項。

圖　考慮與寵物同居的改造重點

決定寵物的居住場所
狗和貓等寵物如果有自己的居住場所，情緒會比較穩定，因此可設置在家人看得到的地方
- 決定狗籠放置的場所。依狗的品種不同，適合的狗籠尺寸也各有差異，必須事先確認狗的品種
- 決定廁所的位置。設計時應考慮訪客拜訪時的因素，以決定適當的場所

狗廁所：在既有的框籠中放置做為吸收體的鋪墊（尿墊）（小～中型犬約450×600公釐）
貓廁所：在深度適中、既有的貓砂盆中放置市售的貓砂

考慮魚缸的保養維修，配置在用水區域的附近
為了維持魚缸清潔和美麗的狀態，常常必須進行清洗魚缸的大規模保養。如果是獨棟住宅，可規劃外部的用水場地；如果是公寓大廈，則可能會使用浴室等，因此必須規劃出適當的動線

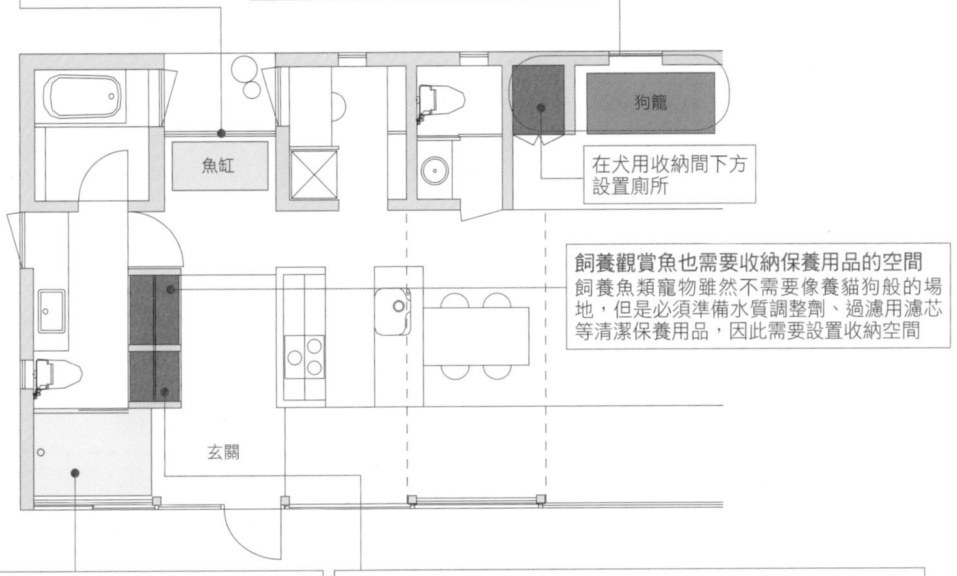

在犬用收納間下方設置廁所

飼養觀賞魚也需要收納保養用品的空間
飼養魚類寵物雖然不需要像養貓狗般的場地，但是必須準備水質調整劑、過濾用濾芯等清潔保養用品，因此需要設置收納空間

在玄關附近設置清洗腳部的場地
從排泄物的處理動線考量上，設置在用水區域附近較為便利。此外，也要確認室內或室外是否有裝設寵物用的清掃用水槽

規劃寵物用的收納空間
在玄關附近設置寵物廁所用品、食糧、美容用修剪用具等的收納空間。若是飼養狗的話，將牽繩、項圈等散步用品收納在玄關附近的話，使用上較為便利

照片1　犬用收納間

照片提供：內村コースケ（french-off）

照片2　規劃連接洗腳場地到盥洗室的動線

照片提供：平剛

key word 043

客廳劇院

POINT

- 在客廳設置家庭劇院的設計案例眾多。
- 確認業主要使用哪種設備觀賞影音。
- 僅使用前置喇叭的虛擬環場音效（virtual sound）方式，是利用壁面反射聲音的原理。

家庭劇院是設置在專用的房間，具有能夠享受視聽樂趣的設計。由於薄型大畫面的電視機成為主流，高性能且價格低廉的AV視聽機器日益普及，因此在新建住宅或改造時，在客廳設置家庭劇院的事例逐漸增多。

為了實現客廳劇院的夢想，首先必須考慮使用哪種設備觀賞影像。雖然一般採用投影機搭配投影布幕的方式，但是使用26～37英吋左右的電視機，也能充分享受視聽的樂趣。選擇適合房間大小的畫面尺寸，以及決定配管、配線的路徑，是設計時應該注意的要點[圖1～3]。

配管、配線的注意要點

最近，HDMI端子等的接頭部分較大，在先行配管時，必須注意管徑的尺寸是否足夠。

此外，若期望在別的房間也能觀賞客廳所錄製的節目，就必須考慮清楚家裡有線區域網路（LAN）的建構方式，讓每個房間都能透過網路連結以便傳輸影音訊號。

建構無線區域網路會受到室內環境的影響，像是傳輸速度不穩定以致無法觀賞影音，或在傳輸過程中頻繁發生訊號中斷等問題都有可能發生。不過，最近的無線傳輸品質已經有顯著提高。

喇叭的配置與調整

音響設備是以左右兩個喇叭來重現橫向擴展的音效，而家庭劇院原則上是以五個喇叭圍繞著視聽者，形成立體感的音響，並透過重低音（LFE）喇叭的空氣振動，呈現具有臨場感的音響效果[圖4]。此種音響的配置方式稱為5.1聲道環繞音響系統。另外一種僅裝設前置喇叭的虛擬環場音效，並未採取特別的配置方式，而是利用壁面的反射效應。如果採用前置喇叭的配置方式，可利用自動調整機能補正音效，只要左右喇叭不是配置在極端不適切的位置，就不至於會發生問題。

圖1　畫面尺寸與視聽距離的「黃金比率」

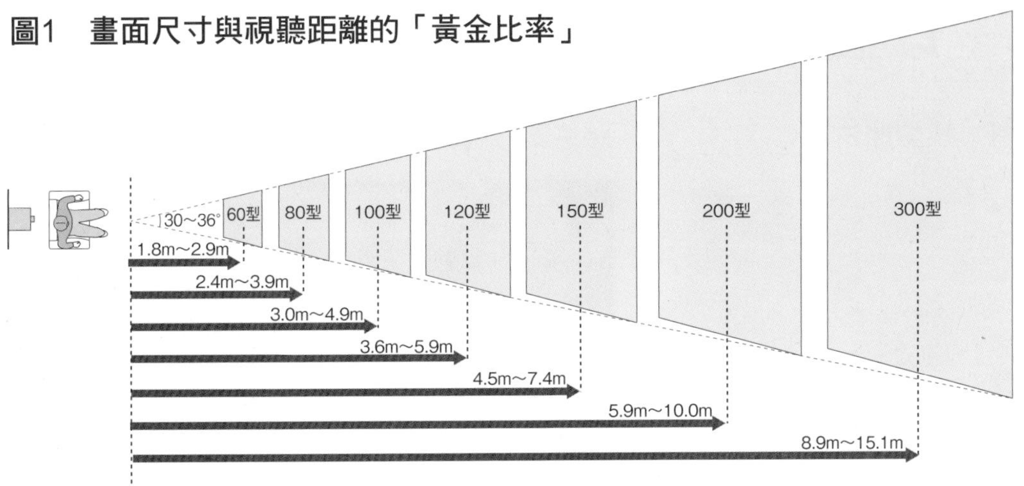

圖2　房間寬度與畫面尺寸的關係

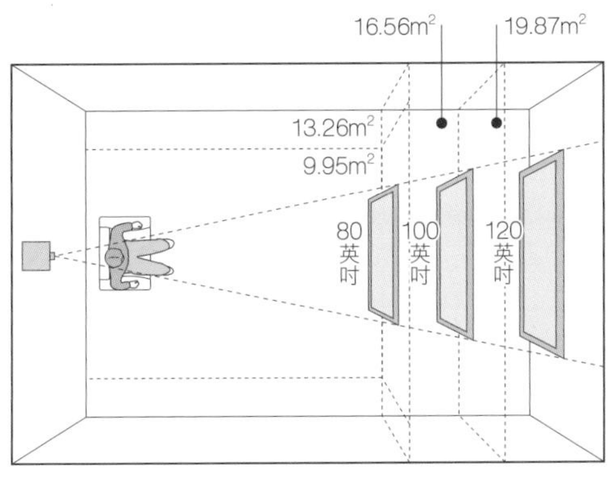

圖3　投影布幕的設置角度

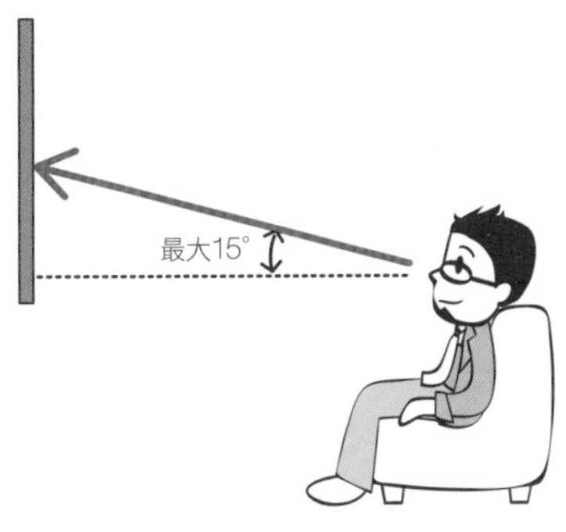

長時間以仰角超過15°的姿勢觀賞影音時，會造成頸部負擔而成為疲勞的原因

圖4　5.1聲道的喇叭位置

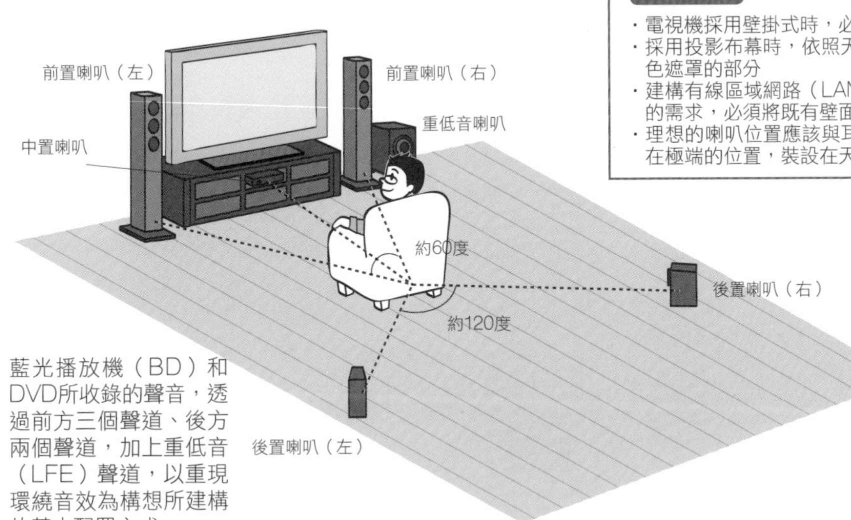

藍光播放機（BD）和DVD所收錄的聲音，透過前方三個聲道、後方兩個聲道，加上重低音（LFE）聲道，以重現環繞音效為構想所建構的基本配置方式

KEYPOINT

- 電視機採用壁掛式時，必須在牆壁補強三夾板等基底
- 採用投影布幕時，依照天花板的高度，有必要調整黑色遮罩的部分
- 建構有線區域網路（LAN）時，為了處理配管、配線的需求，必須將既有壁面增厚，因此事先要詳細檢討
- 理想的喇叭位置應該與耳朵高度相同，但只要不是設在極端的位置，裝設在天花板等場所也不會有問題

COLUMN

以簡報呈現完工後的生活型態

照片1　模型照片

製作實物的縮尺家具模型，可從上方俯瞰，或從窗戶窺視，以了解內部的設計

照片2　影像拼貼

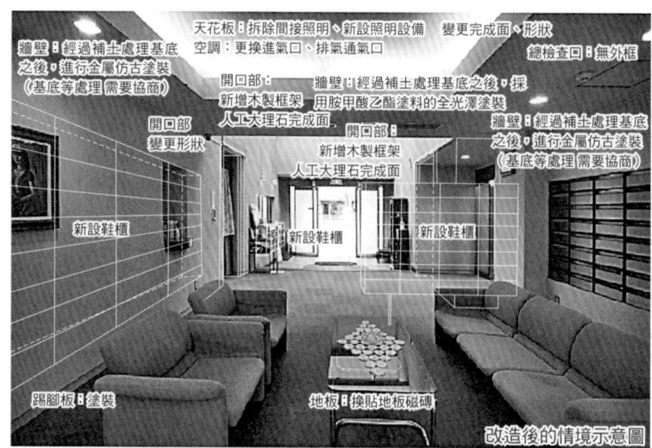

如何拍出容易讓業主了解的照片是重要的關鍵。公寓大廈改造時，業主已經了解空間的狀態，因此在照片內適當的地方，拼貼新計畫的影像圖，就成為容易理解的影像拼貼圖。在影像拼貼時，也可同時進行色彩的搭配組合。

住宅改造的簡報

住宅改造與新建住宅最大的差異是，業主希望改善現有居住空間的環境。由於業主已經了解住家整體的大小，因此透過簡報讓業主重新了解新設計的藍圖中一天的生活方式，是相當重要的事情。住宅改造的簡報必須確實傳達平面圖、展開圖的細節，以業主容易了解居住者一日生活動態的方式來呈現。

最近，3D立體影像、虛擬實境影像技術的應用普遍，可讓觀賞者彷彿置身於畫面中。還有，實際製作縮尺模型也是讓業主容易了解計畫案內容的有效方法[照片1]。模型的縮尺最好是1/30以上的大小，才能夠呈現家具、壁紙、地板等質感的概念。隔間和樓梯可製作數個可調換的模型，以方便計畫的檢討。

如果是獨棟住宅，必須檢討外觀以及與鄰地關係性的因素。使用縮尺模型時，可同時呈現計畫中的建物和鄰地建物樣貌。假使面積和建物基地較為寬廣時，則採取在能夠搬運模型的限度內製作縮尺模型。此外，除了建物基地的模型之外，另外製作不同縮尺的建物模型，也是有效的做法。

縮尺模型也可採取掀開屋頂後能夠窺看內部平面設計景象的呈現方式。如果希望呈現斷面（垂直空間）景象時，可採取拆開外牆壁面、讓觀看者容易了解斷面的方式也很有效。假設能夠製作改造前的縮尺模型，則簡報的效果更佳。

此外，簡報也可採用影像拼貼的方法[照片2]。此種簡報的呈現方式，是先拍好建物解體前的照片、以及解體後結構的狀態，然後拼貼上新計畫的圖片。由於數位相機的普及，製作影像拼貼變得相當方便。

總而言之，不論採取哪種簡報方式，正確掌握和呈現建物的現有狀態，是非常重要的事情。

4

設備計畫與改造設計

key word 044

電力容量的確認

POINT

- 掌握必要的電力容量。
- 確認電力的契約內容和引進電力的配線狀況。
- 充分檢討 IH 調理爐或全電化的採用優缺點。

確認電力的契約內容

所謂「電力容量」是指能夠同時使用電流A（安培）的總使用電流。根據這個數值，決定可同時使用多少照明或家電用品。進行住宅改造時，在最初的規劃階段中，就必須確保新的住家生活所需要的電力容量[圖1]。

首先，確認配電盤的位置和電力容量。配電盤通常設置在玄關附近或鞋櫃內、盥洗室的牆壁等場所，內部記載著現有的電力容量[圖2]。基本上配電盤的位置不可能移動，因此將配電盤的位置也包含在設計內是很重要的事情。

在擬定住宅改造計畫時，首先在聽取業主使用中的器具電力容量的同時，也必須了解改造後業主希望引進的設備。

如果希望引進全電化住宅和IH調理爐等設備，但是電力容量不足時，就有必要重新檢討與電力公司的契約容量內容。

此外，近年來在自宅居家就業的SOHO族日益增多，依據不同的職業種類，可能增加電力的使用量，因此也必須透過諮詢了解業主的生活型態。如果進行大幅度的變更時，基本上必須考慮更換所有的配線。電源插座可依照使用的設備或場所，檢討適當的容量和專用回路，或者也有必須導入三相200V電源插座的情況[圖3]。

當有需要變更電力容量時，必須向電力公司提出變更申請[圖4]。不過，從電線桿引進的電線有特定的電流容許量，有時會發生必須重新裝設電線的情況，所以要特別注意。

圖1　電力、電壓和電流

以水來比喻的話，電壓等於水壓，電流等於水流，電力等於流水的量

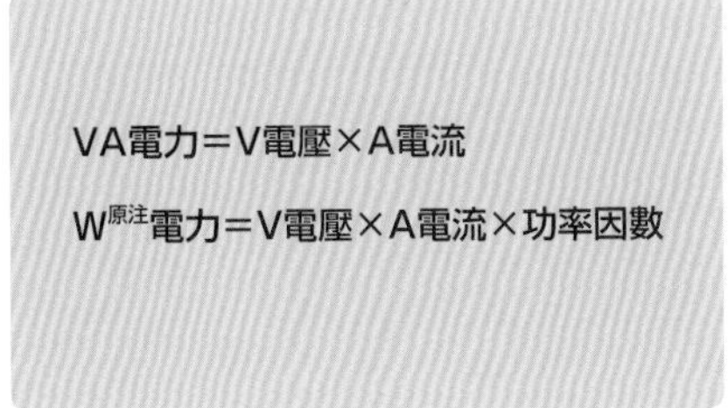

原注：電器製品的消費電力以瓦特數標示

圖2　看懂斷路器

安培斷路器（無熔絲斷路器[注]）
別名為電流限制器。是電力公司與用戶訂定的契約安培數。可減少安培數，但是若要增加容量時，必須確認從電線桿引進的容量是否有變更的必要

安全斷路器（配線用斷路器）
務必在各個開關上標記使用的位置名稱。當空調等設備的專用回路不使用時，最好將開關向下扳以關閉電源

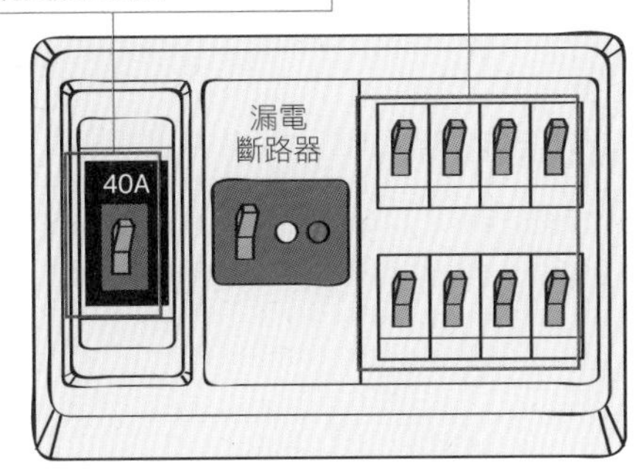

如果業主抱怨配電盤內的電源開關經常跳脫，就必須找出配電盤裡一回路份的電力配量、和必須使用專用回路的機器，以便適當分配回路數量。若仍然發生電力容量不足的狀況時，則提出增加契約容量的方案。電流回路數量可依據家庭成員的結構規劃充裕的數量，並且最好預留2～3個備用回路。

圖3　需要專用回路的主要設備

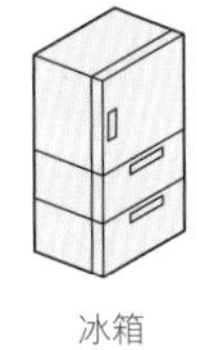

IH 調理爐等 200V 的機器，以及空調、照明等 100V 的設備，最好都採用專用的回路

必須重新規劃電力契約容量！

圖4　變更電力契約容量的流程

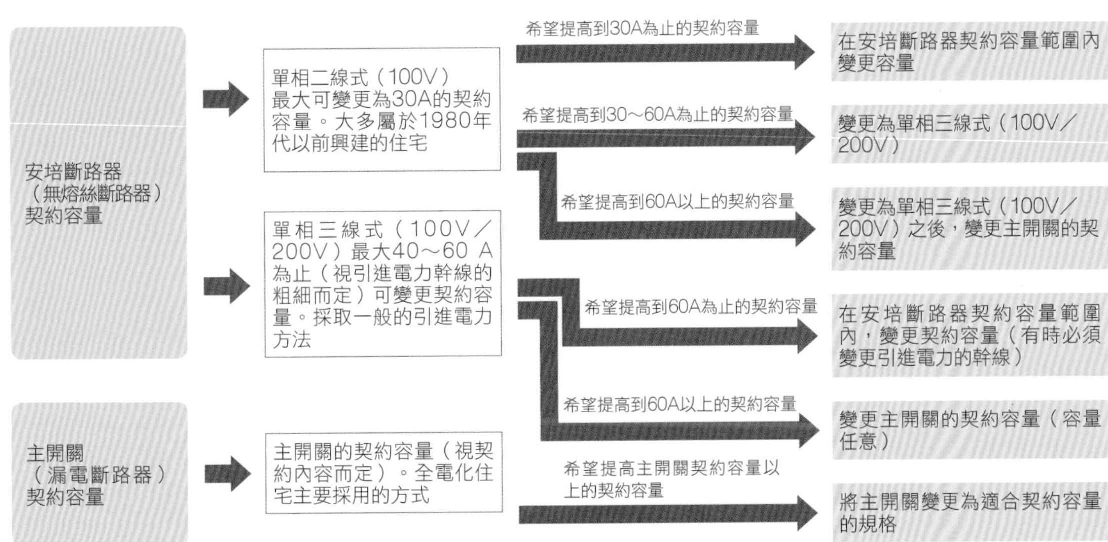

譯注：日本電力公司的安培斷路器（アンペアブレーカー），是可在電流安培量超過契約容量時自動切斷電流的斷路器。其功能類似於台灣的無熔絲斷路器，可控制用電時的額定電流。（詳見《圖解建築設備》116頁，易博士出版）

key word 045

配管路徑的確認

POINT

- 根據既有的圖面確認現場的狀況。
- 確認地板下方空間的尺寸和排水傾斜度的關係。
- 注意隱藏水箱式馬桶水壓不足的問題。

確認地板下方天花板內部空間的尺寸

執行浴室、廁所、廚房等用水區域的改造時，必須確認排水管、給水管等設備配管是經由外部還是管道空間（PS）的路徑，依據既有圖面，詳細確認現場的狀況[圖1]。

一般公寓大廈通常採取在樓板上方和地板下方的空間內，進行排水管、給水管、瓦斯管等配管工程。特別是水管的配管需要一定程度的傾斜度，所以必須確認清楚，多加注意[表]。此外，若採取溫水循環式的地暖氣系統，因為溫水管路是配置在地板下方，所以也須加以注意。

天花板內部通常會裝設換氣、空調風管或排氣風管等機械類的風管。雖然不像配水管必須考慮傾斜度的因素，但是口徑150～200Φ的廚房排氣風管等，大多需要較寬的容納空間，所以必須注意兼顧天花板高度的問題[圖2]。

變更用水區域的位置時，事先確認配管路徑將有利於後續的設計。尤其是排水管需要1／50～1／100的排水傾斜度，因此應確認地板下方空間的尺寸，是否能夠符合改造計畫的需求。

此外，在給水配管方面，也有一種利用貫穿管與分流管來輸送水的便利施工方法，可事先確認是否採用[圖3]。

在更換隱藏水箱式馬桶時，必須確認水壓是否足夠。根據不同的條件，隱藏水箱也可能發生地下水臭氣外洩的情況，事先必須向業主加以說明。

變更廚房和廁所的配置時，必須更動換氣和排氣風管的路徑。尤其是廚房風管基本上是連接至外部的，所以必須確認外牆貫通部分的結構狀況。

圖1　既有配管路徑的確認

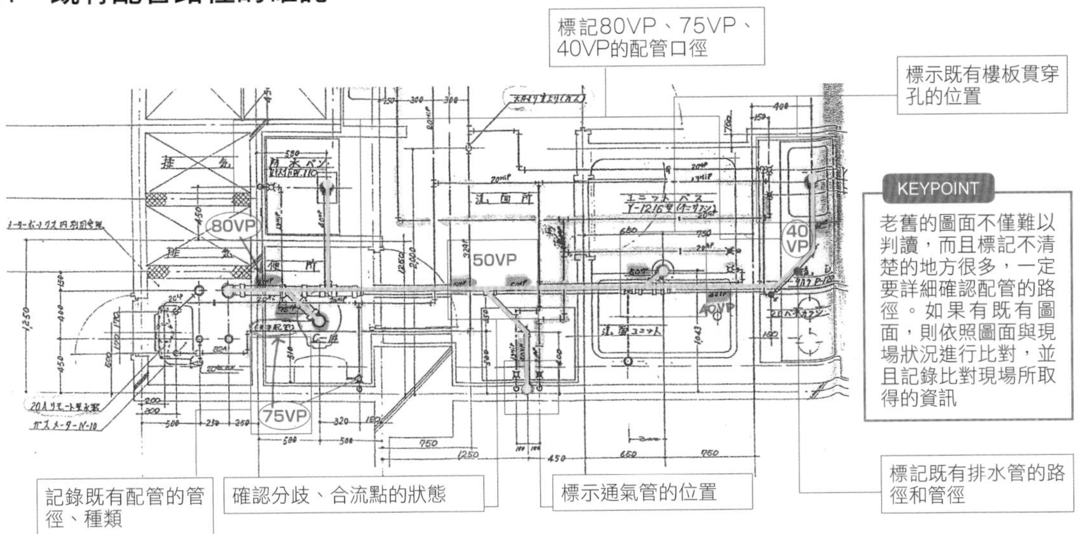

KEYPOINT

老舊的圖面不僅難以判讀，而且標記不清楚的地方很多，一定要詳細確認配管的路徑。如果有既有圖面，則依照圖面與現場狀況進行比對，並且記錄比對現場所取得的資訊

表　排水管的尺寸和傾斜度

管徑	最小斜度	主要用途
Φ60以下	1/50	廚房、浴室、洗臉台、洗衣機
Φ75 Φ100	1/100	馬桶
Φ125	1/150	高層集合住宅（集合管）、室外排水
Φ150	1/200	

資料出處：山田浩幸《圖解建築設備》易博士出版

圖2　管道空間需要的尺寸

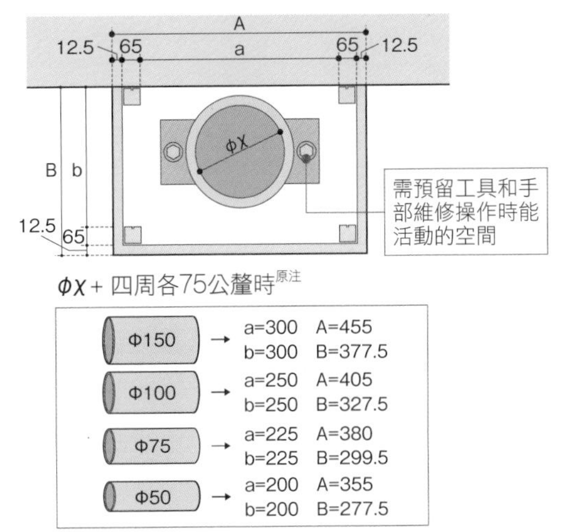

原注：若採用集合管時為100公釐（a=350　A=505）（b=350　B=427.5）
資料出處：山田浩幸《圖解建築設備》易博士出版

圖3　給水配管方式

傳統的分歧工法

將給水管直接連結各種設備的工法。中途以分歧管連接。進行維修保養時大多需要大範圍的地板施工作業

貫穿管與分流管工法

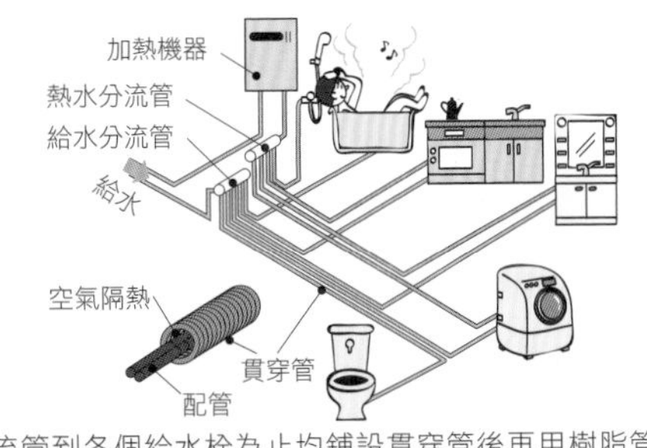

從分流管到各個給水栓為止均鋪設貫穿管後再用樹脂管穿入的工法。較容易更換和維修保養

key word 046

地暖氣的導入

POINT

- 規劃地暖氣時，必須確認瓦斯和電力的容量。
- 審慎選擇地暖氣的地板完成面材料。

地暖氣的種類和特徵

在規劃導入地暖氣時，必須先了解其種類和特徵、鋪設的場所，以及適合地板材料的施工方法。地暖氣系統可分為利用電力發熱的電暖式，以及利用溫水管熱源的溫水循環式等兩種方式[表1]。進行住宅改造時，大多依據既有建物的電力容量或瓦斯熱水器來選擇合適的地暖氣系統。

如果電暖式地暖氣與IH調理爐合併使用時，大多需要重新考量電力容量。由於溫水循環式地暖氣使用瓦斯熱水器或電力溫水器加溫，因此不論是設置專用的熱水供應設備或是增加容量等，都必須檢討新的熱能來源[圖1]。

此外，地暖氣的施工方法可分為濕式和乾式兩種[圖2]。鋪設在浴室等用水區域的話，可採取利用砂漿直接蓄熱的濕式方法。RC造的建築大多採取利用混凝土當做蓄熱體的濕式方法。乾式工法能夠在木造等建築的地板基底合板上面進行簡便的施工，因此一般都採用此種施工方式。

另外，要將地暖氣系統與能夠減輕影響公寓大廈等下方樓層的系統地板材料搭配組合時，必須在地暖氣系統的內部鋪設隔熱材料，以避免熱量流失而浪費能源[圖3、表2]。

在選定地暖氣系統時，最好能夠先確認適合地板材料的系統或施工方法，也有做為選購合適的品牌型號時的參考測驗數據，事前最好先確認清楚。尤其是溫水循環式系統在開始運轉時，配管內因有高溫的水流動，可以產生即效性的暖氣效果，但是地板材料內部也會受高溫的關係，導致地板材料翹曲或浮起等，所以必須慎重選用適當的系統。

表1 電暖式地暖氣與溫水循環式地暖氣

電力加熱式	溫水循環式
・將透過通電發熱的加溫器鋪設在地板內部的方式 ・加熱墊板輕薄，可將既有的地板做為基底再利用。此外，由於無需設置熱水供應器，對於難以進行大規模施工的住宅改造，較容易引進和施工	・鋪設埋入溫水管的溫水板方式 ・運轉費用較為低廉，適合大面積和長時間使用的場所 ・選擇適合地暖氣的熱水加溫器時，可選用電力、瓦斯、煤油等熱源 ・也有用熱泵來加熱水溫的類型

圖1 利用電力和瓦斯加溫的地暖氣

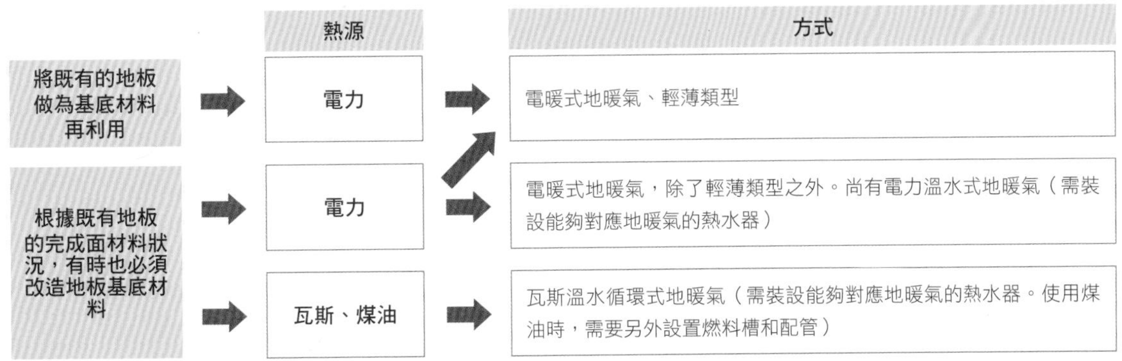

圖2 濕式施工法與乾式施工法

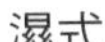

在敷整地板的泥漿裡埋設溫水面板或加熱器，利用砂漿直接蓄熱

乾式

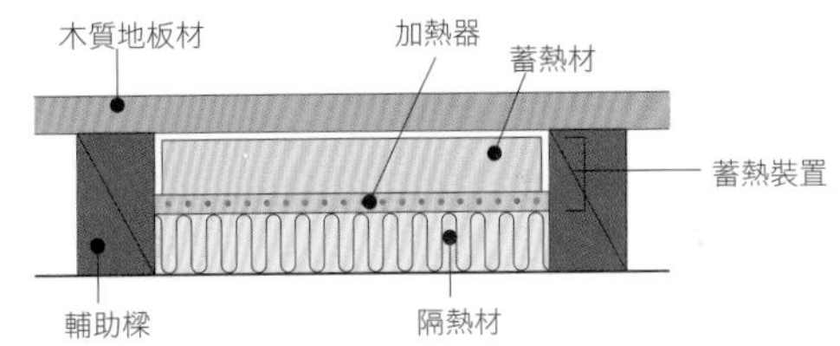

鋪設適合地暖氣的蓄熱材和蓄熱裝置

圖3 利用既有地板、地板基底的電力加熱式地暖氣的收整

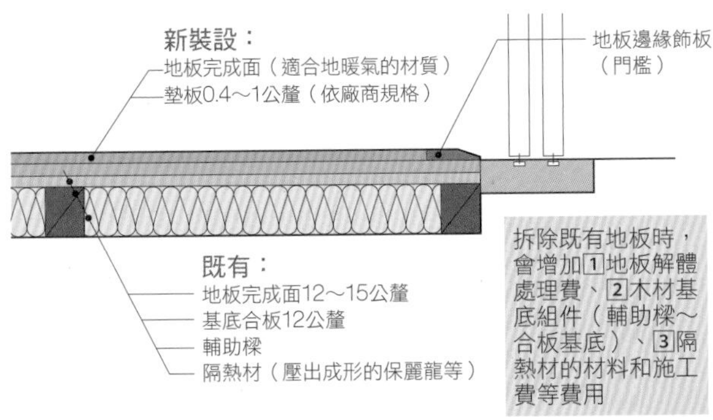

表2 將地暖氣做為主要暖氣時的檢查重點

- ☐ 住宅的隔熱、氣密性能是否符合新世代節能基準？
- ☐ 鋪設面積是否超過房間面積的70%以上（至少60%）？
- ☐ 是否有採取隔熱處理，以避免熱能從地板下方流失？
- ☐ 規劃瓦斯溫水式面板地暖氣時，事前是否有確認瓦斯的供應源？

key word 047

建構室內區域網路

POINT

- 建構區域網路的方法分為有線和無線兩種。
- 無線區域網路無需特定的場所，雖然便利但是傳輸距離會受到限制。
- 無線區域網路有被竊聽的風險。

檢討採用無線或有線

近年來，住宅空間內的網路環境已經成為不可或缺的必要設備。區域網路（LAN）[譯注]的建構方法分為無線和有線兩種[表]。當不是伴隨計畫變更時，由於鋪設有線網路的配線、配管必須在各個場所裝設檢查口，因此實際作業上相當困難。建構無線區域網路時，根據建物的結構體、寬度、距離的差異，可能會出現無法收到傳輸訊號的狀況，因此必須先擬定使用的場所，再檢討裝設集線器的位置。

依據數據傳輸容量的多寡等，有線區域網路有多種電纜線。由於可預料電纜線每隔幾年就會推出容量更大的規格，所以最好不要採用實線配線的方式，而採取CD管（樹脂可撓電線導管）內配線的方法，以便於因應將來更換纜線工程的需求。CD管也有各種不同的種類，根據使用目的選擇適當的配管口徑非常重要。

無線路由器的活用

在住宅內設置無線區域網路路由器時，只要進行各種設定，基本上室內各個場所都可以連接網路。無線區域網路在室內大約可傳輸的距離為30～60公尺，但是會受建物的結構和是否有障礙物的影響，傳輸距離會產生變動，因此必須注意選定適當的設置場所。

近年來，手機和平板電腦連接無線區域網路的情形日益增加，在考量移動性和便利性的有利因素之下，利用無線區域網路建構住宅網路環境，具有很高的發展性。無線區域網路的缺點是設置費用稍微偏高，以及有被竊聽的風險，所以必須採取充分的資訊安全防護對策。此外，光纖電視等設備也可利用區域網路傳輸訊號，因此能夠透過無線方式收看電視節目[圖]。

譯注：LAN是Local Area Network（區域網路）的英文縮寫，是指連結多台電腦等設備的網路。（詳見《圖解建築設備》130頁，易博士出版）

表　無線區域網路與有線區域網路的差異

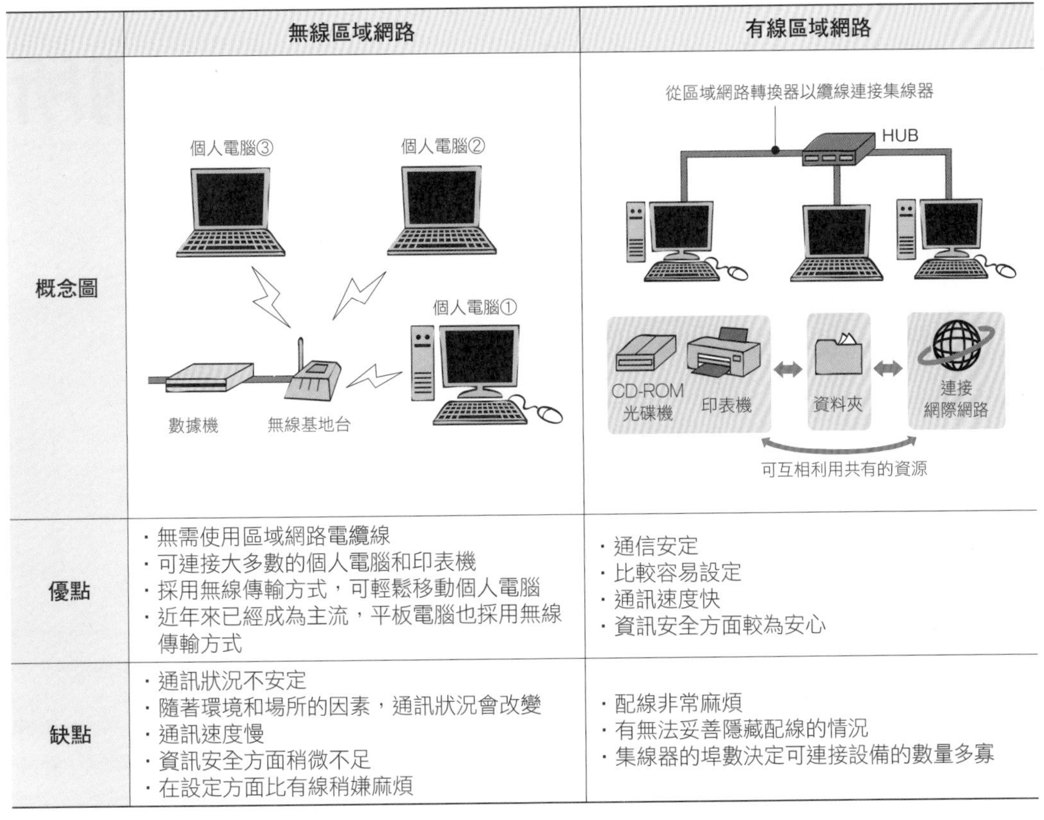

	無線區域網路	有線區域網路
概念圖		
優點	・無需使用區域網路電纜線 ・可連接大多數的個人電腦和印表機 ・採用無線傳輸方式，可輕鬆移動個人電腦 ・近年來已經成為主流，平板電腦也採用無線傳輸方式	・通信安定 ・比較容易設定 ・通訊速度快 ・資訊安全方面較為安心
缺點	・通訊狀況不安定 ・隨著環境和場所的因素，通訊狀況會改變 ・通訊速度慢 ・資訊安全方面稍微不足 ・在設定方面比有線稍嫌麻煩	・配線非常麻煩 ・有無法妥善隱藏配線的情況 ・集線器的埠數決定可連接設備的數量多寡

圖　家電製品與區域網路的連接方式

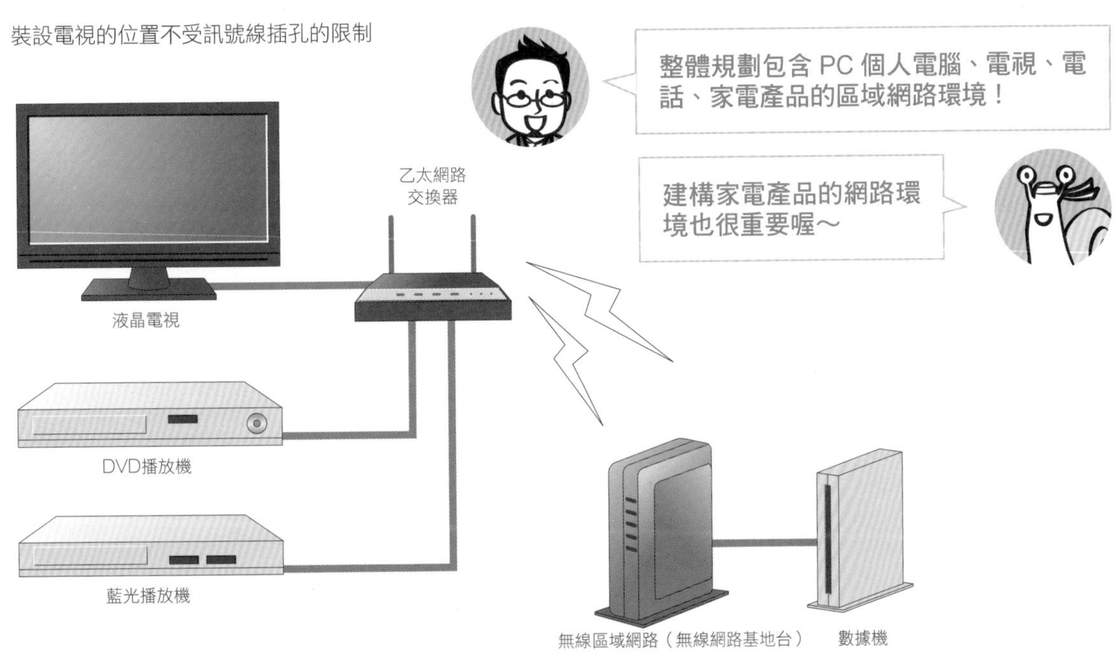

key word 048

用水區域的改造——廚房、廁所

POINT

- **檢討該選擇既製的廚具組、系統廚具、或是現場施作廚具。**
- **確認給水排水、瓦斯、換氣風管的位置和形狀。**
- **採用免治馬桶時，必須確認是否設有專用電源。**

三種廚房類型

廚房是用水區域改造的典型代表場所[照片]。廚房的類型可大略區分為既製的廚具組、系統廚具、現場施作廚具三種類型。

成本效益比（性價比）較高的是採用廚具櫃部分一體成型的既製廚具類型。各家廠商推出以廉價規格為主的產品，其樣式齊全，雖然自由度較低，但是完成度高，適合一般家庭採用。

在另一方面，對於偏向訂製、講究機能或設計的業主，則適合選用系統廚具。系統廚具的布局規劃、門板或料理台的顏色或材質、機能、機器設備等項目的選擇較自由。因此多種選擇價格不同，最高可達數百萬日圓。廚具廠商會負責安裝，但是常常出現必須另外施工的情形。

如果業主有特殊的需求或希望追求獨特原創性的話，可採取現場施作廚房。雖然此種類型可自由發揮、和整體空間的組合搭配也較為容易，但是得依賴施作業者或建築師的本領。

廚房設置的注意要點

在設計的階段中，必須確認排水路徑和傾斜度，若是公寓大廈等必須注意換氣的排氣口位置；採用業務用廚房機器時，必須確認瓦斯的種類、吸氣和排氣量等項目。對於給水和供應熱水的止水栓位置或排水立管位置、瓦斯栓或洗碗機的連結方式等，事先也都必須在現場與業主進行討論和協商。

馬桶的選定和安裝

最近的馬桶種類和機能日趨多樣化，因此必須蒐集新產品的資訊。現場的排水管位置或連接方向、與止水栓的距離等，都會影響馬桶型號的選擇。

免治馬桶座的消耗電力是出乎意料之外地高，所以得確認是否有設置專用電源。木造獨棟住宅裝設馬桶時，則必須確認地板托樑的方向，有時也會有需要補強等，因此地板基底的狀態也必須確認。

照片　各種廚房設計的例子

與餐桌形成一體的廚房。使用順手、多人聚集的空間

赤土色的料理台 是令人印象深刻的現場施作廚房

帶有戶外感的素材使傷痕或髒汙也變得有意趣

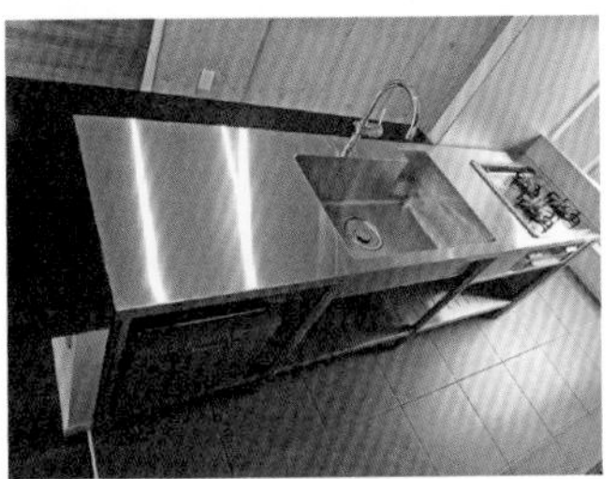
將業務用廚具機能和合理性整合於生活之中的廚房設計

拆除門板形成收納的巧妙設計

明亮且溫馨感的美國進口廚具

系統廚具的廚具櫃可自由選擇，並且與周圍的收納或隔間門窗整合起來

簡單的一字型既製廚具類型

具有古典家具感的歐洲進口廚具

key word 049

系統衛浴的選擇方法

POINT

- 系統衛浴具有施工期短、機能性豐富的優點。
- 設置在二樓時必須注意高度和重量。
- 下訂單之後就很難再變更，與業主充分確認非常重要。

系統衛浴最大的特徵是無需防水工程，而且能夠在短期間內完成施工。由於在工廠生產的緣故，不僅品質穩定，還能夠選擇不易滑溜的地板、容易清掃等多機能性的素材或設備。系統衛浴是昭和30（1955年）年代後期，為了縮短工期和降低漏水風險而開發出來的產品。

種類豐富的系統衛浴

系統衛浴的商品開發不僅在性能和機能面有顯著的進展，設計或素材也日益豐富。不只是機器或內裝，就連尺寸大小或開口部、以及與別的房間的搭配組合，也都能夠以訂製的方式購置。價格方面包括從低於30萬日圓的廉價產品，到超過300萬日圓的產品。

住宅用的衛浴產品大多區分為一樓用和二樓用的規格，安裝時必須注意到地板為止的高度，以及天花板高度的差異。有些適用於住宅改造的商品，能夠在不破壞牆壁的狀況下，進行搬移和安裝的作業（照片）。公寓大廈衛浴設備的改造，除了確認配管或排氣風管的路徑之外，有時候也必須進行橫樑的加工、以及出入口門檻的落差整平處理，因此要充分注意安裝的尺寸 [表1]。

下訂單時的注意要點

衛浴設備除了能夠選擇或訂製窗戶、門扇、浴缸的素材，以及水洗類的完成面材料、備用品之外，各家廠商的系列產品又有各種不同的規格，選擇項目非常複雜，因此下訂單時必須注意包含追加選項在內的事項。另外，衛浴設備內部的扶手等配件，如果在下訂單時沒有指示的話，有些產品會有無法追加安裝配件的問題。

更換系統衛浴時，除了確認安裝尺寸或確保足夠的搬遷通道之外，各個年代不同廠商的系列產品，窗戶或門的位置或尺寸都有差異，在開口或框架等方面，常常會因此增加施工的範圍。

如果在上方樓層新增衛浴設備時，最好能夠確認是否有承耐重量的結構，以及系統衛浴腳座部分是否有補強處理[表2]。

照片　系統衛浴的種類

無需破壞浴室牆壁就能安裝，是有利於住宅改造的結構類型

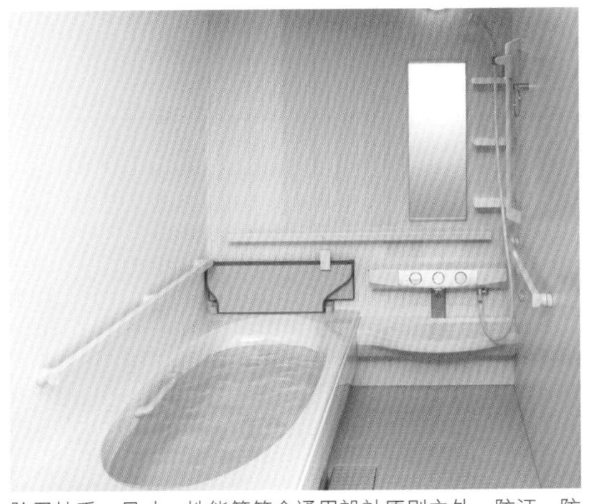

除了扶手、尺寸、性能等符合通用設計原則之外，防汙、防滑、保溫對策素材或細部品質的提升都相當顯著

照片提供：LIXIL ラ・バス　Yタイプ

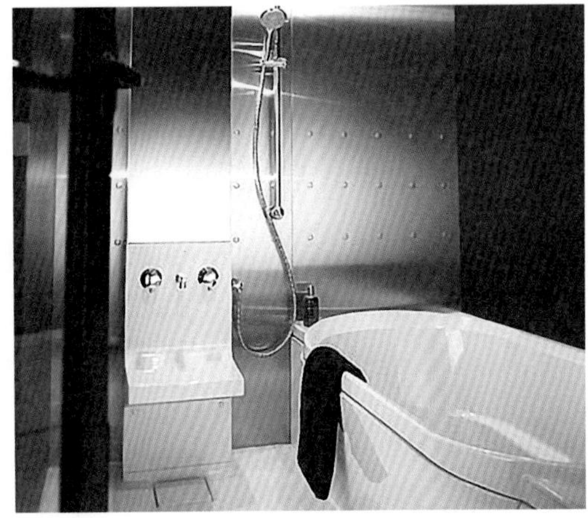

除了廉價、易於施工、防水性等既有的特徵之外，設計或素材質感的選項也愈來愈多

照片提供：SPIRITUAL MODE

表1　安裝系統衛浴時的檢查重點

- [ ] 考量天花板橫樑等有效尺寸的確認
- [ ] 在施工中與其他工程的協調和配合
- [ ] 安裝在木造二樓時腳座部分的補強
- [ ] 與既有設備、換氣、電力配線的配合
- [ ] 在考慮扶手等配件無法追加安裝的狀況下，決定下訂單的時機
- [ ] 與安裝業者的施工區分

改造時確認搬遷的通道和組裝的空間也很重要！

表2　系統衛浴的優點和缺點

優點	缺點
・採取從結構部分獨立的形式建構房間，由於間隙較少，浴室的濕氣不容易影響其他部分 ・預先在工廠製造，只需在施工現場組裝，因此可縮短工期 ・在防水方面，由於重要的地板和牆壁的接合部分採取一體成型的方式製造，防水性高 ・因間隙較小，容易提升隔熱性能 ・加工精密度高，能夠以無間隙的方式裝設隔熱材料	・完成面材料只能選擇符合規格的種類，缺乏多樣性 ・幾乎沒有框架材料和基底，因此難以進行追加裝設扶手等配件的變更 ・採取事先規劃的尺寸施工，因此只能從既定的產品中選擇適當的尺寸 ・未注意換氣時，濕氣容易滯留，是發霉的形成原因

key word 050

化糞池的更換

POINT

- 化糞池的更換屬於大規模的工程。
- 確認施工的搬運通道、與鄰近既有建物的位置關係。
- 在別的場所新設化糞池時，應注意對建物基礎等的影響。

檢討更換的時機

化糞池是除了下水道之外，能夠將廁所或生活排水處理乾淨的衛生處理設備。尤其在尚未建置下水道設備的地區，化糞池是常見的設備。

更換化糞池屬於規模較大的工程，因此必須向業主確認是否需要增加容量，以因應改造後居住人數增加的情況。

化糞池本體的更換時機，包括定期檢查時發現化糞池失去功能、已達使用壽命期限，或是有汙水外洩的可能性等因素。一般化糞池的耐用年限約為20～30年[表]。此外，受到地震的影響，也有發生化糞池故障和破損的可能。

設置化糞池的注意要點

在進行必要的更換化糞池施工作業時，應檢討是否具有將既有的化糞池，從土中挖掘出來的基地條件。同時也必須確認能否進行挖掘地盤作業，以及能否確保搬運廢棄化糞池的通道等項目。

當既有埋設化糞池的場所位在無法更換的地點時，則必須在基地內檢討裝設新化糞池的新場所。

若廢棄後的既有化糞池要在基地就地處理的話，為了避免化糞池的劣化和破損導致基地下陷，應在化糞池內灌入土壤或水泥再加以掩埋。

另外，若是採取砂土掩埋的方式，則必須先抽空化糞池的內容物，並在底部鑽孔，讓雨水能排入砂土裡。

如果能夠確保設置新化糞池的場所時，應確認與鄰近既有建物的基礎之間的位置關係，並且檢討新設置的化糞池與建物基礎的距離、對護土牆（擋土牆）是否有影響等配置上的相關項目[圖]。

表　化糞池各部位的耐用年限與更換費用

本體、零組件	化糞池本體	接觸材、濾材	空調配管、散氣閥等	人孔蓋	鼓風機	隔膜更換	散氣管更換
耐用年限	20～30年	10年～	10年～	10年～	6～10年	1～4年	2～3年
更換或修理費	20萬日圓～	4萬日圓～	1萬日圓～	1萬5000日圓～	2萬9000日圓～	1萬3000日圓～	1根3000日圓～
注意要點	依據設置環境的差異，可能出現化糞池內的汙水從劣化的裂痕外溢的情況	並非得要更換，但是可能會有因劣化而破損的情形		停車場或步行頻率較高等，必須依據設置條件而論	根據環境和保養條件，可長期使用	廠商建議的更換期限為1～2年。可避免鼓風機出風功能下降	如果不更換的話，恐因為阻塞而使氧溶入水裡導致功能下降

圖　化糞池與基礎的關係

設置場所較為寬廣時

為避免建築物等的荷重導致化糞池破損，應設置在遠離既有建物的場所

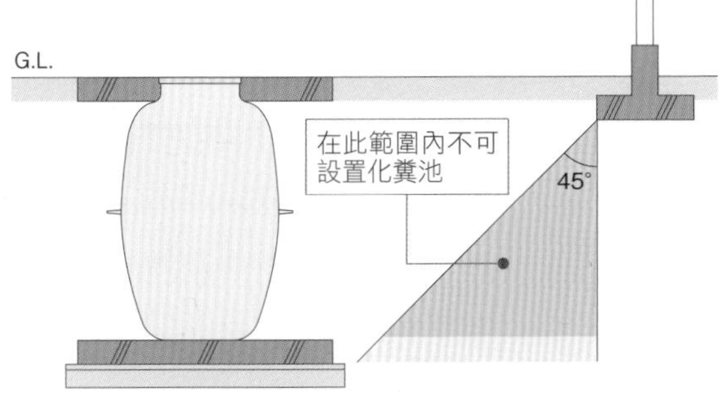

設置場所較為狹窄時

為避免建築物等的荷重導致化糞池破損，應建置護土牆

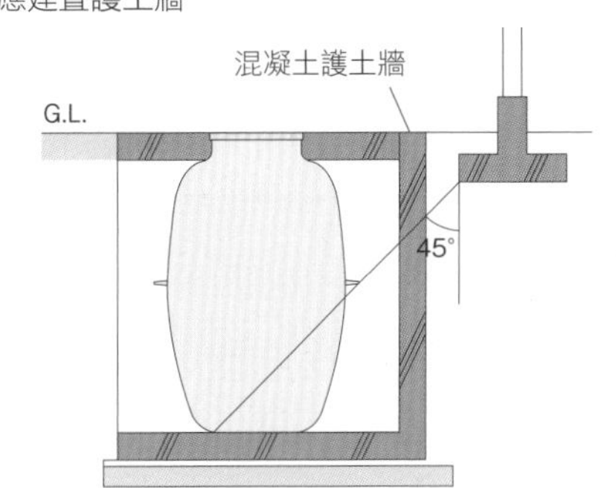

設置在車輛通行的場所時

車庫等一般自用車通行的場所，應採用鋼筋補強。為避免化糞池直接承受車輛的荷重，必須在樓板與基礎之間進行支柱的施工。

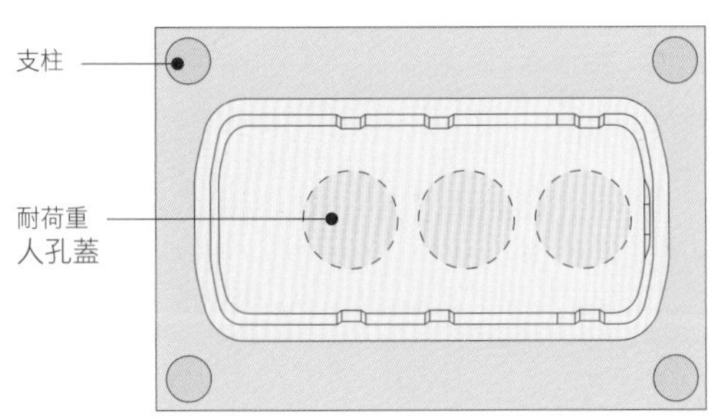

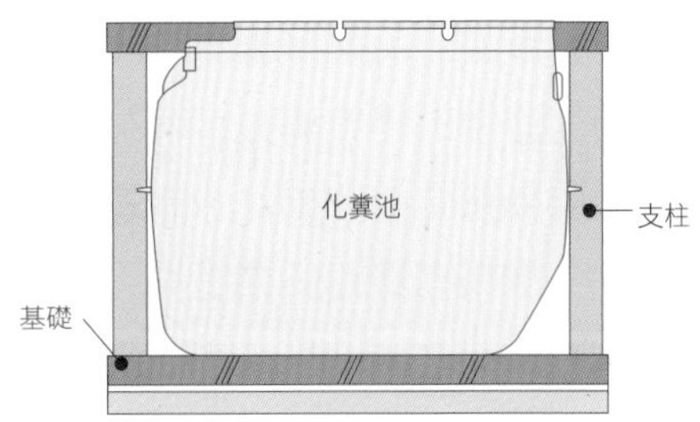

key word 051

節能改造的方法——獨棟住宅

POINT

- 利用活用隔熱材、機器設備、自然能源等達到降低能源負荷的目的。
- 根據住宅改造計畫檢討適切的節能方法。

導入高效率設備

獨棟住宅改造可透過隔熱改修，達到降低能源負荷，還能考慮導入高效率設備或設置太陽能板等方法。熱水供應設備的更換期限為10～15年，因此配合更換的時期，與其他改造工程同步進行施工較有效率。

在機器設備方面，採用省水型馬桶、省電型空調，以及更換高隔熱性能的浴缸，都是有效的節能方式。此外，也可考慮導入小型風力發電系統或地爐等設備。不過，這些設備的費用較昂貴，在導入之前必須向業主充分說明其優缺點[表]。

隔熱改造

為了減少冷暖房的熱能量流失，以及降低因季節而產生的溫度變化，可採取提高建物本體的隔熱性能的方法。木造中古住宅一般大多採用在牆壁結構體和天花板內充填隔熱材的施工方法。全面改造雖然可以更換牆壁內部的隔熱材，但是若未改裝外牆內側的話，也很難替換隔熱材料。這種狀況雖然可運用在外牆噴塗隔熱塗料的方法解決，不過也必須設置施工鷹架等設施，工程費用也會因此提高。如果住宅外圍也會進行改造的話，可配合施工的內容，檢討採取共同使用施工鷹架的方式。

將玻璃更換為複層玻璃或LOW-E玻璃[譯注]，以及在既有窗框內側安裝內窗框的方法，也具有提高室內溫熱環境的效果。

被動式設計的採用

被動式設計（也稱為誘導式設計）是充分了解基地的自然環境，將多樣化的自然能源發揮到極致的住家興建或配置的設計手法[圖]。

譯注：LOW-E是種在玻璃上鋪設特殊金屬膜塗層，使可見光可順利通過的同時，也能防止紫外線和紅外線穿透的隔熱材料。（詳見《圖解建築設備》184頁，易博士出版）

表　節能改造的種類與改造時的注意事項

種類	注意事項
隔熱與結露	・結露是溫度差和濕度所引起的現象，因此應檢討盡量不讓空氣滯留，避免引起結露的方法
強化天花板、地板、牆壁的隔熱	・是否有內部隔熱施工？　・是否有外部隔熱施工？ ・採用哪種隔熱材料？
強化開口部的隔熱	・內側窗框（雙重窗框）　・複層玻璃 ・真空玻璃　・隔熱薄膜、隔熱塗料
被動式設計	・日照熱的利用與遮蔽　・直接蓄熱 ・確保氣密性、隔熱性 ・暖氣或冷氣在整體建物內循環等
太陽能發電	・補助款　・優點、缺點
高效率熱水供應設備	・熱泵熱水器（Eco-Cute） ・熱電聯產系統（Eco-Will） ・高效能瓦斯熱水器（Eco-Jouzu） ・家用燃料電池系統（Ene-Farm）
自然能源	・地熱發電　・小水力發電 ・風力發電
綠化屋頂	・荷重　・植栽的種類 ・排水

住宅改造能夠活用被動式設計的地方很多喔！

必須好好學習！

圖　活用自然能源的方法

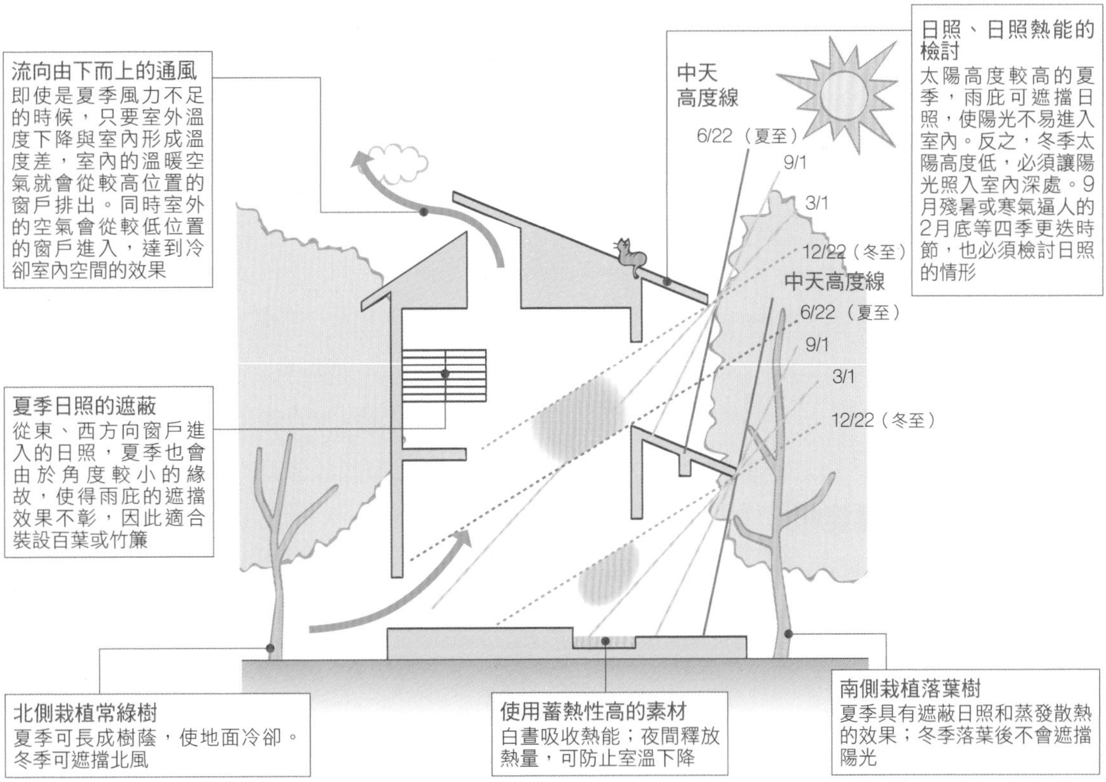

key word 052

導入最新的節能設備①——太陽能發電

POINT

- 設置太陽能板必須注意屋頂的形狀或承耐荷重的問題。
- 注意補助款的活用或剩餘電力購買價格的動向。
- 確認施工廠商在屋頂工程、防水工程方面的經驗。

有效活用補助款

太陽能發電是在屋頂上裝設由玻璃液晶組成的太陽能電池（太陽能板），將太陽光的能量轉換為電力能源的系統[圖]。剩餘的電力也可賣給電力公司。由於太陽能發電的二氧化碳排出量較少，從災害對策（例如防止地球暖化）的觀點而言，有被重新檢視的價值。太陽能發電可得到日本行政機關發放的補助款，在計畫階段中，就必須知道受理申請補助有分國家、都道府縣、市區町村等三種層級。而且，國家的補助是採統一額度，但是地方自治體的補助款，會由於地區預算金額和申請期限而有所差異，因此事先必須加以確認。[譯注1]

既有建物設置太陽能板

木造住宅裝設太陽能板時，太陽能電池本身就能提供屋頂的隔熱性能，但另一方面，必須檢視屋頂承耐荷重的狀況。導入太陽能發電系統的安裝費用為每1kW約60萬日圓。不過，根據屋頂的形狀或裝設方法的差異，安裝費用也會隨之改變。雖然太陽能發電系統設置在南向斜坡屋頂最為有利，但是必須檢討與鄰近的關係，規劃出能夠獲得充分日照的位置。

採用太陽能發電系統，必須注意設備投資回收的計算方法。雖然透過剩餘電力買收制度和全電化契約，可持續回收成本，但若是白天電力不足必須向電力公司購買電力時，價格會變貴。雖然依照固定價格買收制度，設置10年間均可享有固定的購買價格，但是依設置年度不同，價格也有差異，而且10年之後價格會有變動[表]。日本電力公司發布的購買價格將隨著年度降低，而受到大地震和核能發電的影響，今後購買價格變動的趨勢很值得注意。

各家太陽能發電系統的製造商都展開代理制度，由代理店施工販賣[譯注2]。隨著太陽能發電系統的急速普及，會發現缺乏屋頂工程、防水工程技術訣竅的部分新進業者，也介入該業務領域，也因此發生漏水或屋頂防水相關的糾紛。在目前的狀況之下，必須注意選定適當的業者才有保障。

譯注1：台灣方面，可至經濟部能源局「陽光屋頂百萬座」了解各縣市的補助辦法
2：可向相關公協會如台灣太陽光電產業協會或太陽光電系統同業公會等單位洽詢業者資訊

圖　住宅用太陽能發電系統的構造

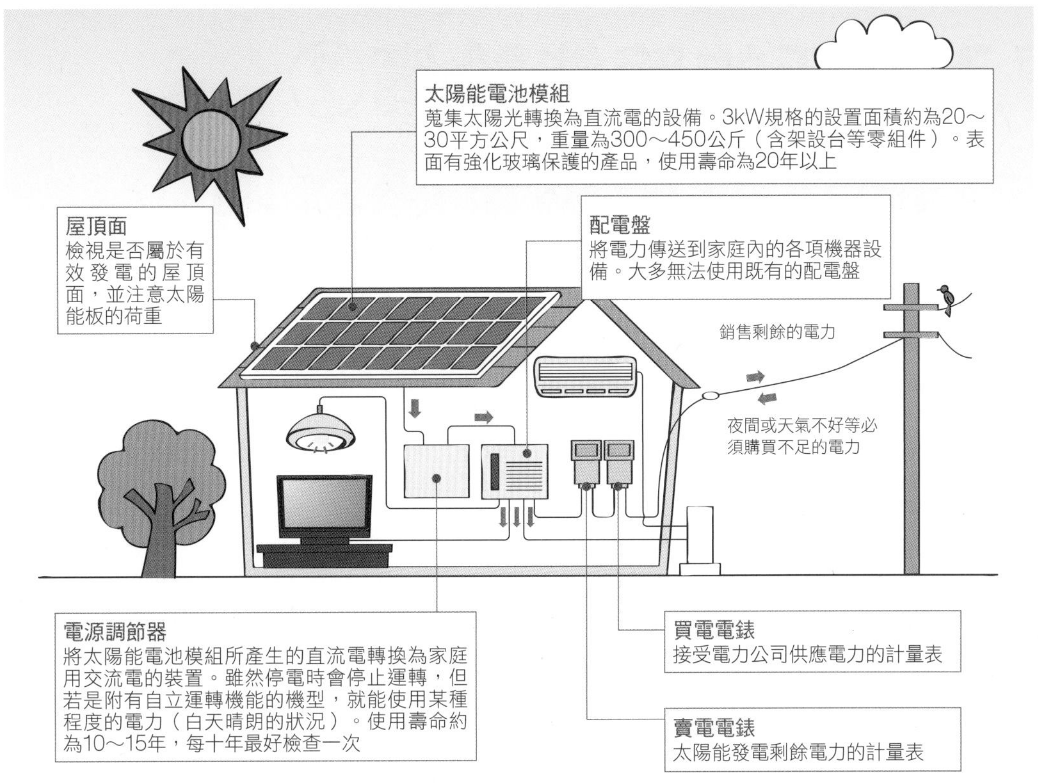

表　2013度住宅用剩餘電力買收價格（每1kW時）

種類		單價(日圓)	期間(年)
太陽能發電	未滿10 kW（雙重發電）	31.00	10
	未滿10 kW	38.00	10
	10 kW以上	37.80	20
風力	未滿20 kW	57.75	20
	20 kW以上	23.10	20
中小水力	未滿200 kW	35.70	20
	200 ～1,000kW	30.45	20
	1,000～3萬kW	25.20	20
地熱	未滿1.5萬kW	42.00	15
	1.5萬kW以上	27.30	15
生質能源（biomass）	木質生質能源（回收再利用木材）	13.65	20
	廢棄物（木質以外）一般生質能源	17.85	20
	一般木質生質能源（含棕櫚椰子殼）	25.20	20
	木質生質能源（未利用木材）	33.60	20
	沼氣發酵化生質能源（下水道汙泥等）	40.95	20

※本表統計從2013年到2014年3月為止

key word 053

導入最新的節能設備②——高效能熱水供應設備

POINT

- 導入節能設備必須充分了解機器設備的優缺點再進行選擇。
- 根據機器使用的頻率，效果也會有差異。
- 最好能配合家庭生活型態來選擇適當的設備。

熱泵熱水器（Eco-Cute）

熱泵熱水器的原理是把大氣中的熱能吸進熱泵浦中，以自然冷媒（CO_2）壓縮的方式，使其高溫化，然後將熱能傳遞到水中來製造熱水，屬於利用自然能源的熱水器。

高效能瓦斯熱水器（Eco-Jouzu）

高效能瓦斯熱水器是再度利用排熱瓦斯來產生熱水，可減少無謂的浪費，因此廣受大眾的注目。正式名稱為潛熱回收型瓦斯熱水器。這種熱水器利用二次熱交換機，從所排放的廢棄瓦斯中，回收約200℃的熱能，排氣瓦斯中的水蒸氣則還原（凝縮）為水，使熱效率飛躍地提高許多。

雖然能隨著效率化而減少瓦斯使用量的優點，但是必須規劃排洩水分的排水處理。

熱電聯產系統（Eco-Will）

熱電聯產系統屬於家庭用瓦斯發電熱水暖氣系統。針對家庭用開發的瓦斯熱電聯產系統是以瓦斯做為燃料發電供應熱水。雖然自行發電可降低電費，但是若不產生熱水，也就無法進行發電，因此熱水使用量少時，發電量也較少。

家用燃料電池系統（Ene-Farm）

家用燃料電池是利用水電解的逆反應原理，從天然瓦斯（都市瓦斯）或LP瓦斯（桶裝瓦斯）中取出的氫，與空氣中的氧發生化學反應來產生電力的系統。發電時所產生的熱能也不用廢棄，可用來製造熱水。

由於供應熱水時，只要花費一般家庭約50%左右的電費就能夠發電，可降低電力的費用，但是必須有設置熱水貯水槽的空間，而且價格比其他類型的熱水器昂貴。

圖1 熱電聯產系統概念圖

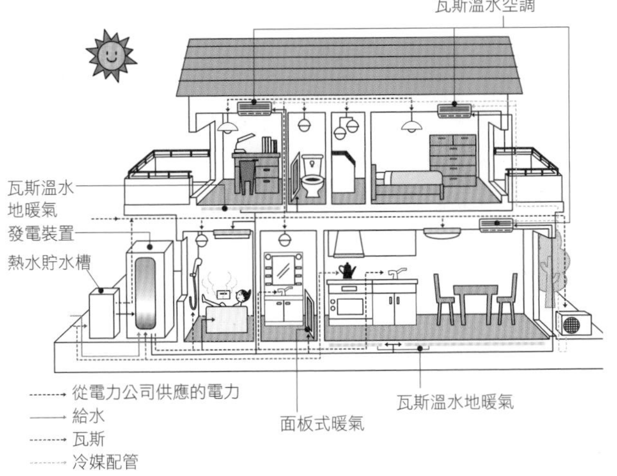

圖2 高效能瓦斯熱水器概念圖

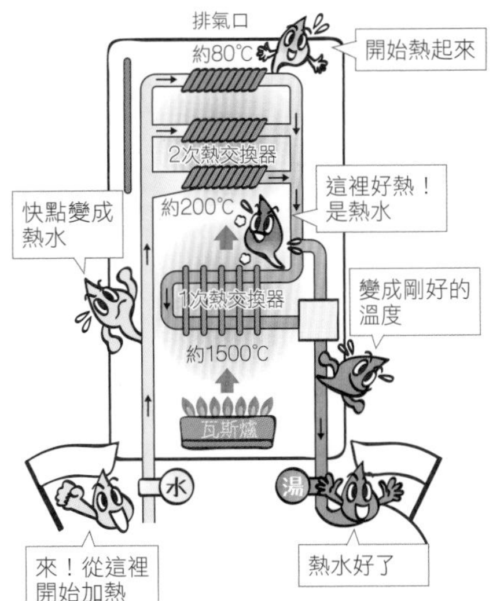

充分檢討最新節能設備的金額和內容！

科技發展真是日新月異呢～

表 高效率熱水供應設備的種類

	熱泵熱水器 Eco-Cute（自然冷卻熱泵式電力熱水器）	高效能瓦斯熱水器 Eco-Jouzu（潛熱回收型瓦斯熱水器）	熱電聯產系統Eco-will（家庭用瓦斯熱電聯產系統）	家用燃料電池系統 Eco-Farm
設置費用（廠商希望的零售價格）	約70～80萬日圓（水槽容量300～370L、適合3～5人使用）	約40萬日圓（熱水供應能力24號的規格）	約80萬日圓（水槽容量約140L、熱水供應能力24號的規格）	約250～300萬日圓（熱水供應能力24號的規格）
CO_2削減量（每年）	與一般型瓦斯瞬間式比較約650kg CO_2 原注1	與一般型瓦斯瞬間式比較約240kg CO_2 原注2	與一般型瓦斯瞬間式比較約870kg CO_2 原注3	與一般型瓦斯瞬間式比較約1.5t CO_2 原注2
性能	每年熱水供應效率（APF）3.0～3.5	熱水供應效率95%（一般型瓦斯瞬間式80%）	能源利用率77%	能源利用率81%
耐用年限	10～15年	約15年	10年期間全面保證服務	最長20年
保證、維修	本體為設置後2年壓縮機3年、水槽5年免費保證	設置後約2年期間，廠商提供免費保證	設置後10年期間，每3年免費檢查、更換機油（東京瓦斯的產品）	設置後10年期間全面保證服務

原注1：以4人家族、熱水溫度43℃、1日份的熱水供應量421L、浴室保溫（6.7MJ/日）的條件試算
2：以120m²木造獨棟住宅、4人家族、每年熱水供應負荷17.1GJ、也使用地暖氣的條件試算
3：以150m²木造獨棟住宅、4人家族、也使用地暖氣的條件試算
照片提供：Eco-Cute/東京電力、Eco-Jouzu、Eco-Will、Ene-Farm/東京瓦斯

key word 054

導入最新的節能設備③——其他自然能源的活用

POINT

- 利用自然能源發電不會產生二氧化碳等，具有不易汙染空氣的優點。
- 雨水的再利用或地中熱熱泵浦比較容易採用。

實用化的自然能源

自然能源不僅用於大規模發電，像是利用地中熱熱泵浦或雨水再利用等，也有用在生活周邊的例子[圖1]。這些以家庭為單位的設備，比較容易導入。

利用地熱和蒸汽發電

在以火山之國著稱的日本，取出地中蘊藏的豐富地熱能源，透過渦輪機迴轉發熱，將熱轉換為能源的地熱發電是可行的[圖2]。在生活周邊的能源方面，可利用地中熱熱泵浦將終年水溫安定的地下水抽上來，用於冷暖氣等發電使用[圖3]。地下水不容易受到外界氣溫變化的影響，因此能夠以極少的能源加以利用。這些能源設備的二氧化碳排放量少，因此具有不容易汙染空氣的優點。

利用風力發電

風力發電是利用風力使風車的葉片（旋轉翼）轉動，將轉動的動能轉換為能源的發電方式[圖4]。與地熱發電同樣為日本國產可永續供應的資源，在生產熱能的過程中，不會產生二氧化碳，屬於乾淨的能源。從風力轉換為電力能源的轉換效率高，是頗受期待的發電方式。不過，針對設置場所的確保、初期設備投資費用較高等因素，必須經過詳細的調查和評估。

今後值得期待的發電方法

此外，還有小型水力發電這種不是利用水壩的大流量發電，而是透過各種不同水流的落差能源產生電力[圖5]。雖然目前已經成為實用化的清潔能源，但是關於設置場所等住宅層次的實用面上，仍然還有一些待解決的課題。

圖1　雨水的再利用

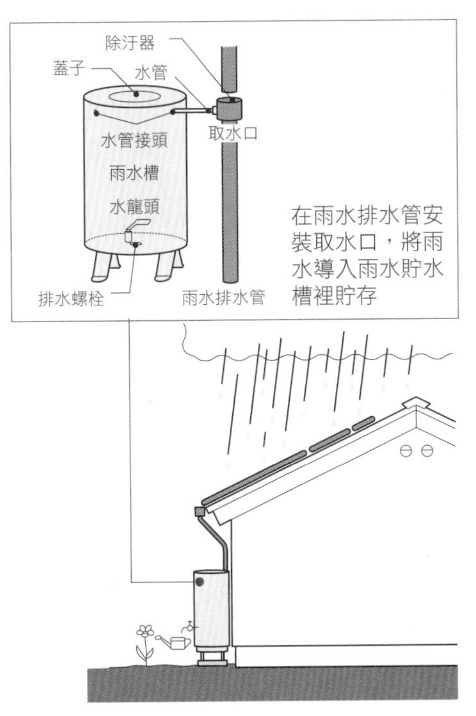

圖2　地熱發電的構造

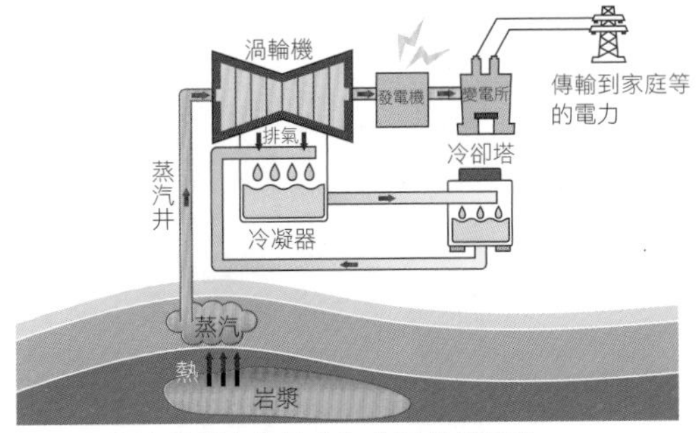

利用岩漿地熱所產生的蒸汽使渦輪機轉動

圖3　地中熱熱泵浦的構造

將15℃的地中熱和水溫安定的地下水利用在冷暖氣機運作

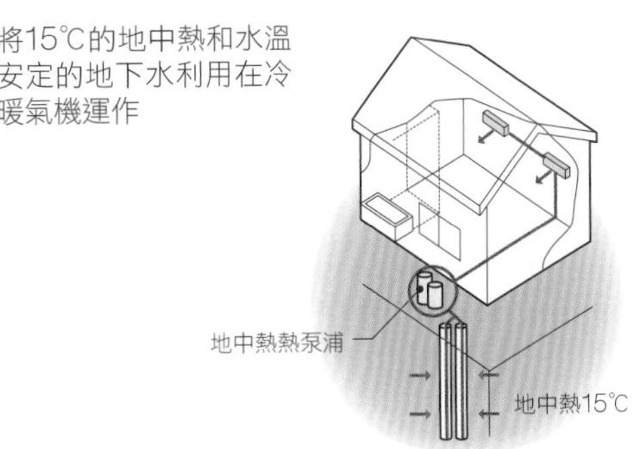

圖4　風力發電的構造

風車受到風力的吹動而轉動

圖5　小型水力發電的構造

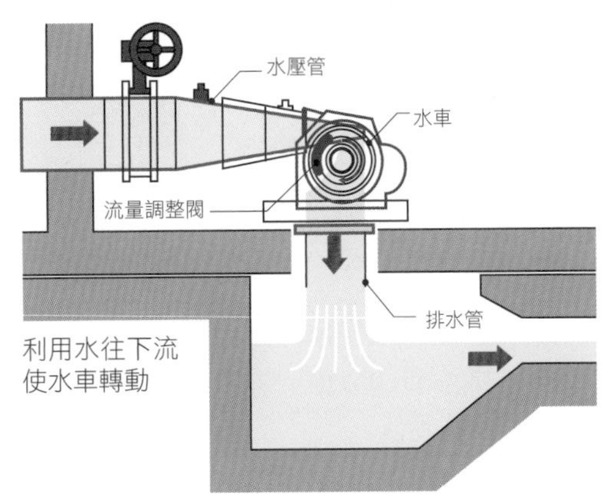

利用水往下流使水車轉動

這些發電方式不會產生二氧化碳，對地球很友善喔！

key word 055

導入最新的節能設備④——使用家用燃料電池系統（Ene-Farm）自家發電

POINT

- 家用燃料電池系統是利用燃料電池的自家發電系統。
- 有效利用發電所產生的能源也能供應熱水。
- 最好能檢討節能型住宅的採用可能性。

有效利用發電所產生的熱能

家用燃料電池系統是利用稱做燃料電池的技術來產生電力的自家發電系統[圖1]。從天然瓦斯取出氫，與空氣中的氧發生反應，便能產生電力[圖2]。此外，發電時回收的熱能可使熱水貯水槽的水變為約60℃的熱水。換言之，這種系統能夠同時製造電力和熱水[圖3]。

這種從一項能源製造兩項能源的系統，稱為「熱電聯產系統（汽電共生系統）」，目前也被廣泛利用在工廠或大樓等地方。

能源的可視化

家用燃料電池系統能夠明確地看到自家能源的產製和消耗狀態，因此自然具有提高家庭節能和環保意識的效果。另外，雖然設置家用燃料電池的初期費用較高，但是日本政府也提供補助款制度，可加以注意和利用。

設置的空間和費用

家用燃料電池系統必須安裝專用的熱水貯水槽和燃料電池兩個機組。若加上保養維修所需的空間，大約需要D900×W2300×H2300的設置空間。此外，針對包括固定約400公斤（運轉時）荷重的基礎施工，以及搬運機組的通道（將來的更換路徑），都必須詳細地檢討，並且對於在獨棟住宅基地內的設置方式，也必須進行各項檢討。在費用方面，若與瓦斯熱水器或熱電聯產系統相較，儘管有補助款制度，但是初期費用每台機組約為300萬日圓，因此費用上不可否認是較為昂貴。除此之外，公寓大廈若採用這套系統的話，更需要檢討設置空間和熱水供應系統的設計。

圖1　家用燃料電池系統概念圖

從都市中的瓦斯取出氫，與空氣中的氧發生反應來產生電力。同時回收發電時的熱能，可使熱水貯水槽內的水轉變成約60℃熱水，是所謂的熱電聯產系統

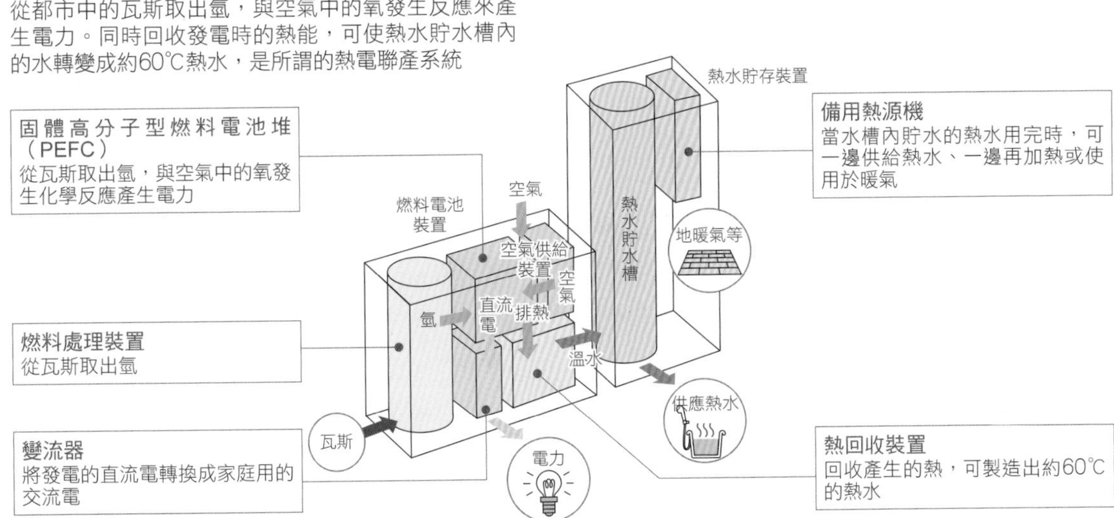

圖2　發電的原理

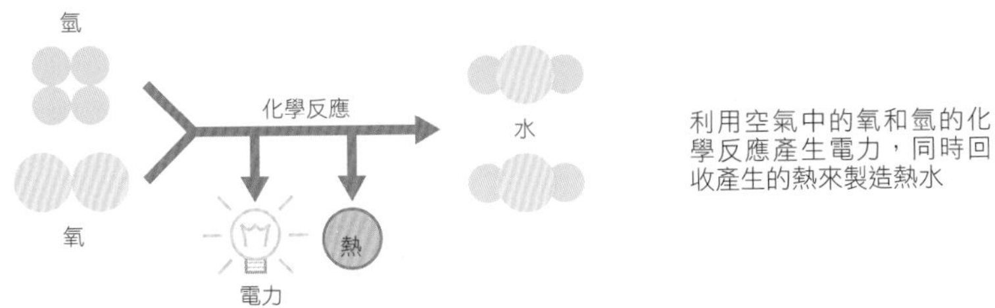

利用空氣中的氧和氫的化學反應產生電力，同時回收產生的熱來製造熱水

圖3　配合生活型態的運轉模式

配合家庭的生活型態，生產生活需要的電力，同時能利用發電產生的熱製造需要的熱水份量

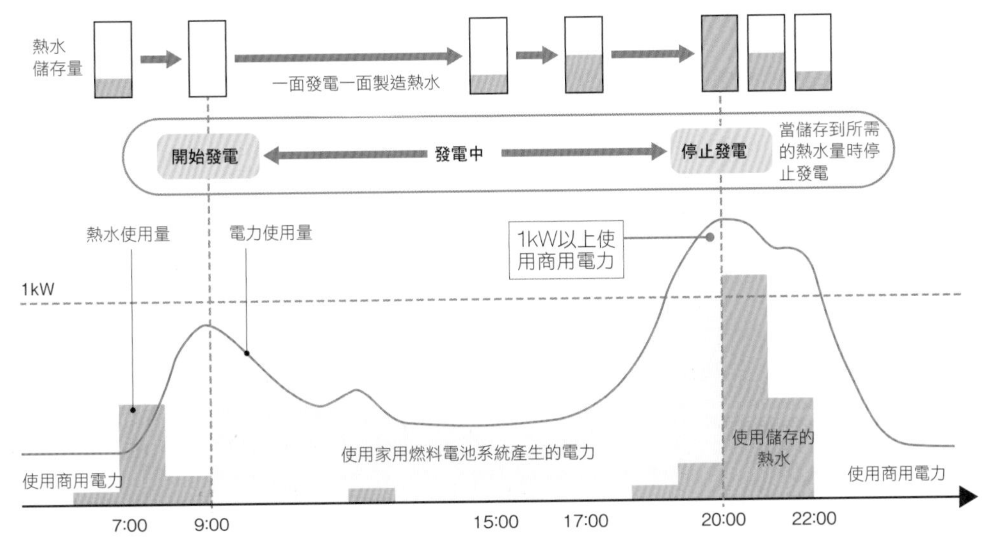

4 一 設備計畫與改造設計

key word 056

綠化屋頂

POINT

- 綠化屋頂計畫中的重要事項是建物荷重的檢討與排水計畫。
- 應該一面檢討輕量化的系統，一面研擬綠化計畫。
- 在風力強勁的區域，建議採用地衣類的植栽。

荷重和保水的檢討

擬定獨棟住宅的綠化屋頂計畫時，最應該注意的要項是建物所承受的荷重問題[圖1]。綠化屋頂的土壤雖然有適合植栽的自然土壤、輕量化土壤系統等類別[圖2]，但因為都必須長時間保有水分，因此重量變得非常沉重。

自然土壤每1立方公尺的重量約1600公斤，如果在屋頂上鋪設10公分的厚度，則每平方公尺的荷重為160公斤[表1、2]。最近廠商也推出替代自然土壤的無機質系列輕量化土壤系統[圖3]。由於能夠採用以往輕量化土壤系統一半以下的荷重來進行綠化屋頂工程，因此建議檢討選用。進行住宅改造時，必須確認既有建物的結構，並檢查其耐震性能。

屋頂的排水

近年來常常發生集中性的豪雨，規劃綠化屋頂計畫時，必須特別注意屋頂排水的項目。

雖然日本公共建築協會規定的排水基準是每小時240公釐以上，不過規劃時最好能預留寬裕的空間。為了避免排水溝、排水口堵塞，邊墩防水層必須高於土壤面200公釐以上。維持既有的防水設施大多很難符合要求，所以必須以重做為前提進行設計。

植栽的檢討

即使是栽種在輕量土壤，依種類的不同也可能有高度較高的植栽，但是一般而言獨棟住宅的高度上限為160公分左右。在風力強勁的區域，則建議採用佛甲草、天然草皮等地衣類的植栽。

此外，夏季必須經常灑水和維修保養，採用自動灑水系統相對較有效率。規劃時一面了解業主對植栽的玩賞方法，一面做決策相當重要。

圖1　綠化屋頂的重點

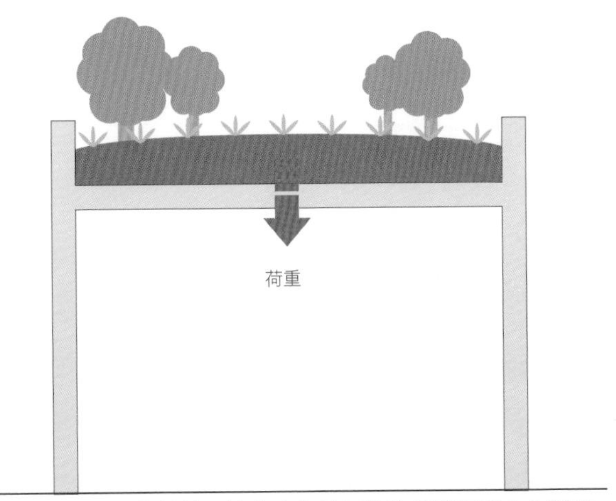

綠化屋頂若鋪設 10 公分厚的自然土壤時，建物會承受 160 公斤／立方公尺的長期荷重。如果結構上難以承受荷重時，必須檢討事前的結構計畫，審慎研擬採用輕量土壤等替代方案

圖2　一般性的施工方法

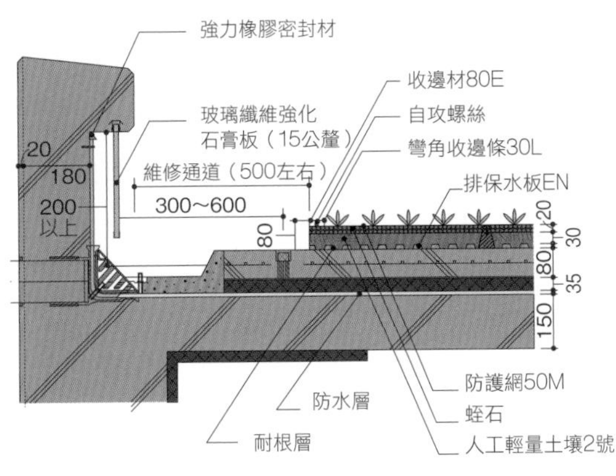

圖3　無機質輕量土壤的利用方法

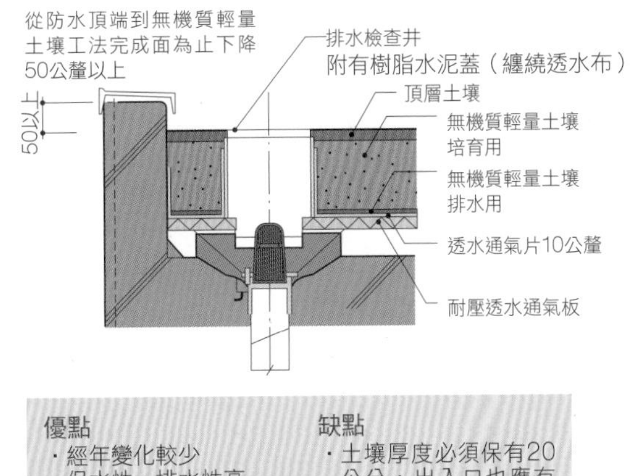

優點	缺點
・經年變化較少 ・保水性、排水性高 ・能夠種植2公尺左右的植物 ・容易維修保養	・土壤厚度必須保有20公分，出入口也應有15公分以上 ・只能栽種小型植物

表1　土壤比重的差異

土壤的種類	比重
黑土	1.6～1.8
輕量化土壤 （混合真珠石、泥炭蘚等）	1.0～1.2
無機質輕量土壤	0.65

表2　土壤每平方公尺荷重的差異

（單位：公斤）

土壤厚度（公釐）	黑土	輕量化土壤	無機質輕量土壤
250	400～450	250～300	162.5
300	480～540	300～360	195
400	640～720	400～480	260
500	800～900	500～600	325
600	960～1,080	600～620	390
700	1,120～1,260	700～840	455
800	1,280～1,440	800～960	520
900	1,440～1,620	900～1,080	585
1,000	1,600～1,800	1,000～1,200	650

key word 057

全電化與熱泵熱水器（Eco-Cute）

POINT

- 確認業主的生活型態是否適合不同時間帶不同費用的收費方案。
- 設置熱水貯水槽必須採取防止傾倒的措施。
- 針對收費體系改變的可能性和缺點充分加以說明。

確認是否符合業主的生活型態

若與以往電力和瓦斯的合併使用熱源相較，全電化使用的電力容量會增加。全電氣化契約的收費單價，會根據時間帶的不同而有差異。如果與夜間較為便宜的電費相比，白天的電費會變貴，因此必須注意是否適合業主的生活型態。

熱泵熱水器的施工

熱泵熱水器是由熱泵浦機組和熱水貯水槽組合而成。水槽的底面積為80公分長的四角形，高度接近2公尺，裝滿水時的重量接近4噸。水槽底部必須有比本體稍大、約90公分左右長的四角形做為基礎，而且必須採取防止傾倒的措施[圖1]。

安裝熱泵熱水器時，必須確保熱水貯水槽和室外機的設置空間，以及相關的配管和穿過外牆的貫通孔位置。如果安裝在室內時，則需要設置換氣扇和採取防止溢流的對策。若安裝在陽台等場所時，應檢討是否能夠承耐荷重，以及是否妨礙避難通道[圖2]。

全電化必須重新評估電力容量

全電化後使用的電力容量會比截至目前為止的容量明顯增加，因此有必要重新評估電力的契約容量。若是集合住宅的話，由於全體的引進總量已經固定，所以首先要向管理委員會或管理公司確認是否有變更契約容量的可能性。

設計方面，以電力做為熱源的IH調理爐因為沒有使用明火，所以不列入使用明火的室內內裝限制對象內。

住宅採用全電化具有在發生緊急災難時，熱泵熱水器的熱水貯水槽可當做緊急用水源的優點。針對將來維修保養和更換的可能性等條件，也必須向業主充分說明並取得理解之後再決定，這一點非常重要。

圖1　全電化住宅使用的設備

熱水貯水槽裝置
體積約為80×80×200公分。必須具有能夠承耐荷重的基礎，以及採取防止傾倒的措施

熱泵熱水器

IH調理爐[原注]
以電力做為熱源的爐具，屬於利用磁力發熱的器具，需要的電力較大，因此必須注意家庭整體電力容量是否足夠的問題

熱泵浦裝置
約35×85公分左右。大小接近空調室外機

照片提供：東京電力

圖2　室外機的設置例

關於熱水貯水槽防止傾倒的對策方面，日本修訂2000年建設第1388號公告，以及2008年國土交通省第285號公告，並且於2013年實施

熱泵浦
熱水貯水槽
浴室
收納間
門廳
玄關
停車場
浴室
中庭
書房
主臥室
洗衣
曬衣場
通道
庭院

確保有足夠的檢修空間
室外機前方必須保留80～100公分左右的維修空間

配置圖、1樓平面圖

KEYPOINT

熱水貯水槽的深度一般約為80公分。如果無法確保足夠的設置場地時，也可採用深度為45公分左右的薄型水槽。為了防止水槽傾倒，必須牢牢固定在基礎或牆壁上

設置室外機時也必須考量維修保養面！

熱泵浦裝置和熱水貯水槽裝置

照片提供：平剛

原注：三口爐具的機型也有其中一口是電熱爐（電熱線）的規格

key word 058

家用電梯的設置

POINT

- 設置家用電梯時選擇符合需求的機型非常重要。
- 除了設置空間之外，也必須進行結構性的驗證。
- 設置家用電梯必須申請建築執照。

電梯機型的選定

配合使用目的，家用電梯分為以下三種類型[圖1]。地板面積寬裕、且能夠上下承載行李的三人搭乘型電梯；可設置在一塊榻榻米大小的最低限度空間內，木造的話可利用3尺（約910公釐）空間的薄型電梯；以及具有能夠容納看護者和輪椅空間，搭乘者也可坐在輪椅上操作的輪椅對應型電梯。不論哪種機型的電梯，都必須具有能夠消除最少18公分高低差的機能，以符合高齡者無障礙設施的因應對策[圖2]。

此外，有些機型還附帶能夠感測地震波、電梯門能在發生火災時遮擋煙霧，以及為了節省能源，可在無人搭乘的待機時間帶，啟動省電模式等機能[表]。另外，所有家用電梯的最大特徵是具有可在上下樓層變換出入口的雙向出入功能[圖3]。

進行結構性的驗證

設置家用電梯分為在既有建物的地板增加開口的改建方式，以及設置在建物外面的增建方式[圖4]。

一般既有建物大多利用水平角撐和膠合板來確保水平剛性，新增電梯升降道造成的斷面損失，必須在其他部分加以補強。同樣的，在牆面上開挖電梯開口時，也必須檢查牆面是否是做為斜撐等的承重牆。

總而言之，設置家用電梯時，為了避免對既有建物的結構造成負擔，必須根據需要進行補強處理。由於各個時期結構性驗證的基準不同，因此要特別注意該建物是否為1981年6月以後[原注]的建物。[譯注]

設置家用電梯必須提出昇降機建築執照的申請手續，申請時要提示現在居住場所的使用執照。

原注：日本 1981 年（昭和 56 年）6 月以後取得使用執照的建物，適用於新耐震基準。
譯注：國內「建築物昇降設備設置及檢查管理辦法」中，對於申請設置家用電梯，並無建築物屋齡上的限制

圖1　電梯的種類和基本尺寸

依據電梯的使用目的，以及設置空間與既有結構體兩個方面進行檢討

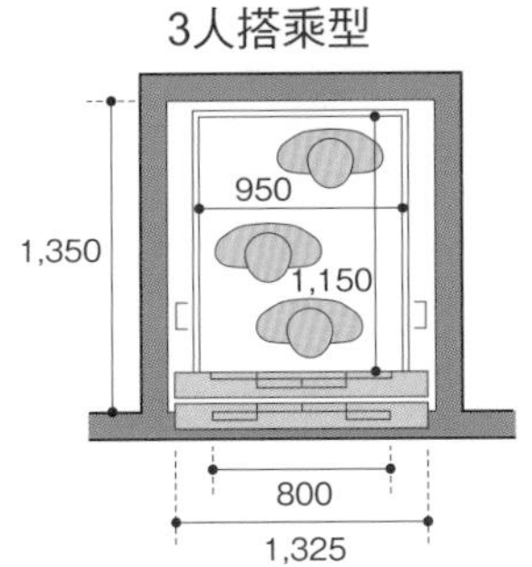

雙向出入口
1,100～1,120
730
950
680
1,050～1,080

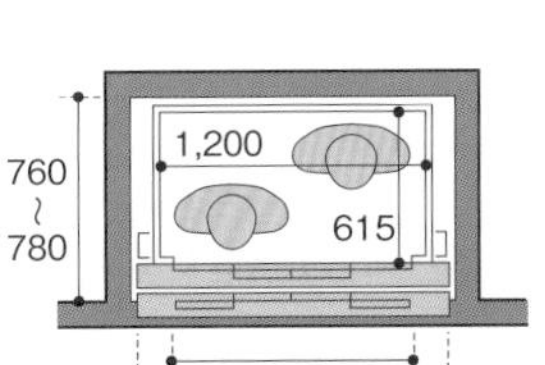

圖2　對應輪椅的例子

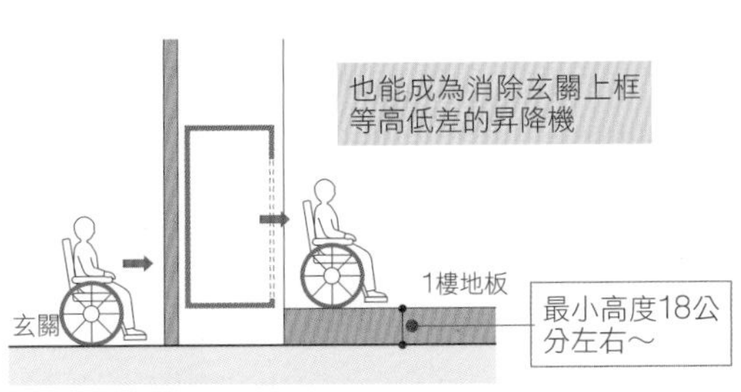

圖3　雙向出入口的設計

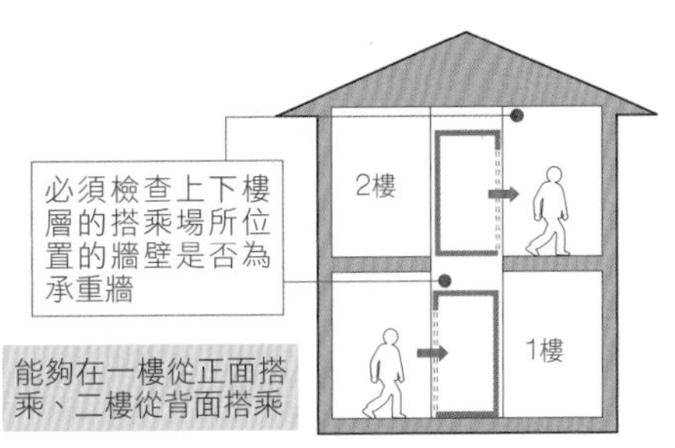

表　家用電梯的各種機能

開門時間延長機能	・按壓指定的按鈕，可延長3分鐘開門時間 ・一人攜帶多樣物品搭乘時較為方便
附有P波感應器，地震時管制運轉	・如果運轉中發生地震時，會自動停在最接近的樓層，並開啟電梯門
節能模式	・一定時間未使用時，會自動停止照明、換氣裝置等功能
搭乘場所遮煙門	・可遮擋侵入昇降機通道的煙霧 ・無需一併設置防火設備

圖4　在既有建物設置家用電梯的例子

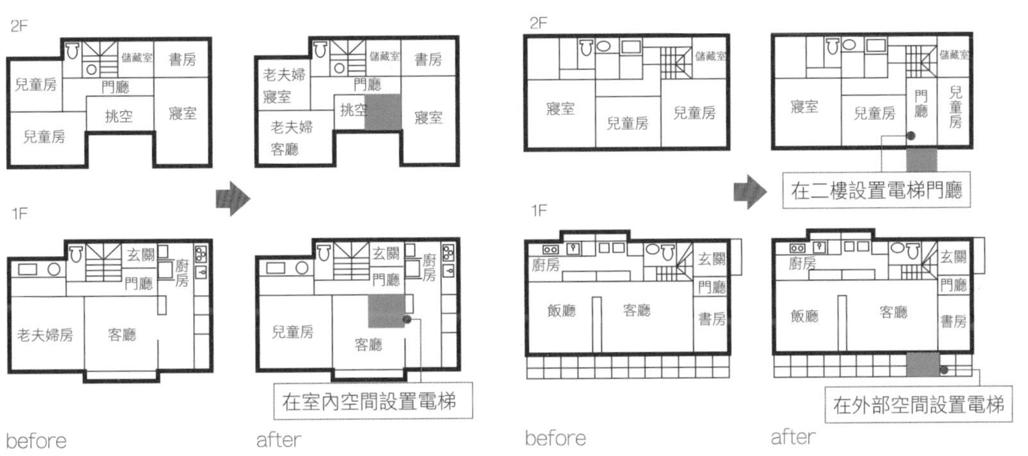

key word 059

既有配管的再生（維修保養）

POINT

- 使用既有的配管時，確認劣化狀況很重要。
- 尤其是給水管的劣化，對健康會有不良影響。
- 依據配管的設置場所環境的差異，使狀態產生很大的變化。

現狀的確認與再生、再利用的重點

住宅改造中將既有配管再生、再利用時，必須針對配管的使用年限、材質、漏水、阻塞、生鏽、腐蝕等劣化狀態進行查驗，同時最好也翻閱檢查、修補修繕記錄。重點在於配管的主要劣化部位在內部，從外面無法目視檢查。不過，埋設在地中的配管，會受到回填土壤性質的影響，所以必須了解配管外面是否也會出現劣化的現象。

給水管的優劣與否對健康會造成很大的影響，因此對於配管材料、劣化狀況的確認絕不可懈怠。一般認為配管材料的耐用年限約為15～40年，必須進行查驗才能判斷能否採取保養或修補、部分更換的因應方案。如果配管採用禁止使用的材料就非更換不可。接著進行維修保養的選定，或局部更換部位的確認。為了改造後能順利進行後續的維修保養，應檢討設置新的檢查口裝置。

表　維修保養的概略標準

機器設備			一般耐用年限	維修保養概略標準
配管類	給水 排水 消防 瓦斯	鍍鋅鋼管	10～20年	劣化部位的局部修補 5～10年 更換管線時 10～15年
	給水 排水	聚氯乙烯內襯鋼管	20～25年	劣化部位的局部修補 5～10年
	給水 排水	硬質聚氯乙烯管	15～30年 （根據設置場所而有差異）	劣化部位的局部修補 5～10年 外部配管的塗裝 10～12年 每次因振動等發生故障時
	給水 瓦斯	聚乙烯管	15～30年	劣化部位的局部修補 5～10年
	排水 瓦斯	鍍膜鋼管	20～25年	劣化部位的局部修補 5～10年
	熱水	鋼管	15～20年	劣化部位的局部修補 5～10年
	汙水	鑄鐵管	25～30年	劣化部位的局部修補 5～10年

5

結構計畫與改造設計

key word 060

結構的檢查重點

POINT

- 木造建築必須檢查木地檻與基礎的連結部位。
- 用水區域的木地檻腐朽的情況很多。
- 公寓大廈必須檢查不會毀壞的牆壁。

調查時須從內到外

以木造樑柱構架式工法建造的獨棟住宅，若結構材的樑、柱、木地檻（基座）出現劣化狀況時，就有可能必須進行更換作業。不過，在考量施工方式、工期、預算等因素後，再進行計畫是很重要的事情。

建物是以建築整體的平衡狀態來承耐強風時的風壓、發生地震時的搖晃，如果只有新更換部分的結構較為強韌時，會使原本的部分和建築整體的平衡變差，反而導致建物整體的強度變弱，因此必須特別注意。

地板下方的確認

查驗建物的基礎時，除了外圍四周之外，一定要進入地板下方確認內部的連續基礎是否連接、是否出現裂縫、是否有溼氣、木地檻是否腐朽、是否有白蟻蛀蝕的災害等狀況。

特別是浴室設置在一樓時，仔細注意檢查從更衣室進入浴室的門下方的木地檻情形。這裡因為溼氣重而腐朽的事例非常多。無論在任何情況下，最重要的是從支撐建物的基礎和木地檻開始逐一確認[表、圖]。

公寓大廈的結構檢查

公寓大廈採用鋼筋混凝土建構的部分，基本上不會毀壞。若想要就內部沒有鋼筋的地方、或水泥磚部分進行解體時，必須根據公寓大廈的圖面和結構計算書，進行確認和檢查，同時在確認管理規約的規定後，向公寓大廈管理委員會報告和協商。

此外，施工時如果發現結構體的混凝土有異常，或是疑似出現鋼筋露出、生鏽狀況時，一定要向管理委員會報告。

表　檢查清單

項目		調查目的	檢查內容	檢查方法
結構	基礎	強度、劣化狀況	是否有鋼筋 混凝土強度試驗 （施密特錘）	地板下方調查
	樑、柱	強度、劣化狀況	裂縫、腐朽、大小	閣樓調查
	斜撐	強度、劣化狀況	是否有耐力 裝設方法[原注1]、裂縫、腐朽	閣樓調查
	地盤調查	土地的強度	地耐力	繞著地板進行SWS試驗（至少四個場所）[原注2]
設備		配管的劣化狀況	是否有修改陰井 地板下方配管	地板下方外部調查 完工日期
電力		配線的劣化狀況	是否有修改地板下方、天花板的配線	地板下方、閣樓的調查 完工日期
完成面	地板	強度、劣化狀況	出現聲響、鬆弛、裂縫	目視
	牆壁	強度、劣化狀況	裂縫、腐朽	目視
	天花板	強度、劣化狀況	裂縫、腐朽	目視
	基底	強度、劣化狀況	裂縫、腐朽	目視
漏水		用水區域及屋頂的劣化狀況	漏水部位的特別標定	灑水試驗 通水試驗
白蟻		用水區域等是否有白蟻	用水區域、屋頂等受損狀況	地板下方、閣樓、用水區域的調查

原注 1：日本現在是依據平 12 建公告 1460 號的規定，使用指定的固定五金，以往的建物最多只是用釘子固定而已。如果斜撐本身出現裂縫或腐蝕狀況，可使用指定的五金予以補強

原注 2：依日本住宅瑕疵保險責任保險第 4 條規定，調查的部位必須包含建物四個角落附近在內的四個點以上

現場調查不可或缺的工具和使用方法

- 雷射測量器：測定水平、垂直狀態
- 捲尺（5公尺以上）：量測天花板高度、房間的尺寸、開口部的尺寸
- 螺絲起子、工作梯、手電筒：檢查地板下方、閣樓
- 常時微動測定器：透過測量建物固有振動的剛性調查

圖　結構調查的檢查重點

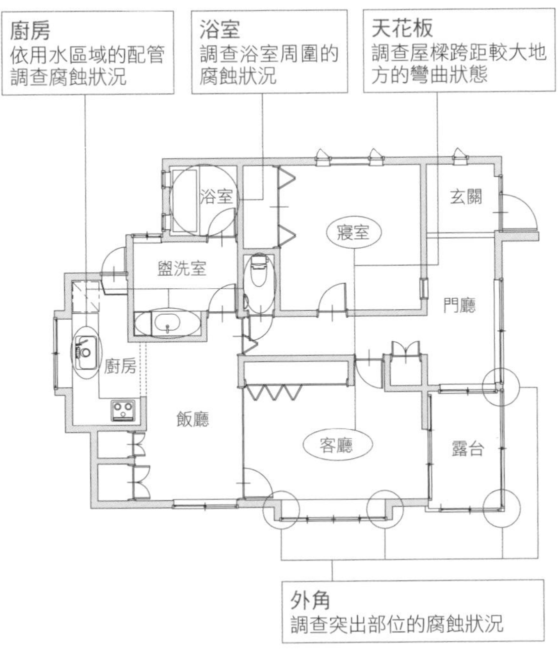

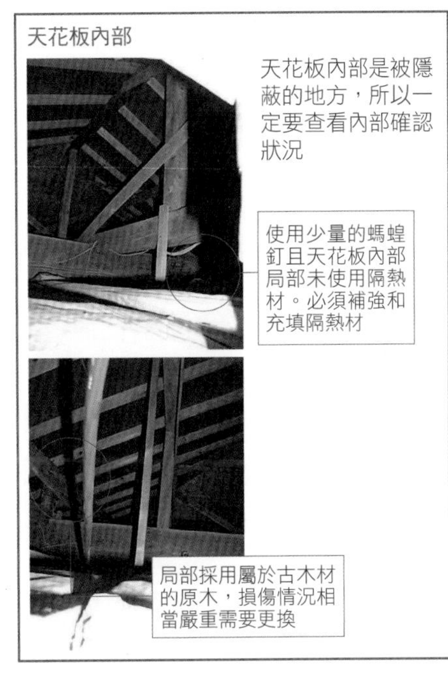

5　結構計畫與改造設計

key word 061

耐震改造時的現地調查

POINT

- 檢查木造住宅的基礎時必須確認是否有埋設鋼筋。
- 在結構體上承重牆的配置和補強五金的設置很重要。
- 隨著屋頂材料的重量不同，耐震性能的確認項目也會有所差異。

現地調查可採用目視或使用鉛錘、水準儀等簡單的工具，判斷經年累月的變化狀況或建物的劣化程度。

基礎和木地檻的確認

首先從基礎的形狀點檢調查，從地板下方確認基礎是採用空心磚造、礎石等的石塊堆積基礎，還是連續基礎、板式基礎，或獨立基礎所構成。

在調查的同時，也一併檢視木地檻（基座）和柱腳部分是否有腐蝕和蟻害的情況。尤其是浴室等用水區域產生腐蝕現象的情形特別多，應仔細查驗。一旦出現腐蝕等情況，耐力也會有明顯的降低，因此必須特別注意[表]。

除此之外，針對基礎內是否有埋設鋼筋的情形，可使用專門的鋼筋探測機進行探查[照片、圖]。如果鋼筋探測機用買的太貴，也可用租借的方式。若基礎內有埋設鋼筋的話，便可確認基礎的安全性。反之，基礎內沒有埋設鋼筋的，在龜裂情況的確認上就很重要，也必須進行基礎的補強。關於地盤方面，鄰近地區的地盤數據資料或鄰居地盤的狀況也必須納入判斷。

結構體的確認

如果能夠從閣樓檢查口查驗閣樓內部樑、柱的情況時，應確認各個部分的經年變化狀況、原本的施工狀況、屋樑的組構方式是否適當，並且查驗承重牆的配置，以及必要的部分是否有確實使用五金構件補強。

屋頂、外牆的確認

調查時必須檢視屋頂和屋脊的封簷板是否起伏不平、外壁是否有明顯龜裂，還有確認外牆是否變色、柱子或牆壁是否傾斜、室內窗框是否無法順暢開閉等項目。在調查時，必須檢查屋頂是使用瓦片等沉重的材料，還是使用金屬板類等較輕量的材料建造而成，以做為規劃耐震計畫時的必要參考資料。

表　耐震診斷時最好能查驗的10個檢查項目

- [ ] 建物的建造時期
- [ ] 截至目前為止是否遭遇過重大災害
- [ ] 截至目前為止是否有增建
- [ ] 是否有損傷的地方和修改
- [ ] 建物的平面形狀
- [ ] 是否有大型挑空
- [ ] 一樓和二樓的牆面是否一致
- [ ] 牆壁配管的平衡狀況
- [ ] 屋頂的完成面材料和牆壁的數目
- [ ] 基礎的形狀

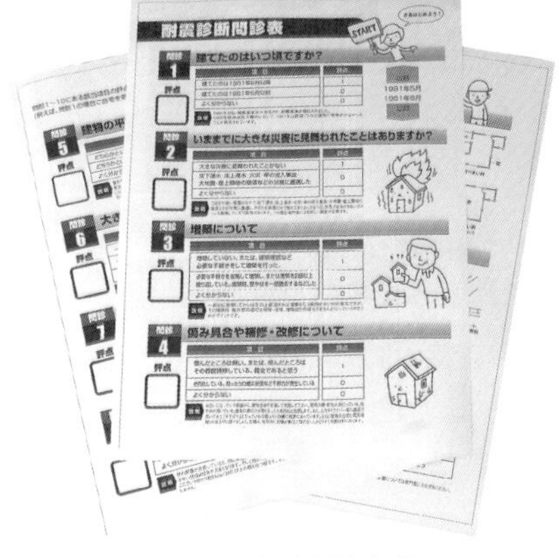

個人也能簡單使用的耐震檢查表

資料出處：（財團法人）日本建築防災協會

照片　鋼筋探測機

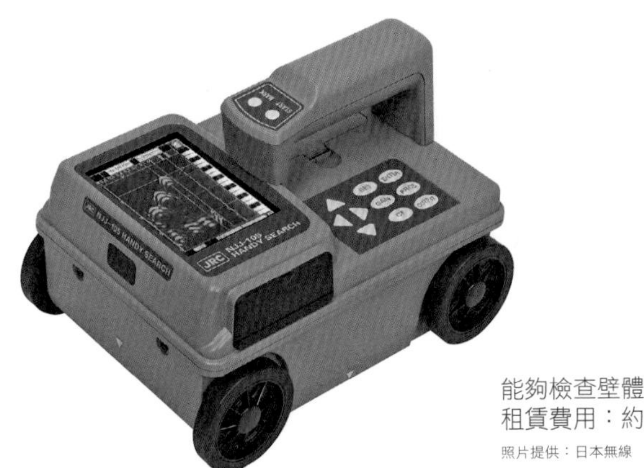

能夠檢查壁體內的鋼筋和配管位置的機器
租賃費用：約15,000日圓／每日

照片提供：日本無線

圖　探測鋼筋的情形

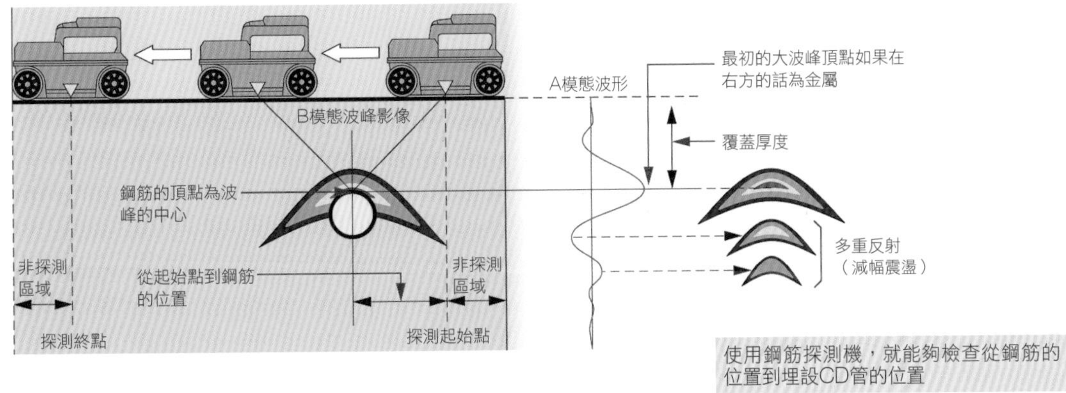

使用鋼筋探測機，就能夠檢查從鋼筋的位置到埋設CD管的位置

key word 062

木造住宅的地盤和基礎

POINT

- 在進行建物的耐震修改前，必須先確認地盤的狀況。
- 在防止地盤沉陷的對策中有各種不同的地盤改良方法。
- 建構出不會對空心磚造成荷重的基礎。

地盤強度的確認

在考量木造住宅的耐震性能時，確認地盤的強度是很基本的項目，但是卻常被忽略掉。地盤的調查並非僅限於新建住宅而已，在進行耐震改造時，首先也必須審慎確認建物的地盤是否堅實[圖1]。萬一地盤沒有足夠的耐力，出現土壤液化現象的可能性時，就必須進行地盤改良。

舉例來說，當預測出可能發生不均勻沉陷的狀況時，可採用地盤改良、基樁工法來支撐建物。柱狀改良工法是將混凝土系列的固化材料注入地盤中，使原本的地盤形成固化的柱狀體強化地盤的強度。此種工法適用於砂質、黏性土壤的地盤。

表層改良工法是將混凝土系列的固化材料與地盤混合之後加以固化，增加地盤的耐力，以防止發生不均勻沉陷的狀況。

此外，RESIP工法是將許多細長的鋼管貫入地盤中的工法，適合狹窄場所、比較容易取得基樁周面摩擦力N值達2以上的地方採用。

如果已經發生地盤沉陷的狀況，可採用千斤頂鋼管貫入工法支撐建物的對策，在基礎下方的支撐層插入鋼管，利用其反作用力撐起建物[圖2]。

基礎的確認

在確認基礎的狀況時，必須特別注意構成邊墩部分的梁是否出現龜裂現象。在確認外圍部分時，不難發現老舊建築都是在混凝土空心磚（CB）基礎上承載建物。

如果屬於此種狀況時，可使用千斤頂將建物頂高後更換新的基礎。或者在混凝土空心磚基礎的內側或外側，建構新的基礎木地檻，使原本的CB基礎不承受建物的荷重。

圖1　地盤的調查

地盤的確認 ➡ ・液化 ・不均勻沉陷 的風險 ➡ 地盤改良
（檢討地盤改良的方法）

基礎的確認 ➡ ・基礎出現裂痕 ・採用混凝土空心磚（CB） 的時候 ➡ ・注入環氧樹脂 ・以碳纖維補強 ・新建補強基礎　等
（檢討基礎的補強）

圖2　發現地盤沉陷時的對策

1 千斤頂鋼管貫入工法

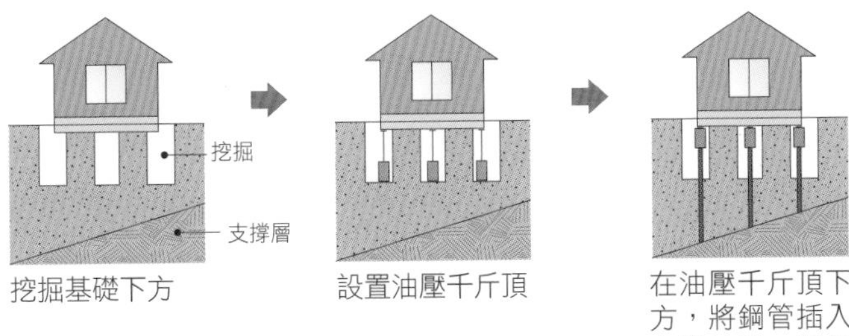

挖掘基礎下方 ➡ 設置油壓千斤頂 ➡ 在油壓千斤頂下方，將鋼管插入支撐地盤，然後回填土壤

建築面積：60平方公尺左右
工期：3~4週
費用：500~800萬日圓
特徵：
・是利用堅固地盤的反作用力，因此再度發生沉陷的風險小
・無需臨時住宅
・板式基礎、連續基礎均適用
採用條件：
支撐地盤深、有高度差時有效

2 千斤頂耐壓板工法

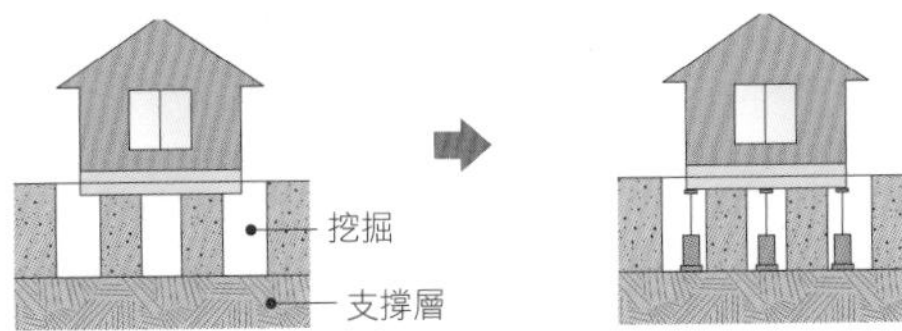

挖掘基礎的下方直到支撐層為止 ➡ 設置耐壓板並安裝油壓千斤頂，然後回填土壤

建築面積：60平方公尺左右
工期：2~3週
費用：約450萬日圓
特徵：
・無需臨時住宅
・工期較短
・板式基礎、連續基礎均適用
採用條件：
支撐地盤淺、沒有高低差時有效

3 藥液注入(無收縮水泥漿)工法

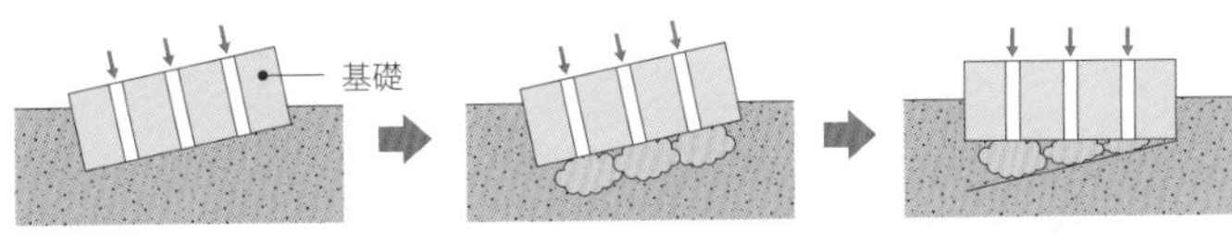

在基礎下方的地盤中設置多個注入管 ➡ 以油壓式高壓泵浦將無收縮水泥漿灌進注入管內 ➡ 可復原以公釐為單位的沉陷狀況

資料來源：サムシング

建築面積：60平方公尺左右
工期：約1週
費用：約450萬日圓
特徵：
・不用挖掘結構物的外圍
・無噪音、無振動
・無需臨時住宅
・以板式基礎為條件
採用條件：
局部地盤沉陷時有效

根據地盤的性質、支撐層的深度不同，採用的工法也有差異，請選擇最適切的工法！

key word 063

耐震計畫木造篇①——樑柱構架式工法

POINT

- 擬定木造住宅的耐震計畫時，首先確認既有的基礎狀況。
- 基礎出現問題時必須進行補強。
- 增設耐震壁時要採取均衡性良好的配置方式。

樑柱構架式工法的基礎補強

發現基礎出問題必須補強時，除非採用千斤頂頂高的方式，否則一般很難重做新的基礎（參照P136）。通常解決基礎補強的方式，是採取將新建的基礎與既有的基礎互相結合的補強方法[圖1]。補強基礎時，先將既有基礎的側面進行徹底的表面粗糙化處理，以便新舊混凝土能夠緊密接合。除此之外，也可利用碳纖維或玻璃纖維纏繞基礎的補強方法[圖2]。另外，地耐力較弱時，可建構混凝土的耐壓盤，透過擴大基礎面積的方式提高耐力。

耐震壁的補強

耐震壁的補強分為在斜撐進行補強，以及使用結構用合板補強等兩種方式。如果補強工程伴隨著隔間的變更或外牆的修改、窗戶位置的變更時，最好能夠在新建的壁面內加上斜撐，以及在外牆壁面加上結構用合板，形成堅固的承重牆（照片）。老舊住宅的樓地板大多採用樓板格柵的基底組合方式。採用樓板格柵構架的樓板面剛性較弱，所以必須使用結構用合板補強，以提高樓板組構的耐力。假使既有的樑尺寸太小時，可在下方加上新的樑補強。

在日本，若屬於2000年以前建造的建築，就必須進行偏心率和五金構件的檢查，而且最好能夠安裝新的斜撐五金和接合五金。在壁量方面，日本有耐震等級1～3的基準[表]。如果增加壁量的話，隔間規劃也會受到限制，因此如何追加均衡性良好的壁量很重要。

屋頂重量對於耐震性的影響

在住宅耐震性能的規劃上，不宜採用鋪瓦片的沉重屋頂，最好改採金屬板等材質輕量的屋頂。

圖1　透過互相結合的基礎補強方法

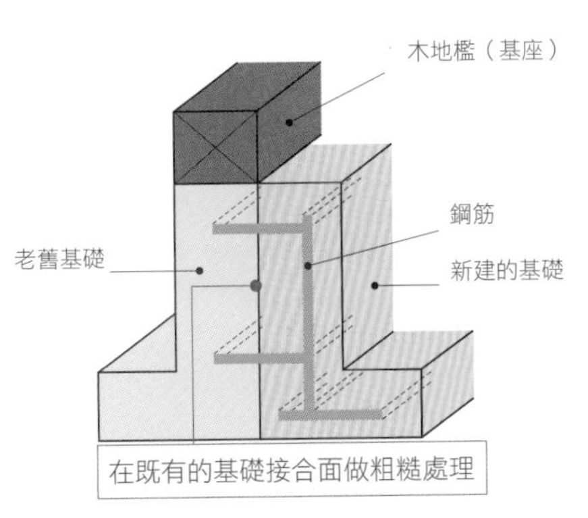

圖2　使用碳纖維的基礎補強方法

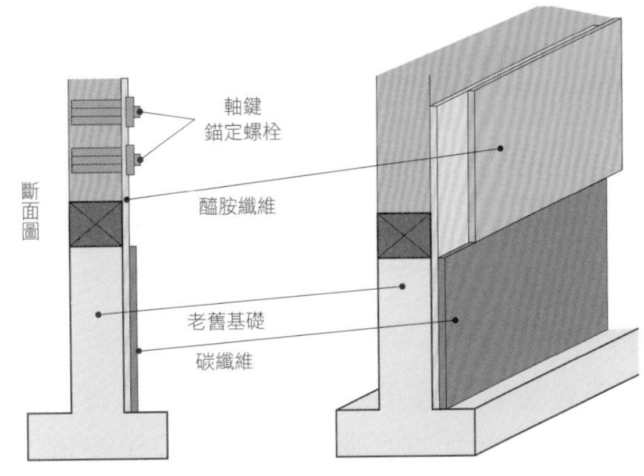

照片　補強的例子

採用斜撐補強壁量

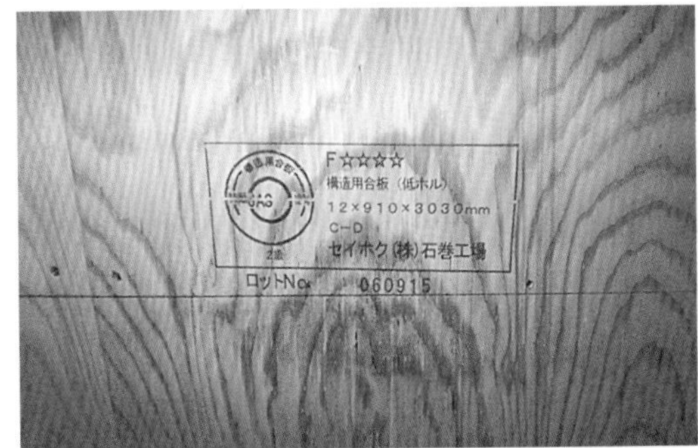

使用結構用合板補強

在既有的樑下方安裝新樑的補強方式

以斜撐五金緊密結合的補強方式

表　日本品質確保法、耐震等級的概略基準

等級1	遭受數百年發生一次的地震（東京約震度6弱~震度7）的地震力時，不會倒塌、崩壞；遭受數十年發生一次的地震（東京約震度5）的地震力時，不會造成損傷的程度（等同於基準法）
等級2	能夠承受上述地震力1.25倍地震的壁量
等級3	能夠承受上述地震力1.5倍地震的壁量

key word 064

耐震計畫木造篇②——2×4工法（框組壁工法）

POINT

- 首先檢查基礎的強度，並強化基礎與建物的接合處。
- 承重牆的追加必須注意良好的均衡性，同時別忘了地板的補強。
- 以五金構件補強時也必須注意外牆的防水處理。

基礎的強化以及建築物與基礎的接合強化

與樑柱構架式工法相比，2×4工法由於以地板、牆壁、屋頂等六面體建構而成，所以被認為耐震性較佳。此外，因為個別採用結構用合板及格柵、螺栓、椽條等構件形成箱狀結構，所以剛性比樑柱式工法強，同時日本也已經公告施工細節的規格（細部的釘子種類及數量等），因此施工時較少出現差錯的狀況。若以符合長期優良住宅的一般標準來看時，其耐震等級為2或3級。[譯注]

採取此種較容易獲得剛性的建築工法時，在建物的耐震改造上，如何強化建地的基礎，以及建物與基礎接合部分的強度，成為重要的關鍵[圖1]。

承重牆的均衡性與地板的補強

其次應重視結構牆配置上的均衡性。例如，追加承重牆時，必須同時進行與承重牆緊密連結的上下樓板格柵（附加格柵托樑等）的補強處理。此外，也常以結構用的合板取代內裝的石膏板來增強其耐受力。另外，若樑和楣樑的斷面尺寸不足，需要增添附加樑時，別忘了補強承受其荷重的螺栓。[圖6、7]

以五金構件補強

另有，施工時也常使用尺板鐵等帶狀五金構件，進行構件材料緊密結合的補強。通常為了進行外牆合板的施工作業會打掉外牆完成面，因此在復原作業時，應注意採取適當的防雨對策。另外，對於已經腐朽或被白蟻啃嚙等損傷的材料，必須先完全清除之後，再進行補強施工。

住宅改造除了以五金構件補強之外，特定的企業也開始採用減震裝置或隔震裝置等因應對策。不過，從價格和耐久性方面來看，仍然處於開發中的階段，因此必須進行審慎檢討。

譯注：日本耐震等級分為 3 級，1 級為標準耐震，2、3 級為優良耐震。

圖1　兩面開口部的細節

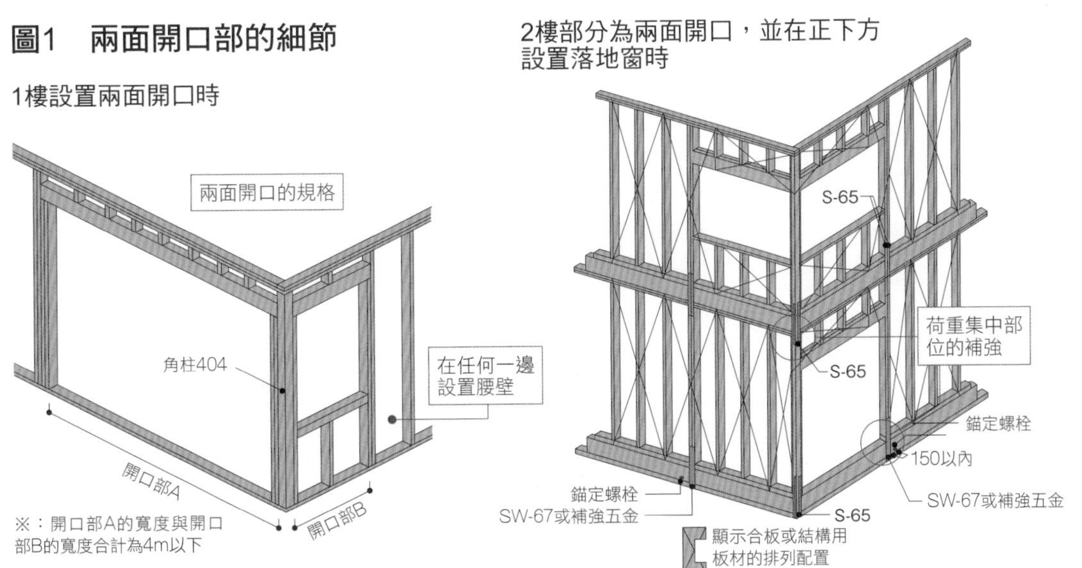

圖2　上框架材、墊頭樑的補強

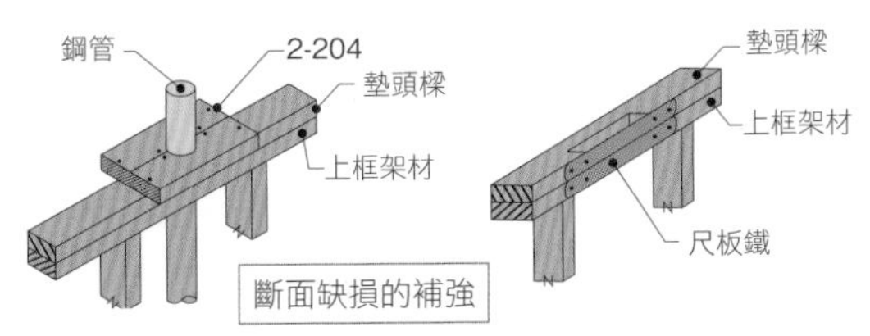

圖3　斜撐的釘法

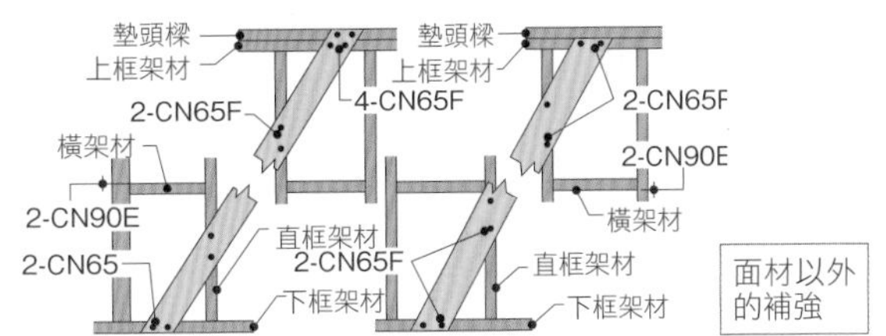

圖4　直框架材的切口與鑽孔

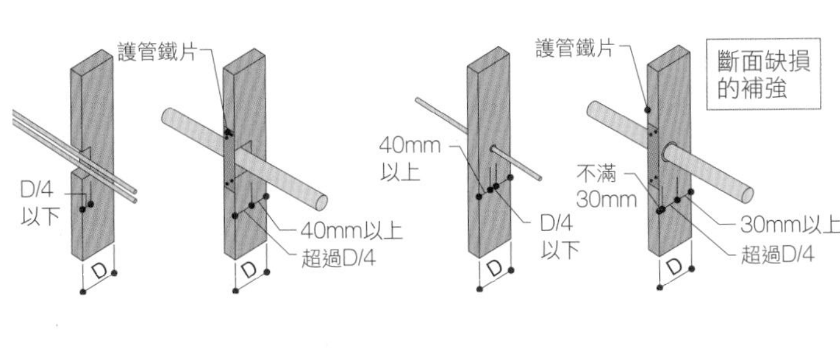

圖5　牆壁中配置粗管的方法

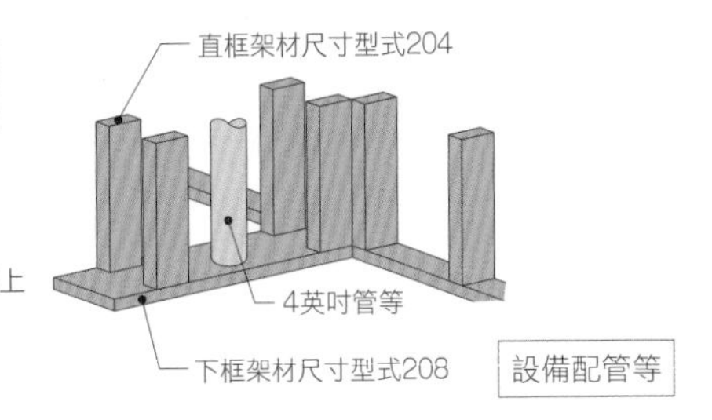

圖6　樓板的支撐

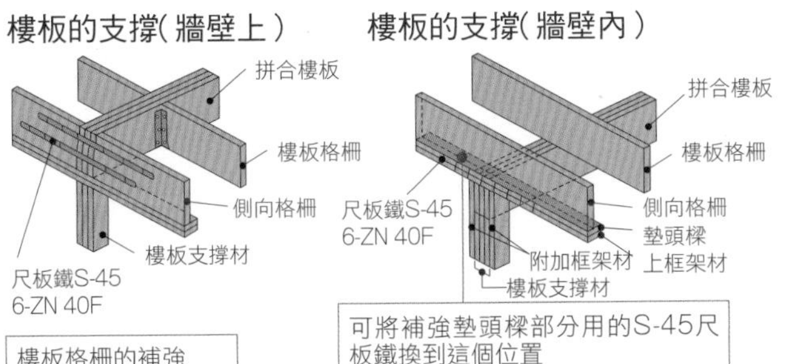

圖7　拼合樓板

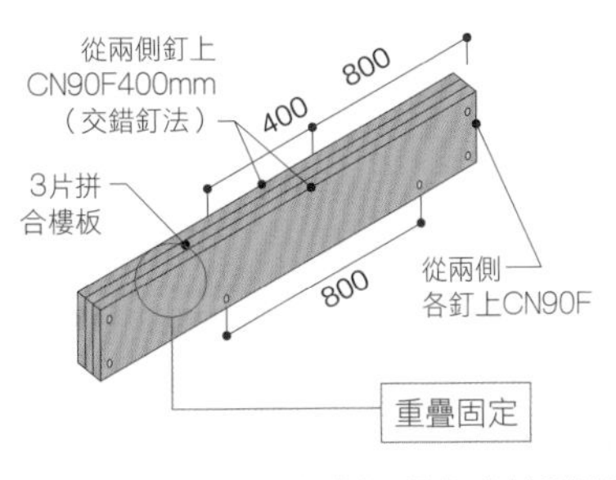

資料出處：「框組壁工法住宅工事規格書」(發行：住宅金融普及協會)

key word 065

耐震補強的方法——耐震、隔震、減震

POINT

- 耐震是以承重牆承受地震的搖晃。
- 減震是吸收地震的能量來減輕搖晃。
- 隔震是設置隔震裝置來避免搖晃。

耐震補強的方法分為「耐震」、「減震」、「隔震」等三種方法。

也就是說，當地震產生的能量傳達到建物時，這三種方法分別是如何承耐地震的震動能量，將是接下來的說明重點。

住宅改造時都可能採用，但是隔震工法的工程費用特別貴。

耐震

耐震是指強化建物「承耐」地震能量的功能，將主要結構的牆壁或柱子等結構體予以適當的配置，並透過補強、追加的方式，提高建物本身的強度，使建物能夠承受地震產生的震動能量。雖然建物變得堅固，但是地震的震動還是會全部傳遞到建物上[圖 1]。

減震

減震是指「控制」地震的能量，是利用安裝在牆壁或柱子之中的阻尼器這種減震裝置吸收震動的能量，以減輕傳遞到建物的震動強度。根據減震阻尼器的種類不同，減震效果也各有差異。但是比起耐震的方式，減震能減弱傳遞到建物內部的震動強度，因此費用也較高[圖 2]。

隔震

隔震是指「避免」地震能量傳達到建物的方法。做法是在建物和地面之間，安裝橡膠或滾動軸承的隔震裝置，以吸收地震搖晃的能量，讓地震的震動能量不容易傳達到建物，因此建物不會搖晃[圖 3]。

由於必須在建物和地面之間安裝隔震的裝置，若既有的建物要改造為隔震結構時，會需要進行大規模的改造工程，因此不適用於一般住宅層次的建築。

雖然減震、隔震能夠減輕傳達到建物的地震能量，但是必須以能夠確保建築本身的強度為前提進行耐震補強作業。

圖　對應地震能量的結構

對應地震產生的能量，耐震結構可大略分為承受震動的「耐震」、控制地震力道的「減震」，避免能量傳遞的「隔震」等三種類型

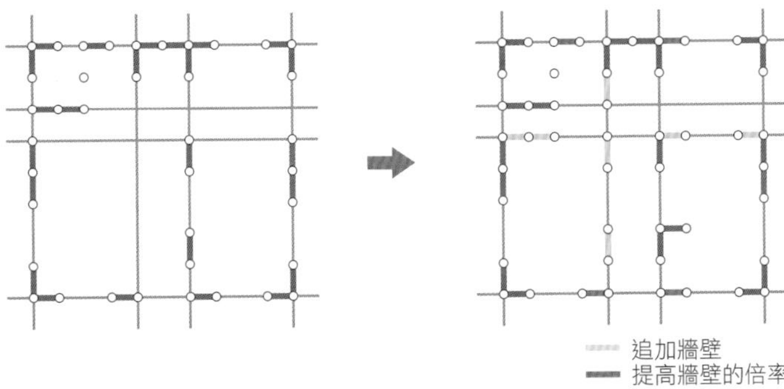

1 耐震工法

配置出平衡性良好的承重牆，強化成能夠承受地震的建物

KEYPOINT

檢視建物整體的平衡狀態，在必要的場所追加牆壁。最重要的，不僅要確保有足夠的壁量，也必須全面考量規劃出平衡性良好的配置

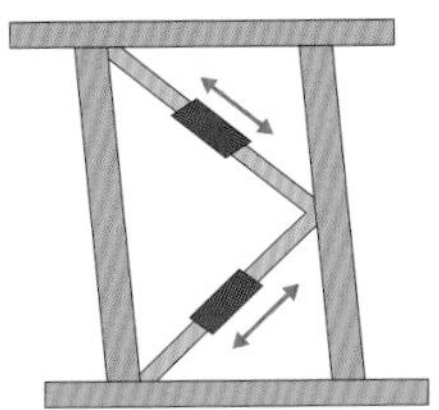

在斜撐伸縮位置裝設減震裝置的類型

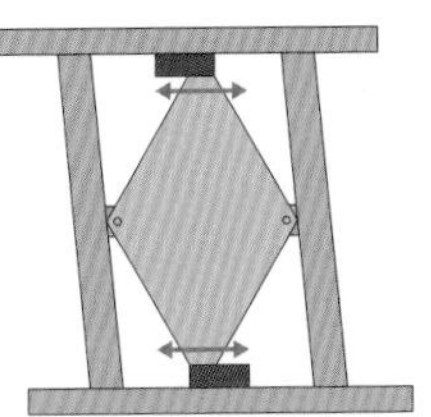

在上下軸材的移動位置裝設減震裝置的類型

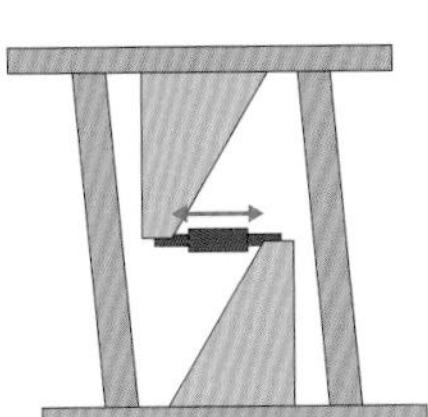

在牆壁中央的伸縮位置裝設減震裝置的類型

利用摩擦緩衝襯墊（阻尼器）吸收地震能量，抑制柱子和橫架材變形的類型（韌性斜撐裝置）（power guard）

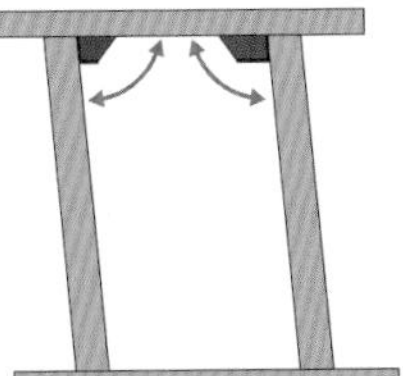

利用黏滯性體（阻尼器）吸收地震能量，抑制柱子和橫架材變形的類型

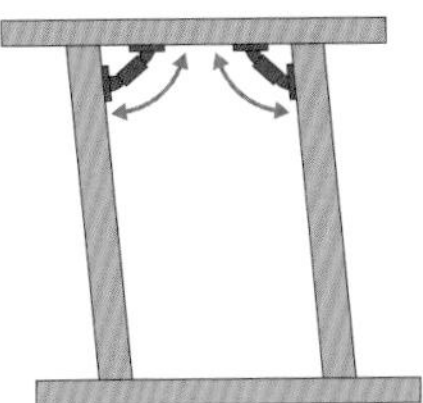

利用油壓（阻尼器）吸收地震能量，抑制柱子和橫架材變形的類型

2 減震工法

裝設在牆壁中的減震裝置能吸收震動的能量，進而減輕傳遞至建物的搖晃程度

KEYPOINT

為避免裝設時偏離預設的位置，設計和配置階段也就變得相對重要，同時也必須注意零組件材料的選定

積層橡膠隔震方式

在橡膠隔震器內置入鉛芯，使激烈的反作用力無法發生作用

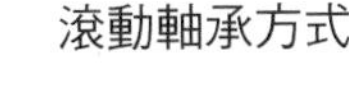

滾動軸承方式

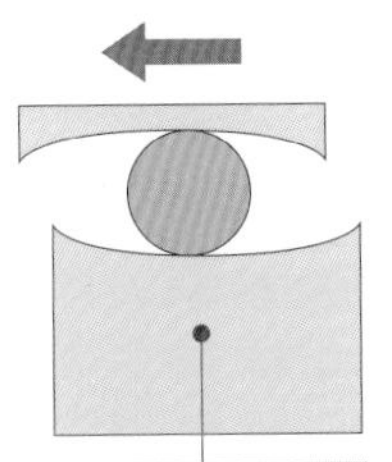

使回復到原來位置的部分或微小的搖晃不會產生反應的設計

滑動裝置方式

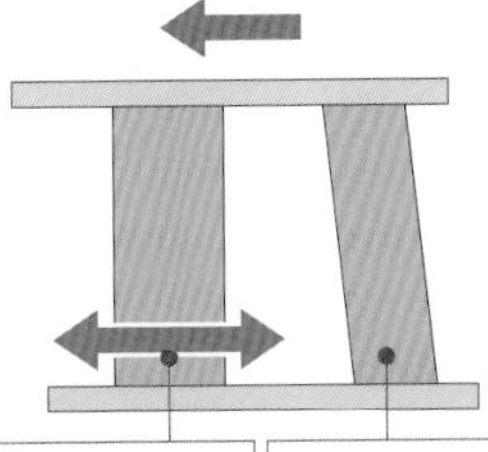

素材採用容易滑動的材料，以便支撐上方的荷重

利用橡膠等材料的伸縮特性吸收搖晃的能量。還有能夠完全回復到原來位置的設計

3 隔震工法

在建物與地面之間設置隔震裝置，使地震的能量不會傳遞到建物，成為不會搖晃的建築

KEYPOINT

由於隔震裝置必須安裝在基礎的下方，因此確認下方的地盤是否堅實，以及建物的強度相當重要

key word 066

白蟻和腐朽菌的侵害

POINT

- 木造獨棟住宅必須阻斷白蟻的入侵管道。
- 高溫潮溼的場所也必須留意腐朽菌的侵害。
- 改造前先確認地板下方是否遭到侵害。

白蟻

日本原生種的大和白蟻（黃胸散白蟻）和家白蟻（乳白蟻）是危害建物的主要白蟻種類。白蟻喜歡日照不良、溫暖潮溼的地方，因此浴室地板下方是最佳的棲息環境。白蟻不在土壤裡築巢，通常會從住宅的外牆或屋簷前端等有木材的任何地方入侵建築本體。

因為改造使得地板下方的環境改變，導致白蟻侵害的情況時有所聞。針對防範白蟻侵害的有效方法，可分為在建物基礎的內側和礎石的周圍等白蟻可能通過的土壤，進行鋪灑藥劑的土壤處理，以及在木材上噴塗或注入藥劑的木質部處理兩種方法。在進行藥劑處理時，必須以人體的安全性為前提選擇適當的處理方式。

進行住宅改造之前，必須先檢查地板下方是否有白蟻侵害的狀況，然後再施工。如果確認遭受白蟻侵害，就得進行防蟻劑的噴塗作業。若木地檻（基座）受損情況嚴重的話也必須更換。

殘留的木材碎片會成為白蟻的餌料，所以改造施工時徹底清除所有的木材碎片是很重要的工作[圖]。

木材腐朽菌

所謂木材腐朽菌是指讓木材腐朽的菌類總稱。腐朽菌會分解木材的主要成分，使木材失去強度。一旦木地檻或柱子受到腐朽菌的侵襲，就有可能必須全部更換重建。因此當發現侵害部位時，必須使用藥劑進行消毒作業。木材腐朽菌可大略區分為白色腐朽菌和褐色腐朽菌等兩類菌種[表1]。

雖然初期的腐朽狀況，看起來並不嚴重，但是實際上木材強度衰減的速度，比白蟻的侵害更為快速，因此受害的部位會迅速擴大[表2]。木材腐朽菌在土壤裡生長，其繁衍的孢子會附著在木地檻等地板下方的結構材上。形成原因與黴菌相同，都喜歡高溫潮溼的地方[照片]。

白蟻侵害對策的流程

防範白蟻對策
1 在白蟻可能通過的土壤鋪灑藥劑（土壤處理）
2 將藥劑噴塗、注入木材（木質部處理）

發生白蟻侵害狀況時
1 尋求白蟻專家的協助
2 進行調查並檢討因應處理方法
3 根據受害程度決定工程規模

防止住宅改造後白蟻侵害的方法
1 改造前檢查地板下方，確認是否有白蟻侵害的情形
2 施工中應避免通風不良形成密閉狀態
3 隱蔽的基礎裝飾或完成面砂漿必須撤除

出處：城東テクノ

在地板下方形成的蟻道。遭受白蟻侵害部分的材料必須全部更換，並鋪灑除蟻藥劑

遭受白蟻嚴重啃噬的結構部分。檢視周邊所有的木質材料，並且更換掉整根材料（非局部更換）

表1　白色腐朽菌與褐色腐朽菌的特徵

木材腐朽菌	分解成分	主要種類	發生場所	受害程度
白色腐朽菌	木質素（主要分解闊葉樹）	雲芝 樺褶孔菌 裂褶菌 擔子菌	潮溼、通風和換氣不佳、日照不良的壁板、遮雨廊、木板圍牆、窗框等	木材表面產生纖維狀的毛絨
褐色腐朽菌	纖維素 半纖維素（主要分解針葉樹）	粉孢革菌 淚菌（幹朽菌） 大白椿菇 褐腐菌	潮溼、通風和換氣不佳、日照不良的地板下方、地下室、用水區域、砂漿牆壁內部、下雨漏水的場所等	產生龜裂，用手抓捏時就變成粉末狀

表2　木材腐朽菌進行活性化的四個條件

溼度	3~45℃、30℃左右尤其適合
水分	大氣中的溼度達85%以上、木材含水率在25~150%
氧	沒有空氣就無法生存
養分	木質素、纖維素等木材的主要成分

照片　木材腐朽的狀況

閣樓內的腐朽狀況

腐朽菌的因應對策
1 更換為抗腐朽性高的羅漢柏、檜木的芯材
2 更換為經過藥劑防腐處理的木材
3 進行土壤的更換作業
4 在地板下方換氣口安裝換氣扇，改善通風條件並注意溼度的管控
5 從地板下方檢查口灌入混凝土，進行澆置作業

日本建物施工方法的發展趨勢

1960年代的公寓大廈。沒有小樑的9公尺長的跨距、採用杉木板的模板、周邊附加拱腰

1970年代的公寓大廈。大部分的設備配管都大膽地在結構體上鑿挖溝槽

1970年代的公寓大廈。出現混凝土澆置的冷縫，整體呈現粗糙的印象

1970年代的公寓大廈。牆壁、天花板都加上隔熱材料，屬於比較乾淨俐落的例子

1980年代的公寓大廈。天花板上可見為了容納設備配管而設計的下凹式樓板

符合基準的1980年代公寓大廈。在混凝土樓板中間可見小樑

各個年代不同的施工方法

雖然普遍都知道1981年新耐震之前的建物（即所謂的舊耐震），已不符合現行法規的標準，但或許不知道同樣是舊耐震的建物，也會因為興建年代不同而有差異。

所謂舊耐震的時代，適逢日本經濟飛躍性成長的高度經濟成長期。1964年東京舉行奧林匹克運動會的時期，正好是一個分界點。在這個時期中，即使同樣的混凝土造建築，施工方法的改善和效率化都有所進展，因此東京都內也相繼出現鋼筋混凝土RC造的公寓大廈。

不過，在建築的熱潮中，很難確保施工者都具有扎實的技術和精湛的施工品質。因為有可能在考量施工效率化的同時動起如何偷工減料的念頭。

由於筆者實際參與過各個年代建築的改造工程，不知道是否個人較為敏感的緣故，常發現建物解體時的結構體，形態上並不美觀，這或許是經濟高度成長期中過分追求效率化必須付出的代價吧。

從新耐震基準實施之後，到1990年左右的經濟泡沫化為止，也出現風起雲湧的建築熱潮，但是不難想像的是找個技術扎實和施工品質卓越的師傅是很困難的。

在實際進行改造時，曾經遇過地板下方還殘留著上次改造時的碎屑，以及打開天花板時發現火災留下的痕跡等事例。這些或許只是筆者個人偶然遭遇到的事例，其他建物的施工者可能都是很嚴謹的人士。然而，筆者卻是在從事改造後，才開始了解到也有這樣的情形。

雖然購置潛藏著各種可能性的中古住宅，大多是出於業主的判斷和決定，因此即使遇到意料之外的狀況，也必須採取冷靜的處理對策，這便是建築師的專業工作。

6

性能提升計畫與改造設計

key word 067

隔熱與結露

POINT

- 進行隔熱施工時必須注意溫度差所引起的結露現象。
- 採取室內防潮層和外牆通氣工法是防止壁體內結露的有效方法。
- 結露不但會使木材腐朽，也是容易形成發霉和壁蝨、塵蟎的原因。

施工不良的隔熱和氣密是造成結露的原因

將以往的露柱牆改為隱柱牆的建物日益增加，而為了提高建物的隔熱性能，會在柱子結構部材之間填充隔熱材料。如此一來，建物的空隙少了，使得適度調整溼度和氣溫的木造建築能夠清楚區隔室內與室外環境。

隨著鋁製窗框的普及，建物在冬天變得較為溫暖，但由於絕大多數都不明白無空隙隔熱的重要性，殊不知只要減少室內外的空氣流通，就不會產生結露現象。

壁體內結露的原因和影響

結露是由於溫度差和溼度所引起的現象。附著在裝有冰涼飲料的玻璃杯外側的水滴就是結露現象，但因為玻璃表面的水滴很容易處理掉，因此不會造成問題[圖1]。

然而，同樣的現象也會在建物的牆壁內發生[圖2]，使隔熱材料變得潮溼、造成木材腐朽[表]。為了避免壁體內產生結露，必須設置防潮層防止室內的溼氣侵入牆壁內。此外，萬一溼氣侵入壁體內時，可採用外壁通氣工法將溼氣排出外壁[圖3]。

隔熱施工時的注意要點

30年前建造的獨棟住宅大多並未使用隔熱材料。即使採用隔熱材料，也會因為結露的緣故，常常發生牆壁內的隔熱材料出現下墜的情況[照片1、2]。

進行住宅改造時，必須再度確認隔熱材料變成怎樣的狀態，檢討施工方法和隔熱材料。

此外，公寓大廈外牆的內側大多有使用隔熱材料。若因為改造施工必須拆除隔熱材料時，也別忘記一定要恢復原狀。

圖1　結露的原因

空氣中含有水分（溼度）。由於氣溫的變化，當空氣中的水分達到稱為露點的凝結界限時，就會發生結露現象。在玻璃杯內倒入冰涼飲料之後，空氣中的水分就會在玻璃杯表面凝結成水滴，這種現象就是典型的例子。冬天因建物室內溫暖、室外寒冷的緣故，使玻璃窗上形成附著水滴的現象就叫做結露

水滴附著在裝有沁涼啤酒的玻璃杯表面

屋外冷時，玻璃窗戶的內側會附著水滴，可在上面書寫文字

圖2　木造外壁內隔熱的溫度分布

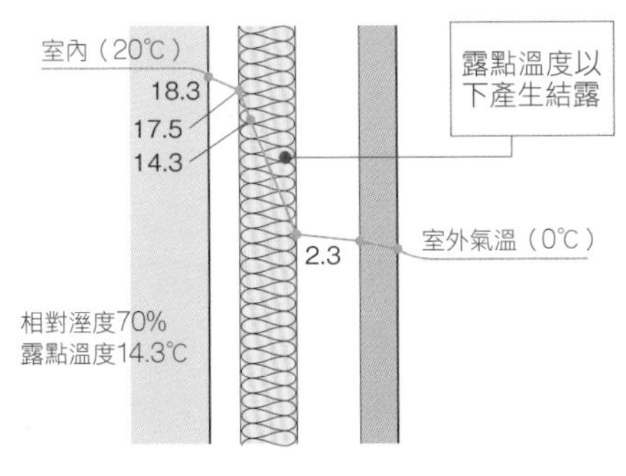

表　木材腐朽菌與木材含水率、溫度、溼度的關係

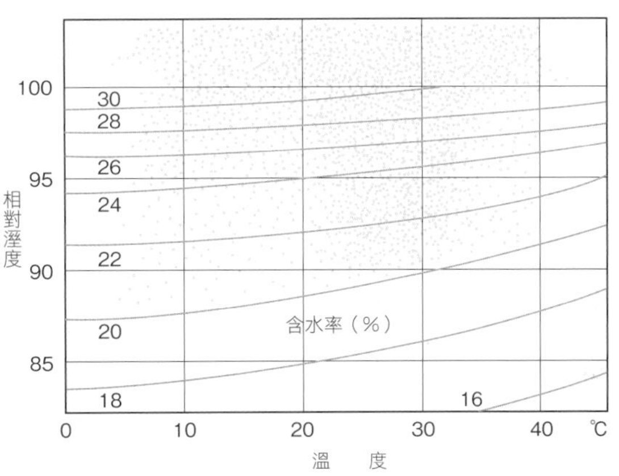

圖3　外壁通氣工法的設計重點

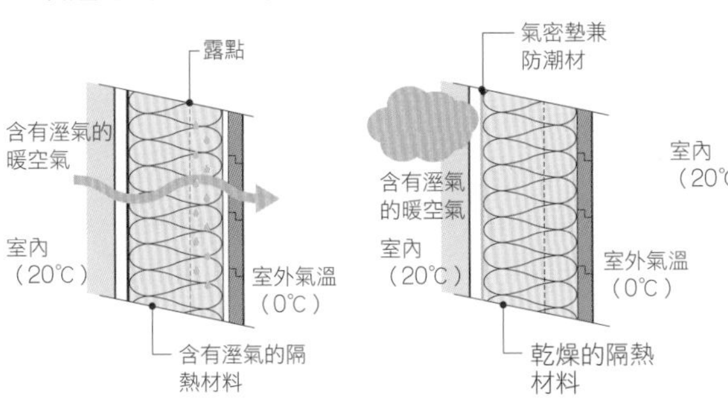

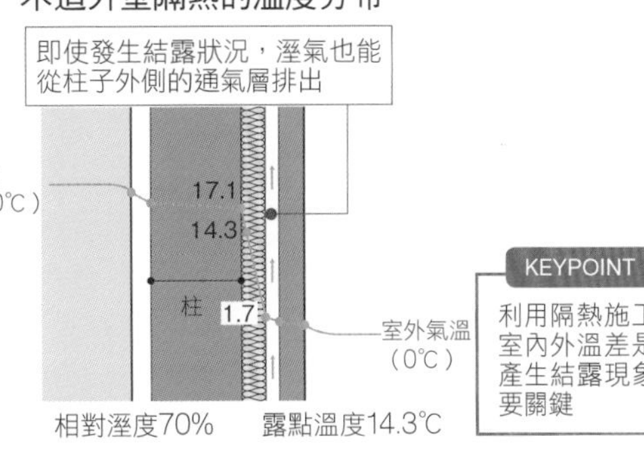

KEYPOINT

利用隔熱施工減少室內外溫差是防止產生結露現象的重要關鍵

照片1　因溼氣導致發霉的隔熱材料

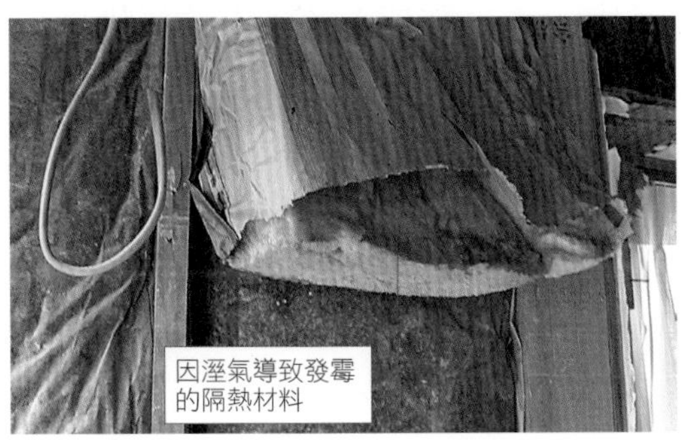

照片2　閣樓內蔓延的發霉現象

key word 068

天花板、地板、牆壁的隔熱強化

POINT

- 隔熱性能一旦降低，不僅是能源流失也會對健康造成不良影響。
- 進行地板、牆壁、天花板改造時正是隔熱強化的好時機。
- 施工時也別忘了堵塞通往地板下方和天花板的氣流。

隔熱強化的重點

隔熱性能不佳的建物，往往會變成冬冷夏熱的不良住宅。

再加上由於室內向室外流失的熱損失大，導致冷暖氣機的使用頻率增加，水電費用也隨之增加。

除此之外，冬季時因為各個房間的溫差變大所引起的熱休克，會造成居住者的身體負擔，或者是由於結露所引發的發霉現象或壁蝨繁殖等，不管是對人或對建物都會產生不好的影響。因此，為了解決上述問題，以較少的能源獲得舒適的居住空間，就必須強化住宅的隔熱性能。

改造時的隔熱改良

當進行地板、牆壁、天花板、屋頂的更換時，正是置換新的隔熱材料、強化隔熱性能的絕佳時機。首先聽取業主對於居住現狀的感受，檢討是否有強化隔熱的需求和必要性。還有，從地板下方、天花板內部或牆壁局部破壞的地方，以目視檢查既有的隔熱方式和狀況，也是很重要的。

依據不同的改造工法，有些方法即使不用更換地板、牆壁、天花板、屋頂或解體，也能強化隔熱性能。此外，也必須配合預算、施工範圍和這次的改造目的，檢討隔熱強化的方式[表]。

阻斷氣流的效果

即使利用填充隔熱工法在牆壁中填充隔熱材料，但是空氣還是會從隔間牆壁等下方，或天花板與二樓屋樑的縫隙間外洩出去。如果這些地方與外部空氣互相流通時，不僅會降低隔熱效果，同時也會成為結露形成的原因。因此，必須在牆壁與地板下方或天花板接合的地方，進行氣流阻斷的施工作業[圖]。

表　天花板、地板、牆壁的隔熱強化

部位	有更換的部位	沒有更換部位、修補
地板 ・抑制從地板下方侵入的冷氣，防止底部冰冷	在進行更換地板完成面材料的施工作業時，也同時進行格柵托樑或格柵間的隔熱材料施工	從地板下方進行格柵或格柵托樑間的填充墊板狀或板狀的隔熱材料施工 從地板下方進行地板材料面的噴塗隔熱材料施工[原注]
牆壁 ・降低熱損失 ・提高冷暖氣效率 ・具有防止表面結露的效果	配合牆壁的內裝工程，在間柱之間填充纖維狀、板狀的隔熱材料 壓出成形的保麗龍（聚苯乙烯泡沫）	進行外牆的外裝工程時，同時實施板狀隔熱材料的外貼隔熱施工 從既有的內裝材上方，或者結構體的室內牆壁，進行板狀隔熱材的內貼施工
天花板 ・降低熱損失 ・提高冷暖氣效率 ・具有防止表面結露的效果 ・抑制夏季室內燥熱	天花板格柵的施工 隔熱材料的鋪設 防潮氣密墊的施工	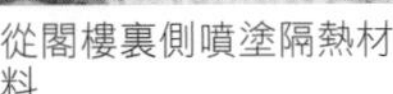 從閣樓裏側噴塗隔熱材料  從天花板下方貼上板狀隔熱材料
屋頂 ・防止日照熱的侵入 ・抑制屋頂的燥熱 ・提高冷氣的效率	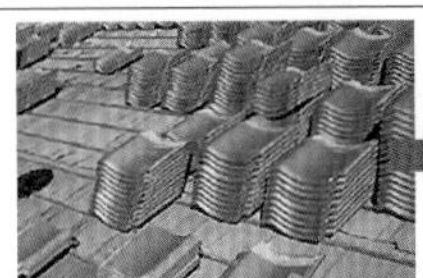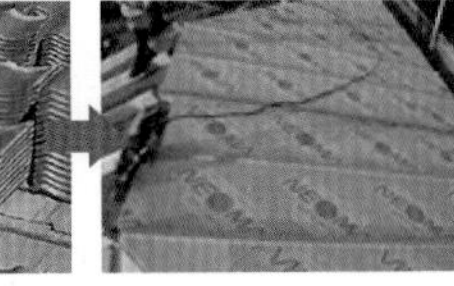 配合屋頂的改修，進行屋頂外側隔熱的施工	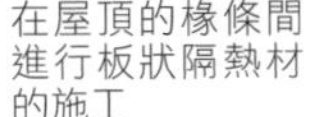 在屋頂的椽條間進行板狀隔熱材的施工 在屋面板下方噴塗隔熱材料 在椽條間進行遮熱材或遮熱隔熱材的施工

原注：若與玻璃絨隔熱相比，胺甲酸乙酯泡沫隔熱的熱傳導率較低、接著性較高，因此不會像玻璃絨那樣發生下垂狀況。如果能夠進到地板下方或屋頂裏側的話，噴塗胺甲酸乙酯泡沫也具有隔熱效果

圖　阻斷氣流的設置方式

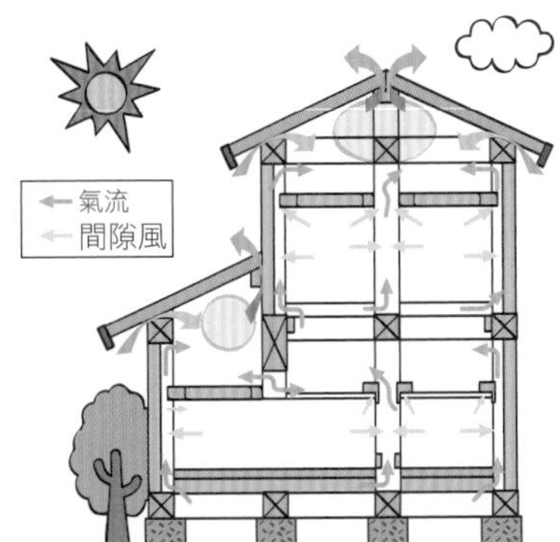

木造住宅雖然採取在外牆和內壁之間填充玻璃絨的隔熱施工，但長年累月下來壁面內側的上升氣流會使玻璃絨附著塵埃，導致隔熱性能降低

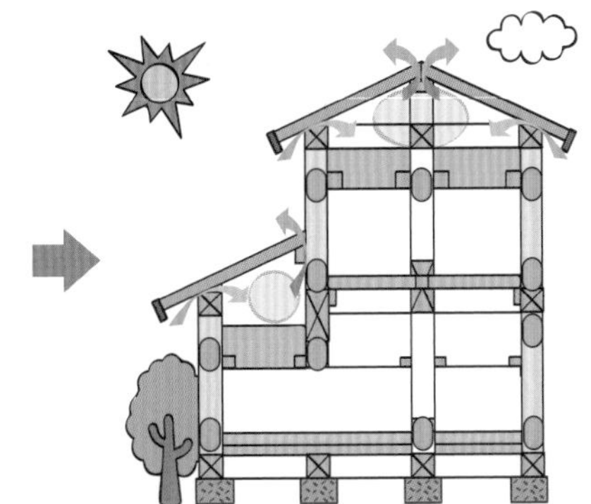

在牆壁與地板或天花板的接合部分，進行填充壓縮玻璃絨「阻斷氣流」的施工，可保留既有的玻璃絨，防止壁體內的氣流（空氣對流），降低冷空氣的侵入和熱損失，達到隔熱性能的提升

施工時會拆開一部分的牆壁，因此可同時檢查看得到的結構體狀況。建議事先擬定利用補強五金提高耐震性能的計畫

key word 069

開口部的隔熱強化

POINT

- 擬定針對開口部的熱損失對策是隔熱的重點。
- 進行複層玻璃的更換或內窗的增設。
- 也有在玻璃上直接張貼隔熱薄膜的方法或塗布隔熱塗料的方法。

舒適住宅的實現

在一整年外部環境呈現各種變化的日本自然環境中，如何打造出舒適的住宅環境，是很重要的課題。

尤其開口部的隔熱強化應列為特別考量的項目之一。雖然在外牆的內部實施隔熱材料加工能提高相當程度的隔熱性能，但是一般而言，開口部的隔熱性能仍然不足[圖1]。屋齡十年以上的住宅，使用目前普遍採用的高性能窗框的例子很罕見，因此夏季進入室內的七成熱能，以及冬季從室內洩漏的五成熱能，都是從開口部進出，所以強化開口部的隔熱性能非常重要。

開口部的隔熱改造

一般採用在既有窗框的內側，加裝另一個窗框的內加窗框工法。此種方式是在既有和新增的窗框之間形成空氣層，使熱不容易傳導。除了能夠防止外部的熱橋效應之外，也具有防止玻璃表面結露的效果。尤其公寓大廈面向共用部分的窗框屬於公共設施，無法進行更換，因此通常都採取內加窗框工法的改造計畫[圖2]。

此外，提高開口部的隔熱性能可採行利用既有窗框，更換成隔熱性能較高的玻璃（複層玻璃、真空玻璃）的方法[圖4]。不過，由於玻璃變厚的緣故，必須確認既有的窗框是否具有能夠安裝附接裝置的適當溝槽[圖3]。另外，也要向業主說明因為承耐兩片玻璃的重量，所以在開閉開口部時的感覺會不太一樣。

除了上述方式之外，也可採用在玻璃上直接張貼隔熱薄膜或塗布隔熱塗料的隔熱方法。

圖1　熱的流出與流入的比率

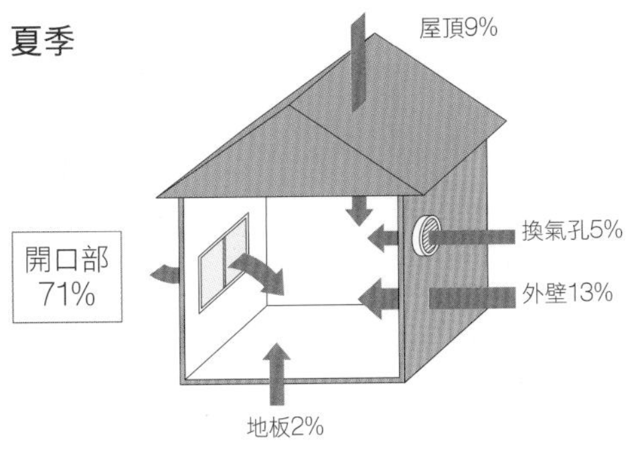

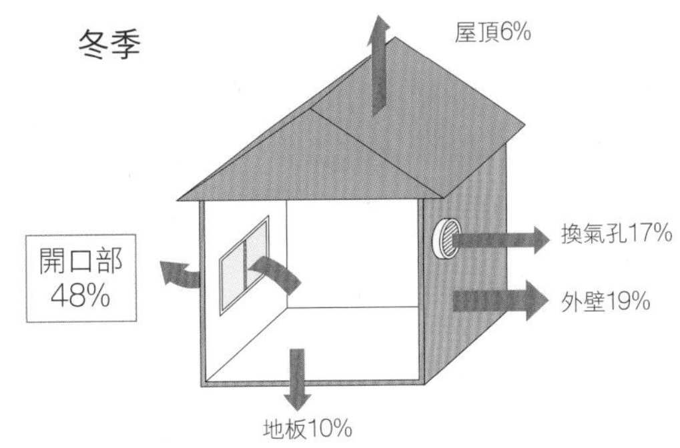

圖2　內加窗框與隔熱的構造

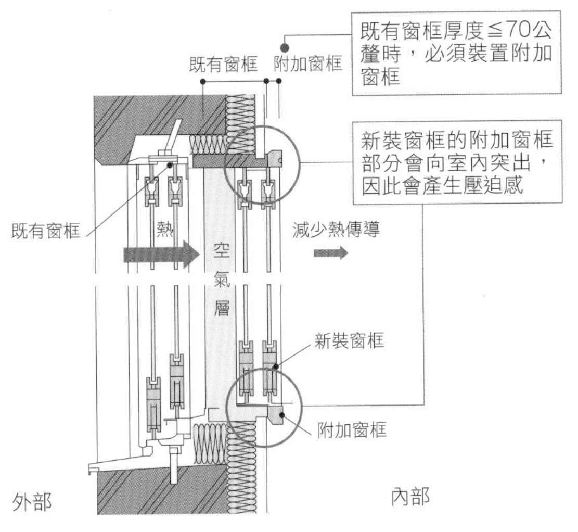

圖3　使用附接裝置嵌入複層玻璃的構造

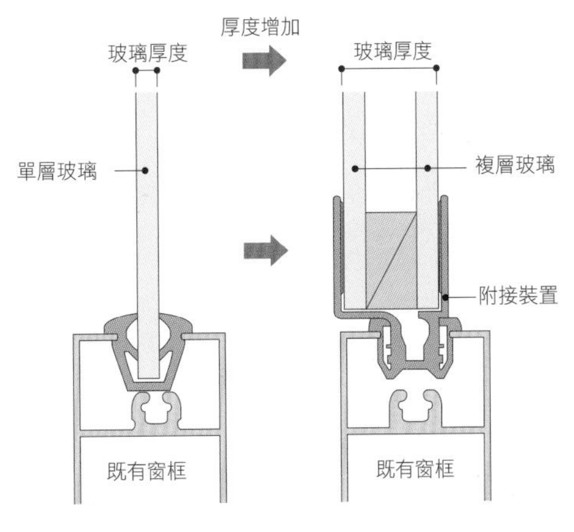

圖4　玻璃規格與性能的比較

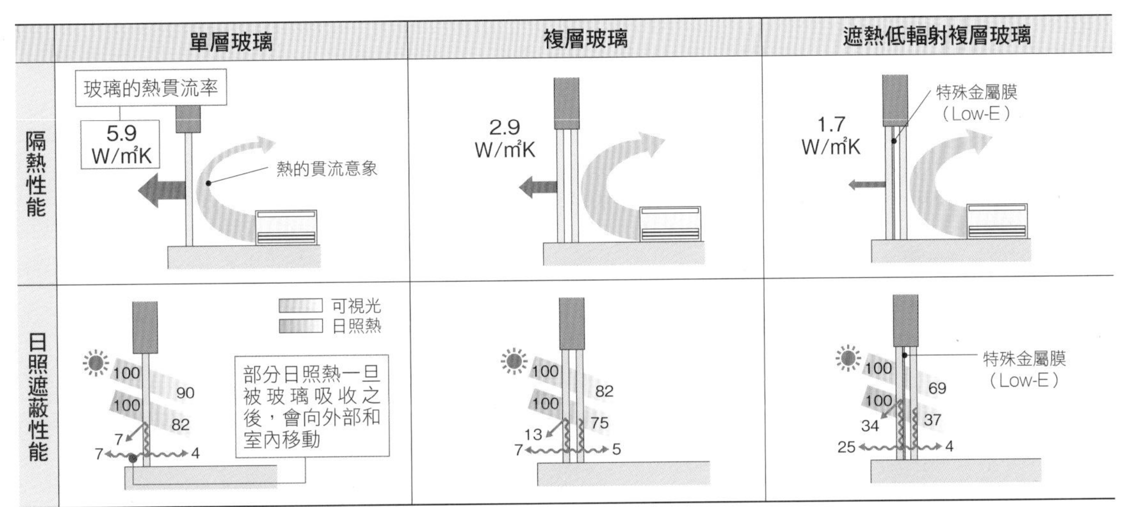

key word 070

節能改造（Eco reform）——公寓大廈

POINT

- **利用對結構體的隔熱強化或雙重窗框可減少熱損失。**
- **隔熱補強必須注意不可造成熱橋現象。**
- **更換效率較佳、用電較少的設備，以求節省能源。**

公寓大廈的節能改造除了減少室內熱損失的「強化結構體的隔熱」、採用鋁製窗框、玄關門等「開口部的隔熱強化」之外，還有「機器設備或完成面材料的更新」等方法[圖]。

結構體的隔熱強化

在面向走廊、陽台等外部的結構體內側，施加壓出成形的保麗龍（聚苯乙烯泡沫）或胺甲酸乙酯泡沫等內側隔熱處理。屋齡老舊的公寓大廈大多欠缺上述的隔熱措施，或者是採用木絲水泥板等隔熱性能不佳的材料。在這種狀況之下，只要在牆壁上追加和補強隔熱材料，就能夠減少熱損失，提高冷暖氣機的效率。

複層玻璃和雙重窗框

強化開口部隔熱性能的方法，包括將單層玻璃更換為複層玻璃，以及在既有的窗框內側安裝新的窗框，形成雙重窗框等方法。前者更換玻璃的方式，可以在既有的玻璃溝槽內裝設附接裝置，但是年代久遠的窗框也可能無法安裝，因此必須先確認清楚。此外，在新裝設方面，由於公寓大廈面向外部的窗框，屬於專有使用權的共用部分，會受到規約的限制難以在外側增加窗框。因此實際上大多在室內的內側，追加雙層的窗框或障子（和室橫拉門窗）等窗框。

雖然將玄關門變更為隔熱門也是有效的方法，但是玄關門與窗框同樣屬於共用部分，因此在室內追加一片門扇，是最簡易且可行的方法。

設備更換也是節省能源的有效方法

熱水器、空調設備、照明、衛浴器具等老舊設備，在消費電力和燃燒效率方面都很差，因此更新老舊機器設備也是節省能源的有效方法。此外，完成面材料更換成具有調節溼度效果的素材也是一種有效方法。

圖　節能改造的重點

老舊的公寓大廈大多並未採用隔熱材料，或者只有使用木絲水泥板的程度。為了減少從結構體流失的熱損失，必須在不造成熱流失管道（熱橋）的情況下，針對窗框、外壁周圍等部位全面填充隔熱材料

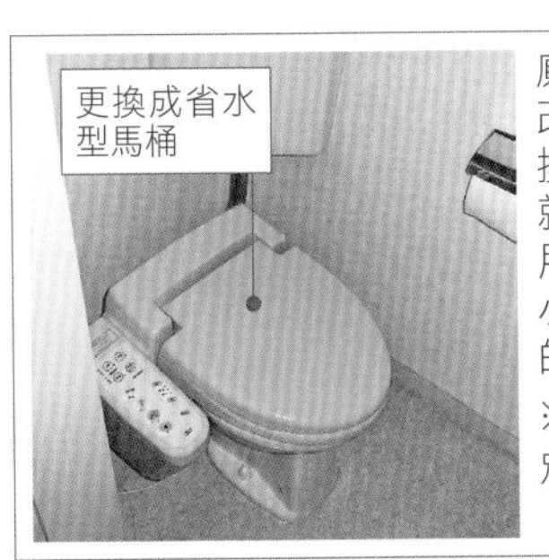

廁所方面，省水是節能改造的重點。也有只要換掉非常老舊的設備，就能減少1/2～1/3的使用量。由於流水量變小，因此必須注意配管的傾斜度

※若改成水壓式馬桶時，別忘了確認水壓是否足夠

電錶箱的內側與外部的空氣環境相同，因此必須在室內的內側填充隔熱材料

開口部採取在房間內側加上鋁製窗框或障子，形成雙重窗框的方法

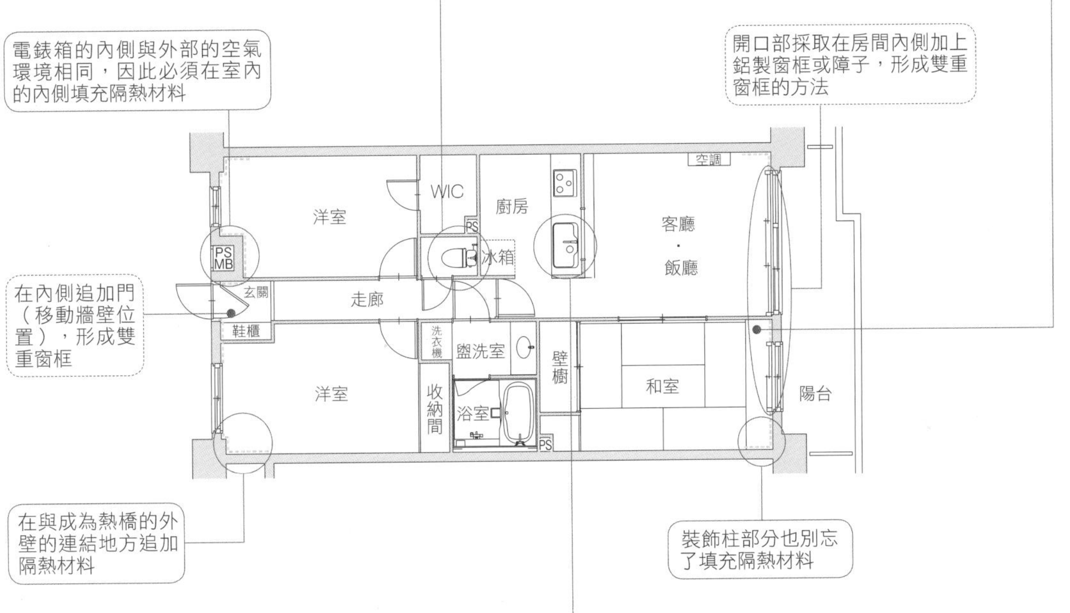

在內側追加門（移動牆壁位置），形成雙重窗框

在與成為熱橋的外壁的連結地方追加隔熱材料

裝飾柱部分也別忘了填充隔熱材料

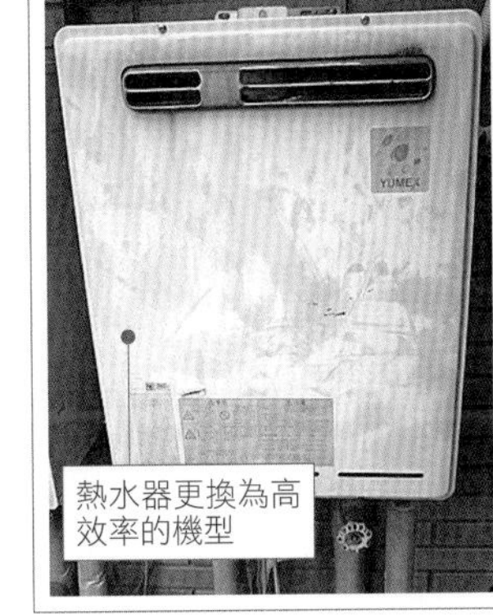

全面淘汰老舊器具。熱水器、空調、照明器具等老舊設備，大多燃燒效率差且消費電力大，因此器具的更新是朝向節能化的有效方法

強化結構體的隔熱
強化開口部的隔熱
更新機器設備和完成面材料

key word 071

病態建築對策——24小時換氣等

POINT

- 改造住宅時擬定病態建築的對策很重要。
- 24 小時換氣必須檢查既有排氣路徑或進氣口。
- 新設進氣排氣口時，必須向業主說明對於外牆的影響。

無需申請建築執照的住宅改造，經常會忽略擬定解決病態建築問題的對策，因此必須注意住宅使用的建材或24小時換氣設備。

病態建築對策對於改造計畫的影響

住宅改造時必須檢查既有的建物是否有採取病態建築的對策。具體而言，就是「是否有24小時換氣的措施」。24小時換氣是指將法規上所規範的化學物質排出室外[圖1]。改造前必須確認既有建物建造當時，是否有採取24小時換氣的措施。

如果並未採用24小時換氣方式時，就要確認外牆上是否保有可做為排氣口和進氣口的貫穿管。若可行的話，最好能活用既有的貫穿管，當做進氣口和排氣口使用。因此，務必一面確認是否有既有的貫穿管，一面擬定改造計畫[圖2]。

若沒有符合的貫穿管或者數量不足時，必須詢問業主是否可能新增進氣和排氣口的開口。公寓大廈的話必須向管理委員會確認能否新增開口。

設置新增的進氣排氣口時，應充分考慮對於結構的影響，例如應設置在承重牆等主要結構除外的牆壁等。

此外，由於新增貫穿管的開口，有可能造成「空氣循環短路」，或外牆部分需要防水處理等，這些問題都必須事先向業者說明。同時針對外牆的新增開口周圍的補修方法也必須事先充分討論和協商。

除此之外，在火災延燒線內新增進氣排氣口時，必須確認是否需要安裝防火閥。

由於窗框也有附帶進氣機能的規格，可配合建物或預算條件擬定改造計畫。

圖1　換氣的種類和方法

為避免廁所或浴室等處的臭氣或水蒸氣洩漏到其他房間，可採用第3種換氣方式。一般也都採用第3種換氣方式。圖2即為採取第3種換氣對策的例子

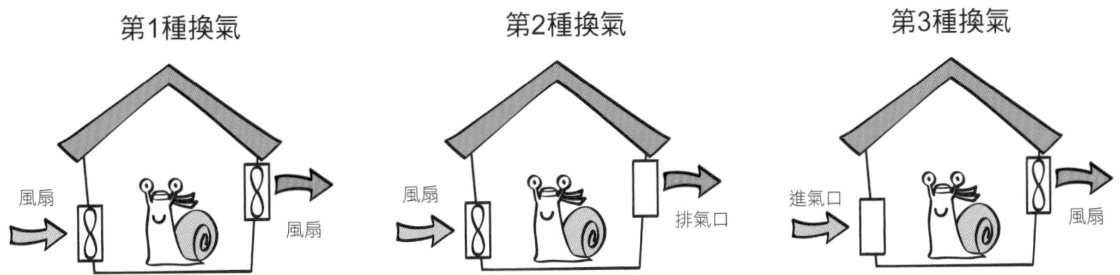

圖2　無法設置貫穿管的因應方法

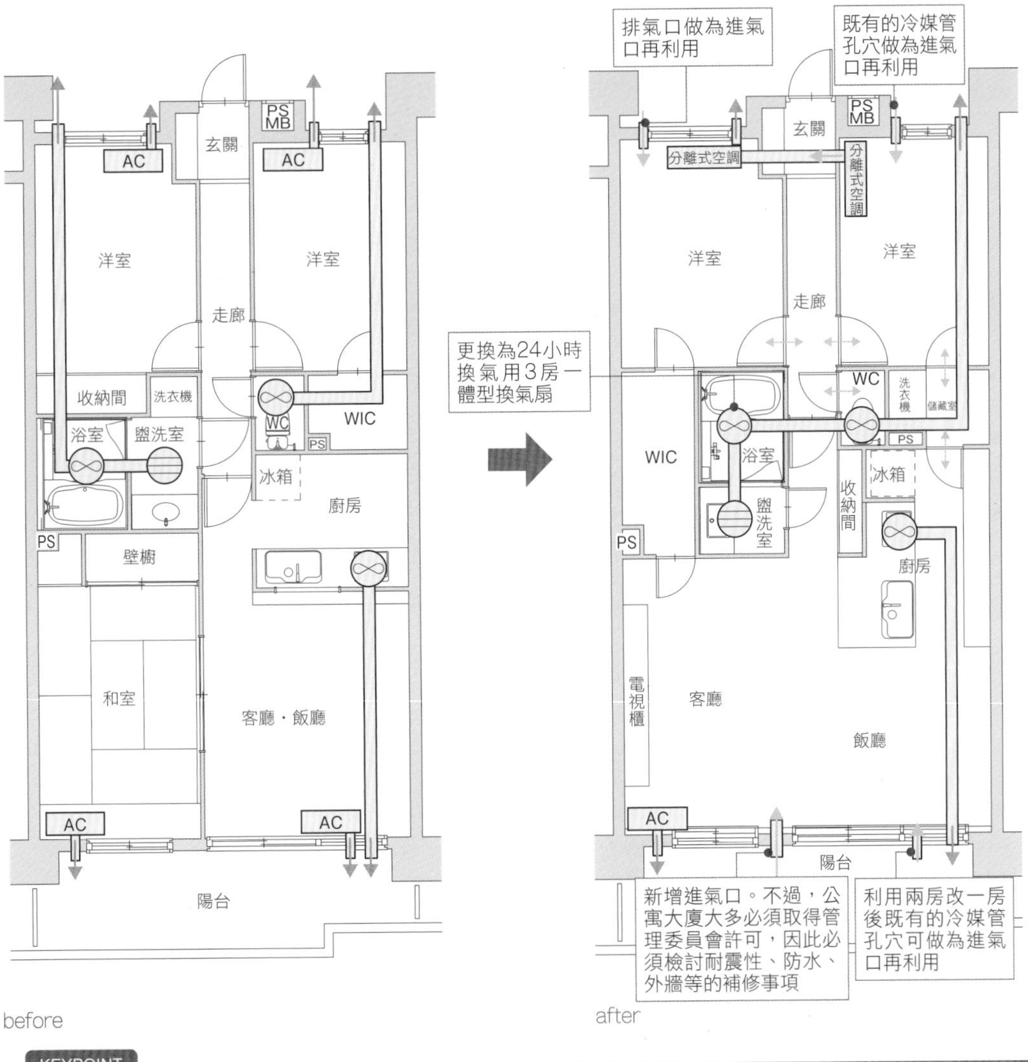

排氣口做為進氣口再利用

既有的冷媒管孔穴做為進氣口再利用

更換為24小時換氣用3房一體型換氣扇

新增進氣口。不過，公寓大廈大多必須取得管理委員會許可，因此必須檢討耐震性、防水、外牆等的補修事項

利用兩房改一房後既有的冷媒管孔穴可做為進氣口再利用

before：玄關、PS MB、AC、洋室、走廊、收納間、洗衣機、WIC、WC、浴室、盥洗室、PS、冰箱、廚房、壁櫥、和室、客廳・飯廳、陽台

after：玄關、PS MB、分離式空調、洋室、走廊、WC、洗衣機、儲藏室、WIC、浴室、PS、冰箱、收納間、盥洗室、廚房、電視櫃、客廳、飯廳、AC、陽台

KEYPOINT

- 獨棟住宅的話可在窗戶等開口部設置百葉窗
- 公寓大廈的話可換成分離式空調，將空調用的開口部做為進氣口的一部分加以利用
- 室內的門扇下方必須留空隙

key word 072

屋頂

POINT

- 屋頂是影響建物耐久性的重要部位。
- 經過改造之後對建物的壽命會有很大的影響。
- 在明確了解改造目的後的材料選擇很重要。

在嚴酷的自然環境中，阻擋狂風暴雨或熾熱陽光守護建物的便是屋頂。居住環境的舒適與否，與屋頂有著密切的相關，因此必須小心地維護和整修。

決定改造的內容

調查時首先必須掌握屋頂損傷的部位[圖]。屋頂的最高位置「屋脊」、接合不同屋頂面容易成為脆弱部位的「斜脊」，或是成為雨水通道的「谷溝」都是必須詳加檢查的地方。

谷溝部分使用金屬板等底襯材料，因此除了屋頂材料之外，也必須檢查底襯是否有損傷的狀況。

除此之外，也必須從室內確認天花板是否有漏水和結露的情況。以及針對簷溝檢查是否有彎曲變形或被落葉或泥沙堵塞的情形，而這些問題都是造成下雨時漏水的原因。

屋頂更換的重點

屋頂的形狀和材料是更換的關鍵重點。

如果屋頂的形狀是造成漏雨的原因時，可利用這次改造更換屋頂的形狀。此外，由於屋頂材料的不同，耐震性、耐久性、隔熱性、隔音性都會隨之改變。舉例來說選擇輕量的金屬系列材料，雖然能夠提高建物整體的耐震性，但是會衍生出隔熱、隔音的問題，為此必須另行因應對策。因此，根據材料的特性擬定適當的計畫也就變得很重要[表2]。

別忘了編列施工架的設置費用

雖然從低廉到高價的材料應有盡有，但若是進行全面更換時必須支付臨時施工架的設置費或既有屋頂材料的拆除費，因此擬定改造計畫時，必須編列上述必要的施工費用[表1、2]。

圖　鋪瓦屋頂的檢查重點

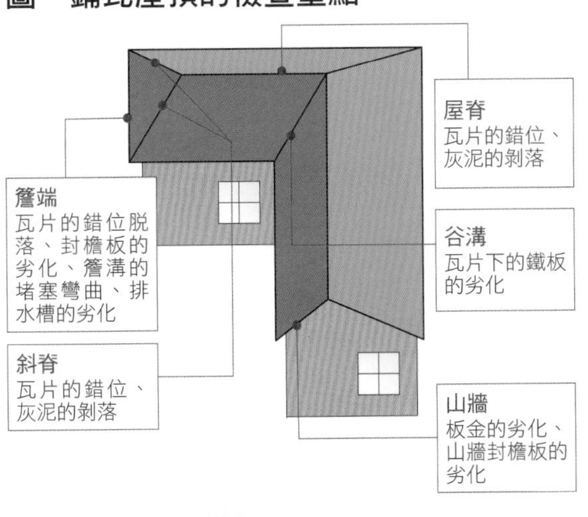

表1　工程金額例

工程種類	材料	參考的工程費用
瓦片的重新鋪設	陶器瓦	200萬日圓
	鍍鋁鋅鋼板	190萬日圓
屋頂材料的重新塗裝	石板瓦的屋頂用塗裝	95萬日圓
	石板瓦的屋頂用塗膜防水材	140萬日圓

※ 建物例：溫暖地區 獨棟住宅 二層樓房 屋頂面積 100m²

KEYPOINT

- 由於必須支付施工架的設置費、既有材料的拆除費，所以因材料不同所產生的成本差異也較小
- 重新塗裝也需要支付施工架的設置費
- 通常塗裝的耐用年限為5～10年，因此擬定能預期未來的計畫相當重要

表　屋頂材料比較表

	材料	壽命	價格	優點	缺點	檢查重點	改造重點
金屬系列屋頂	鍍鋅鐵板	10～30年	價格低	・只有瓦片1/10的重量 ・施工性優良	・會生鏽 ・耐久性差 ・必須隔音（雨聲） ・必須採取隔熱對策	□屋頂局部或整體生鏽 □有部分塗料剝落 □屋頂材料浮起、或波浪起伏 □屋頂整體褪色而變色 □用手觸摸屋頂材料時會沾粘白粉（粉化） □下雨或颱強風時會發出金屬聲音、屋頂材料似乎就快被掀飛 □釘子被拔起或似乎就快被拔起	重量較輕盈，所以能夠提高耐震性。 必須採取隔音、隔熱的因應對策
	鍍鋁鋅鋼板	25～40年	價格高				
石板瓦系列屋頂	輕量平板瓦	15～35年	價格低	・只有瓦片1/3的重量 ・施工性優良	・容易踩破 ・防水性低 ・隔熱性低 ・會長青苔、較快損傷	□釘子被拔起或似乎就快被拔起 □屋頂材料剝落，露出底襯 □屋頂整體的塗裝剝落、變色 □簷端或屋脊的板金似乎就快脫落，而且生鏽 □屋頂材料表面長青苔或發霉 □屋頂材料局部褪色，明顯變色 □屋頂材料破裂或產生裂縫 □用手觸摸屋頂材料會沾粘白粉（粉化） □屋頂材料浮起、或波浪起伏	耐久性較低，因此必須確認建物今後希望維持多久
	水泥纖維平板瓦		價格高				
瓦片系列屋頂	釉藥瓦	30年～	價格高	・不易受到日照和雨聲的影響，室內舒適 ・耐久性優良 ・具有厚重感 ・可只更換損壞的部分	・屬於窯燒產品，品質不穩定 ・重量重，較不耐震 ・無固定的情況較多 ・容易破裂	□瓦片破裂 □瓦片錯位 □屋脊部分的灰泥崩解 □防水材料剝落，褪色或變色 □屋齡超過30年以上	重量重，因此必須確認建物整體的耐震性能。 視瓦片的鋪設方式，也會有立即發生漏雨現象的，所以必須要求高精確度的施工
	水泥瓦	15年～	價格低	・具有隔熱性 ・比陶器瓦更不易破裂 ・尺寸很安定 ・可只更換損壞的部分	・重量重 ・防水性能依賴表面的防水塗料		

key word 073

外牆

POINT

- 風雨和紫外線是造成外牆劣化的主要原因。
- 改造外牆時不僅是注重美觀，也必須檢討隔熱、遮熱性能的改善。
- 在外牆基底設置通氣層，以避免殘留溼氣。

確保外牆的性能

隨著建物建造的年代不同，外牆結構的差異性相當大。尤其是屋齡20～30年以上的住宅與現在的住宅相比，外牆性能的差異頗大。

雖然也有將外牆完全拆除後，重新貼上新建材的改造方法，但是除了更換材料之外，也必須重新更換填縫等的防水處理。這種情況下會導致改造費用變高、工期也會變長。

有鑑於此，一般大多選擇在既有外牆貼上新外牆材料的後貼工法，並重視防水的維護 [表]。

外牆通氣工法

屋齡較老的古舊住宅通常並未採取外牆通氣的措施，因此常產生結露現象。這種情況只要採取外牆通氣工法便可解決[圖1]。

隔熱工法和遮熱塗料

外牆改造有種將附有隔熱材的水泥板貼上之後，再加以塗裝的隔熱工法。

另外，也有利用控制太陽光日照影響的方法，在外牆上塗裝遮熱塗料的工法[圖2]。

針對白天時混凝土造外牆蓄留的熱能，影響夜間室內溫度的情況，採取隔熱工法較具有效果。

防汙塗料

業主大多會希望盡量避免外牆的經年變化和減少維修費用，尤其外牆髒汙不但會破壞建物的氛圍，外觀上也不太美觀。於是，利用新科技研發的光觸媒塗料就此誕生[圖3]。將光觸媒塗料塗裝在既有的外牆上，雨天時具有能沖洗掉汙垢的效果。

表　後貼工法的特徵

費用	窯燒系列、金屬系列外牆 約5,000日圓/平方公尺～
優點	・施工期間較短 ・廢棄物較少
缺點	・外牆厚度變厚 ・窗框周圍等部位的收邊處理較差

不明瞭優缺點，好像會對計畫造成影響呢

圖1　在後貼工法中採行外牆通氣工法的例子

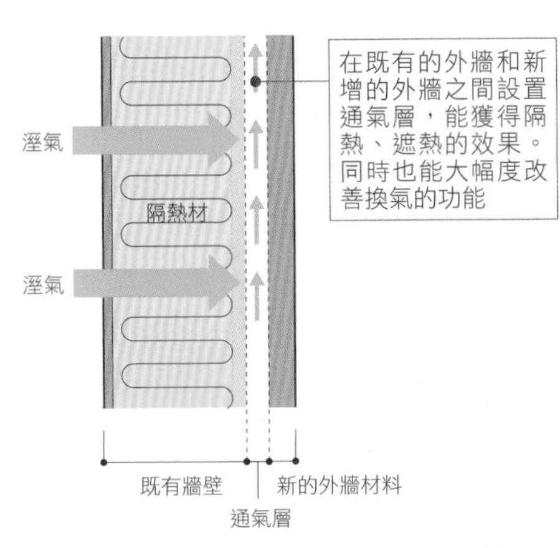

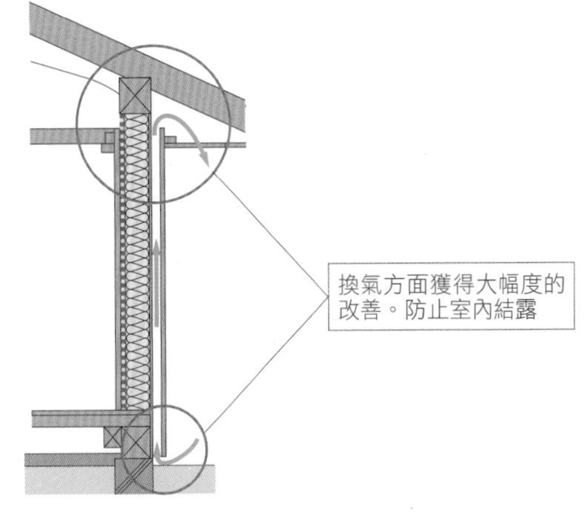

圖2　外牆、屋頂的遮熱、隔熱

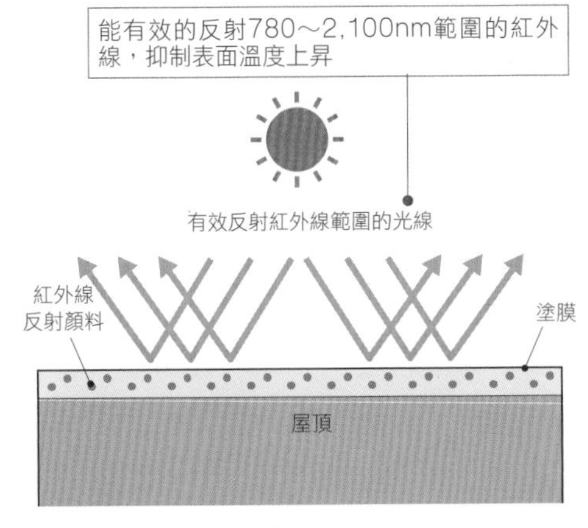

附有隔熱材的水泥板

熱

既有外牆

內部　外部

以隔熱材吸收和擴散熱量的方式，使熱量不會進入結構體內

遮熱塗料

紅外線反射顏料

塗膜

既有外牆

內部　外部

以表面塗膜反射熱量的方式，使熱量不會進入結構體內

圖3　光觸媒的功能

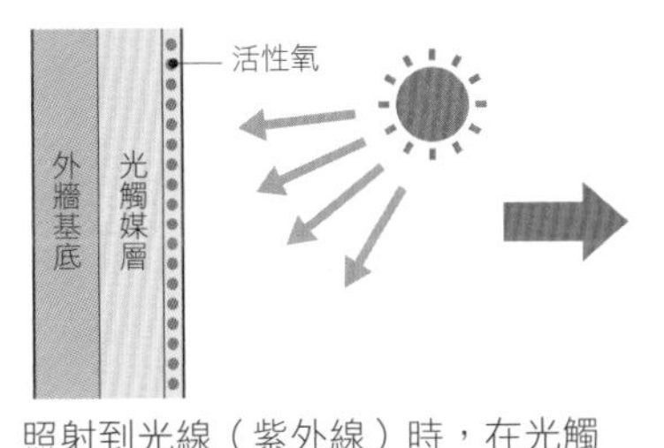

照射到光線（紫外線）時，在光觸媒表面產生活性氧

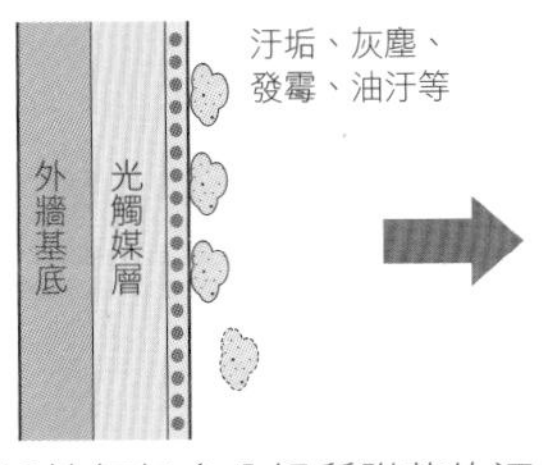

活性氧氣會分解所附著的汙垢，降低其附著力

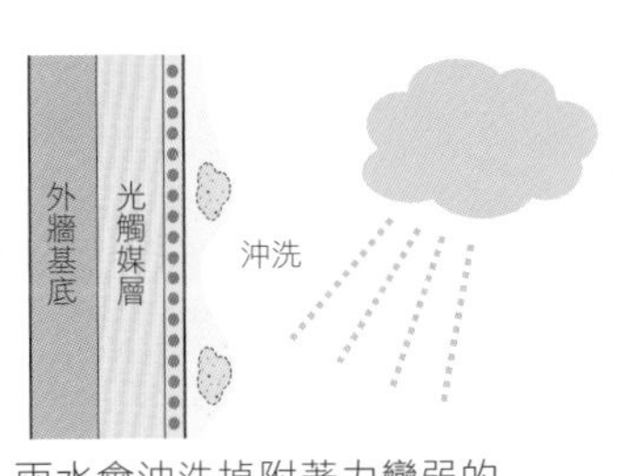

雨水會沖洗掉附著力變弱的汙垢

key word 074

開口部

POINT

- 隨著住宅形態的不同，對開口部的改造方法也會有所限制。
- 掌握玻璃的種類，以因應開口部改造的限制。

變更住宅開口部的檢查重點

如果住宅位於指定的防火區域，改造時就必須符合防火設備相關的技術基準。獨棟住宅基本上屬於業主的所有財產，但是仍然要確認是否與共同住宅同樣有防火區域等項目，並且在設置外凸窗和陽台時，必須確認與基地界線之間的間隔距離（碰撞距離）和面積等項目。

窗框的種類及特徵

窗框主要分為木製和鋁製窗框，各自有其優缺點[圖、表1]。木製窗框雖然氣密性和水密性較差，但是隔熱性能高，而且能夠展現出材質的高級感。此外，所有的隔間門窗可採取隱藏式拖拉設計，或者寬敞的開口部設計。不過，木製窗框的注意事項也比較多，例如需要保養維修、裝設在不易淋到雨的場所、選用耐水性強不易翹曲的樹種等。

鋁製門窗雖然觸感、質感較差，但是耐久性佳，不太需要維修保養，價格也較為低廉。在設計方面由於框架的正面尺寸能夠縮小，因此能呈現出乾淨俐落的印象。鋁屬於柔軟的素材，因此較容易受損，但是通常滾輪等零件會比窗框本體更快受到損傷。也有結合兩者優點，外側採用鋁質材料，內側則使用木質或樹脂材質的複合型窗框，可根據費用等項目進行綜合性評估後選用。

共同住宅的窗框改造

改造共同住宅的窗框時，通常玄關門的室內側的塗裝和窗玻璃等材料，必須採用與現狀相同的種類，但是也有可能變更為不同種類的玻璃。共同住宅面向外牆的窗框屬於共用部分，一般很難獲得拆除的許可，因此選擇活用既有窗框的改造工法較為安全省事[表2]。

圖　木製窗框的優點

隱藏式木製框拖拉門

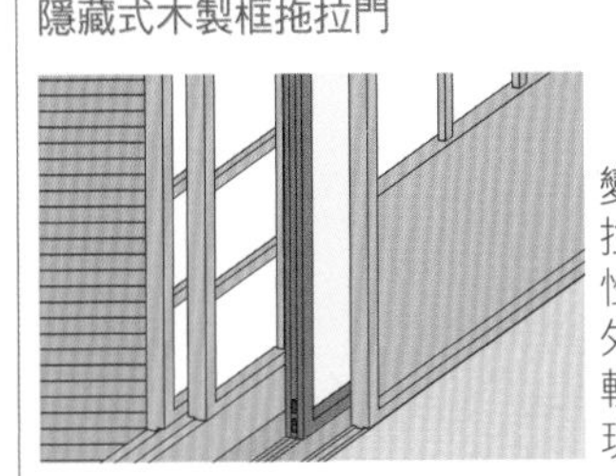

變更為隱藏式拖拉門能獲得開放性的空間。此外，不僅隔熱性較高，而且能呈現高級感

表1　窗框的主要種類

種類	說明
鋁製窗框	能夠安裝複層玻璃、具有寬敞的玻璃溝槽的標準型窗框，耐久性高、輕量、有設計感，色彩也很豐富
鋁質樹脂複合窗框	室外側採用鋁材、室內側採用樹脂的鋁材樹脂複合結構的窗框。能夠防止室內結露現象。鋁材和樹脂的色彩豐富，可享受搭配組合的樂趣。當做防火門窗使用時必須注意防火問題
樹脂（塑膠）窗框	樹脂窗框的熱傳導率為鋁材的千分之一，不容易導熱，因此最適合寒冷地區使用。依據製品的不同，有些無法裝設在有明文規定必須使用防火窗的地方
木製窗框	木材的熱傳導率為鋁材的1,750分之一。具有溫暖感和觸感，也能呈現出高級感。需要小心保養和維護

表2　改造時建議活用的窗框施工方法

	保留既有窗框的工法		拆除既有窗框的工法
	訂做工法	**覆蓋工法**	**鑿挖工法**
工法概要	只在既有框架的上下軌道上，覆蓋新軌道的工法	保留既有的窗戶框架，在其四邊覆蓋上新窗框的工法	鑿挖既有窗框周圍的牆壁，將窗框拆除，安裝上新窗框的工法
噪音	幾乎沒有	幾乎沒有	相當大
施工性	可從室內施工。但是能夠施工的軌道寬度有限制，無法運用在雙扇雙軌的窗戶	可從室內施工。能夠對應固定窗、單扇單軌窗。可選擇窗框的色彩	除了面向陽台的窗戶以外，必須設置外部施工架。要注意焊接火花的維護事項
對結構體的影響	無	無	相當大
對外部完成面的影響	無	無	需要補修
對內裝的影響	無	無	伴隨門窗框架工程、窗戶周圍牆壁補修等內裝工程
窗戶開口的大小	幾乎不會改變	寬度、高度都變小	基本上不會改變
必要的工匠種類	門窗工、填縫工	門窗工、填縫工	解體工、門窗工、填縫工、泥作工、外部塗裝（磁磚）工、木工、內裝工
工期	半天～1天	1~2天	約1週
費用	比較低廉	稍微高	高（需支付窗框工程以外的費用）

原注：由於受耐風壓的關係，10 層樓以下的高層公寓大廈才能採用訂做工法。不管是哪種工法從發包起大約需要 3 週時間完成，因此必須注意發包時間

key word 075

內裝材

POINT

- 不僅是著重設計和質感，也必須確認施工方法和施工時間。
- 亦有在既有的完成面上直接進行裝修的方法。
- 不利用內裝材覆蓋而直接露出基底的完成面處理方法也是一種選擇。

在建築材料中，內裝材的種類或選擇的多樣性都高居首位。在選用內裝材料時，必須從各種觀點進行檢討，因此能考驗建築師的知識或品味[照片]。

注意法令規範或性能的內裝材

內裝材受到法令規範的情況很多，因此必須確認是否符合病態建築、防火對策等法令的規範[表1、2、圖片]。近年來，內裝材已不是單單做為設計的要素，針對改善地球環境或住居空間環境的機能或性能的需求也日益增多。具體的項目包括：耐火性或隔熱性、隔音性、耐磨損性、防滑或耐藥品、調節溼度效果或淨化性能等等。

因重新研究自然素材或技術革新推出的新素材等，使內裝材的選擇更多了，但是考量因素除了設計或價格之外，確認施工方法或施工業者、施工時間也顯得相對重要。因為如果只委託指定業者處理，或者需要養護時間的話，也會對整體的費用或工期造成影響。此外，基底的檢查也相當重要。若要利用既有的基底，必須確認基底是否能夠與新的完成面材料配合。

保留既有的完成面

改造時也可採取保留既有的完成面，直接在既有上面重新施作新完成面或塗裝等的整修方法。這種施作方法既可減少廢棄物又可省下拆除或處理廢棄物的費用，但是為了避免既有的出現膨脹隆起或剝離的狀況，必須針對既有的完成面進行補強作業。

裸露基底的方式

在思考室內空間的規劃設計時，也有捨棄「內裝材＝表層完成面」這種一般性思維，展現出特殊效果的完成面處理方法。像是將原本覆蓋在既有天花板或柱子、牆壁等的完成面拆除，使結構體或牆壁露出，或直接塗裝等皆是利用直接施作等方法處理完成面。

照片　內裝材的各種完成面處理方法

粉刷灰泥塗裝（牆壁）

編織式天花板／竹竿緣（天花板）

天然蘆葦製壁紙（牆壁）

塗裝用壁紙（牆壁、天花板）／貼板（天花板）

RC鋼筋混凝土清水模／貼板（牆壁、天花板）

今後具有保護環境或生態作用的素材將是主流！

表1　內裝材或家具含有可能危害健康的化學物質的例子

化學物質	用途	注意要點
甲醇	接著劑的原料	・選擇獲得F☆☆☆☆標章的產品
甲苯	接著劑的溶劑、塗料的溶劑	・統稱VOC（揮發性有機化合物） ・屬於廠商自主規範，因此沒有統一的標示。很多樹脂系列塗料都屬於低於日本厚生勞動省規範值的「低VOC」塗料 ・能夠索取MSDS（化學物質安全數據表）進行確認
二甲苯		
對二氯苯	防蟲劑、木材保護劑	
苯乙烯	樹脂原料	

表2　內裝的完成面

建築材料的區分	甲醇的散發	JIS、JAS等標示記號	內裝完成面的限制
建築基準法的規範對象之外	少	F☆☆☆☆	使用上無限制
第3種散發甲醇的建築材料		F☆☆☆	限制使用面積
第2種散發甲醇的建築材料		F☆☆	
第1種散發甲醇的建築材料	多	舊E_2、Ec_2或未標示	限制使用面積

圖　公告對象建材的標示標章[原注]

建材的標示標章上除了要有規格編號之外，必須記載甲醇散發等級等項目，做為選用健康住宅建材的參考標準

- 日本工業規格編號
- 依據日本工業規格的分類
- 認定編號
- 製造年月
- 製造業者名稱
- 甲醇散發等級等

品名	木質地板材
用途	樓板格柵貼合用
材料名稱	合板
甲醇散發量	F☆☆☆☆
化妝加工方法	天然木化妝
磨耗試驗方法	磨耗A試驗合格
尺寸	厚度12.0mm 寬度303mm 長度1818mm
最低採購數量	6片
製造者	□□□（股份有限公司）工廠

日本接著劑工業會登錄
登錄編號：JAIA-○○○
散發量區分：F☆☆☆☆
製造者名稱：○○○（股份有限公司）
詢問處：http://………
產品批號：

（社團法人）日本塗料工業會登錄	
登錄編號	
散發等級區分標示	F☆☆☆☆
製造者等名稱	
詢問處	http://………
產品批號	標示於○○

社團法人 日本建材產業協會	
散發等級	F☆☆☆☆
登錄編號	K-○○○
製造業者等名稱	○○○（股份有限公司）
產品批號	標示於包裝上
詢問處	http://………

原注：除了上述介紹的標章之外，也有其他業界（業者）團體的標章

key word 076

地板

POINT

- 確認格柵的腐蝕或劣化狀況。
- 進行全面改造的話，可拆除格柵後改鋪設結構用合板，變更成剛性樓板組構。
- 在既有的完成面材料上重疊貼合材料時，必須注意檢查水平的狀態。

改造地板時必須檢討地板水平

地板改造方面，若是從基底施工的話，有時只會更換表面的材料。老舊木造住宅一般會在樑上排列格柵，並在上方鋪設12～15公釐的合板，然後貼上完成面材料收尾。

甚至更老舊的，也有沒有基底直接鋪設木質地板材料做為完成面。此外，也會發生像是格柵經過多年的變化或腐蝕等劣化現象，以及地板會發出嘎吱聲響或脫落狀況。

進行從基底施工的全面改造時，可拆除格柵後鋪上24公釐以上的結構用合板，提高樓板面的剛性。不過，地板水平面會有下降20公釐左右的可能性，因此必須注意與樓梯或開口部等的接合問題。除此之外，最好一併檢查一樓地板的基底下方是否有隔熱材料。

只更換地板完成面材料的注意事項

進行只更換完成面材料的改造時，可選擇先拆除既有的完成面材料後重新鋪設的方法，或者保留既有完成面直接鋪設新完成面材料的方法。雖然後者的施工費用較為低廉，但是完成面材料的厚度會使地板的高度隨之增加，因此同樣必須注意與其他部位的接合問題。

改造老舊公寓大廈的話，有時會在結構體上直接施作完成面。此外，為了確保排水的路徑，或與其他部位的接合問題，也可能需要將地板水平高度提高200公釐左右。基底材料採用塑合板，並且在附有緩衝橡膠的支柱，進行地板增高作業。利用緩衝橡膠能夠降低對下方樓層造成的振動影響。此外，也是地板發出聲響的原因，可在塑合板和牆壁邊緣之間留下間隙、不採用互相緊密接合而留下縫隙的施工方法。

照片1　地板材料的種類

複合木質地板材是在合板上施加薄木皮貼合加工的材料。這種合板不會像實木材料出現伸縮變形的狀況

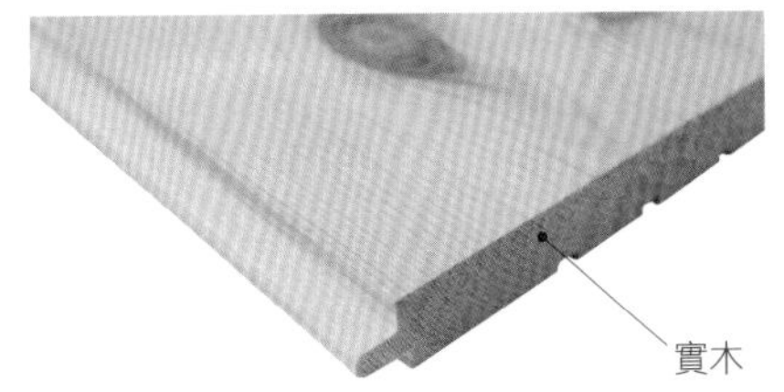

實木木質地板材是採用天然木材製造而成的材料，種類繁多。最近也有不易翹曲的堅實木材類型。鋪設地暖氣時必須特別注意使用

照片2　格柵構架

格柵構架的地板

圖1　鋪設地暖氣的情況

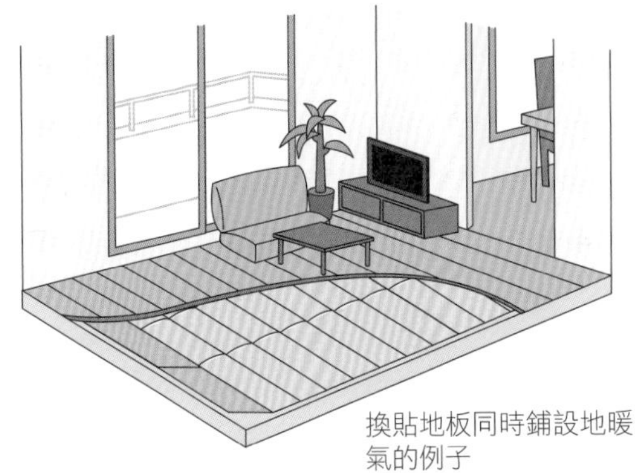

換貼地板同時鋪設地暖氣的例子

圖2　各種基底的構築方式

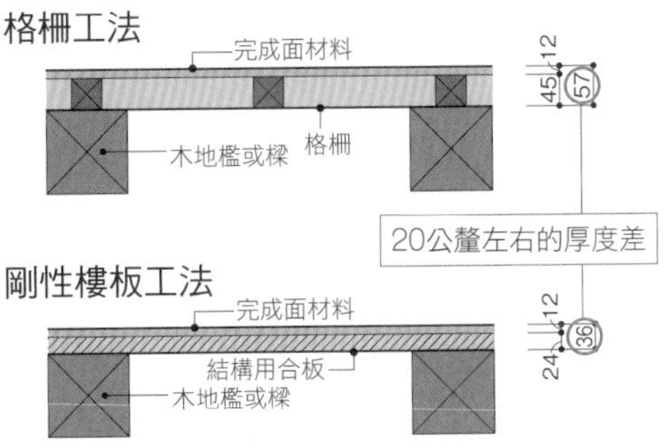

圖3　樓板組構的各種樣式

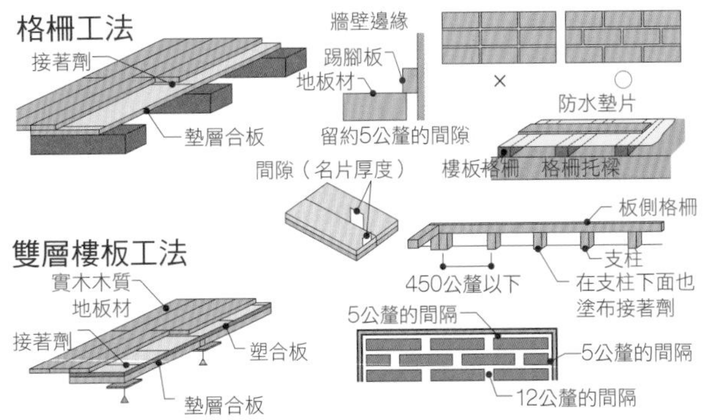

圖4　與落地窗框的接合方式

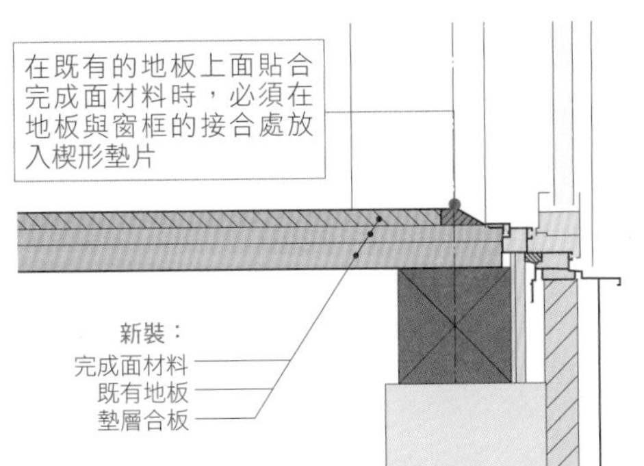

照片3　地板下方的隔熱材

一併強化地板的隔熱材料

key word 077

隔間門窗

POINT

- 採用重新粉刷隔間門窗或更換壁紙的方式，費用較為低廉。
- 若破壞周邊牆壁的話，就有可能換成開口較大的隔間門窗。
- 追加新的隔間門窗時必須確認基底的狀況。

隔間門窗的改造可分為利用既有部分的更新或更換新的隔間門窗、追加新的隔間門窗等方法[圖片]。

隔間門窗的更新

在隔間門窗的更新方面，可採取表面重新粉刷或把手、五金更換等，以及將原來的障子紙（和室橫拉門窗紙）換成強化障子紙，或是採用光觸媒的襖紙等使用新材料和提高性能的更新方法。這些更新的方式，施工較為容易，費用也比較低廉。

更換隔間門窗

更換隔間門窗的原因大多由於出現歪斜、彎曲等不良狀況，或是為了進行無障礙環境改造，將原來開闔式的門更換為拉門等，是符合業主期望的改造方法。

試圖擴大開口部的寬度的話，只要確認不是承重牆，就有可能用破壞周邊牆壁的方式增加隔間門窗的正面寬度，但是在隔間門窗的移動範圍內，若有裝設機器設備或電源開關的話，有時必須拆除或遷移才能安裝。除了確認上述各種可能的事項之外，也必須注意門擋的位置。

追加隔間門窗

針對寬敞房間的隔間規劃、希望有隱蔽空間、提高空調效率等不同的目的，也有追加新隔間門窗就可解決的方法。這種情況下，首先必須從尺寸大小或開闔順手程度，檢討是否採用開闔式門或者拉門等隔間門窗本體的收納方法。當然設計或質感是無需多說的，然後是確認光的穿透性、有無通風、新設框架的基底狀況。如果基底不夠紮實的話，就必須在追加隔間門窗的部位加入或補強基底。

如果規劃追加寬度和高度較大的大型隔間門窗時，必須確實確認搬運路徑是否順暢。

圖　隔間門窗更新的重點

從開闔式門→更換為拉門原注

從開闔式門變更為拉門時，必須有容納拉門的空間，因此採用外掛式拉門，使用五金配件將門扇懸掛在牆壁上是較為簡單的方法。不過，走廊的有效寬度也會隨之縮小，必須向業主確認是否符合預期的目的

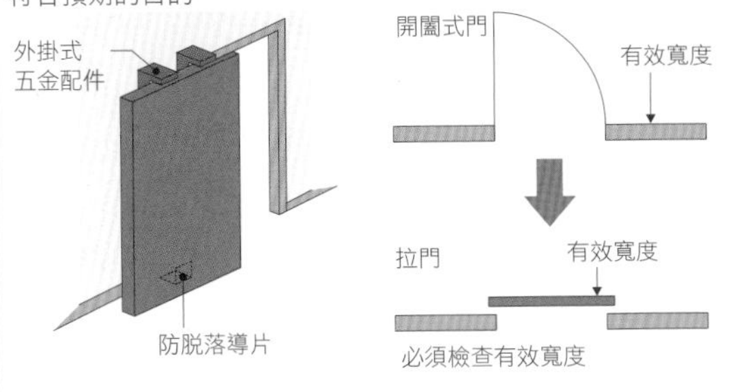

為了減少窗戶的熱損失，在室內側追加障子（和室橫拉門窗）

裝設新的隔間門窗時，必須確認地板是否能夠切割以便裝設軌道、天花板是否有可供安裝的基底等事項。本照片是便於更換的需求或因應成長中的孩童對策，採用強化障子紙的例子。這種強化和紙只要摸就知道是稍微硬些的材質，但是視覺質感或透光性都與傳統和紙無差異

照片提供：平剛

更換隔間門窗

因隔間門窗出現歪斜、翹曲等不良狀況進行更換或無障礙環境改造，擴大門窗寬度時，必須確認周圍條件是否符合改造，例如周邊牆壁是否為承重牆、門窗移動範圍內是否有電源開關，以及容納隱藏式拉門的空間是否足夠等

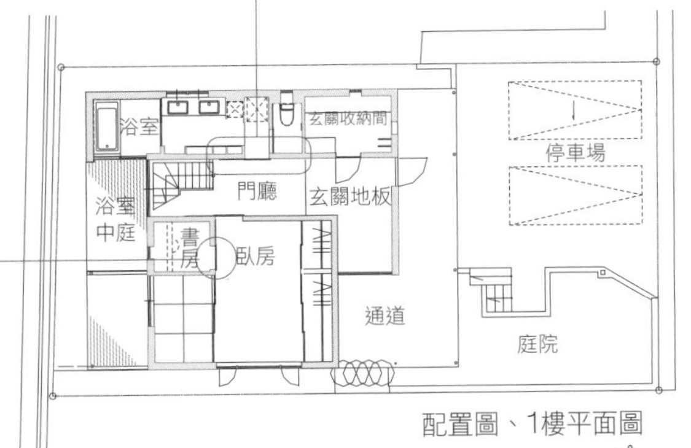

配置圖、1樓平面圖

只要變更隔間門窗，就能夠使整體印象或使用便利性產生很大的改變，讓我們配合生活型態重新規劃吧！

融入周邊環境

僅進行局部更新的改造時，為了與周圍牆壁融為一體，可採取只更新表面塗裝的方法。本照片即是不更換隔間門窗，僅配合新裝設的牆壁進行塗裝的例子

既有玄關門

僅在內側進行配合周邊色調的塗裝

新增的隔間門窗

統整色彩、塗裝的光澤，呈現出整體調和美感

進行既有隔間門窗的塗裝

照片提供：村山一美

原注：從拉門變更為開闔式門時，必須確認在回轉軌跡範圍內是否有裝設下照燈

key word 078

隔音、吸音

POINT

- 針對噪音可採用減少間隙、增加頗具重量的材料達到遮音效果。
- 對於衝擊音可使用橡膠材質的緩衝材料等緩和衝擊。
- 公寓大廈必須考慮與上下左右鄰居的隔音問題。

噪音和衝擊音的差異

生活中會希望遮擋和消除的聲音，包括噪音和衝擊音等兩種。噪音是使人感到不舒服的音量和音質；衝擊音是發生在建築結構體中，藉由固體傳音原理引起物質振動傳遞音源。

若比較一般住宅和公寓大廈的情況，住宅會接受到外部傳來的噪音，以及內部家族成員行動時所產生的衝擊音。公寓大廈從外部傳來的噪音較小，但是會從上層或相鄰的住戶傳來衝擊音。

獨棟住宅的隔音、吸音

進行獨棟住宅改造時，減少建物整體的縫隙是減輕外部噪音的方法。施工時可在外部周圍採用較為堅固的材料，或是安裝雙層的結構。若外牆的隔熱材使用密度更高的質料，加上內部貼合雙層石膏板的話，更具有隔音效果。此外，也可以使用複層玻璃和採用雙層窗框的隔音措施。

針對二樓傳遞的衝擊音，可利用地毯、軟木地板等可緩和衝擊的材料做為完成面。若採用木質地板材等材料的話，可在木質地板材下方鋪設橡膠材質的隔音墊[圖1～3、表]。

公寓大廈的隔音、吸音

公寓大廈面臨的聲音問題與獨棟住宅不同，比起從周邊環境傳來的聲音，與上下左右鄰居之間的聲音問題更多。

由於公寓大廈比獨棟住宅安靜，因此平常不太在意的聲音，在就寢時可能會傳到耳邊。如果有排水管通過的管道，最好能纏繞隔音片。

浴室如果是採用系統衛浴的話，淋浴時容易發出聲響，因此周圍必須規劃隔音牆，尤其隔鄰或下層為臥房時，必須特別考量隔音措施。

圖1 地板施工方法的選擇

RC鋼筋混凝土造的地板，分為雙層地板和直鋪地板。雙層地板大多採用托樑格柵構架工法。由於完成面材料或基底材無法確保隔音性能，所以共同住宅建議採用乾式雙層地板工法。如果地板到樑下的高度足夠的話，直鋪地板也建議更換為雙層地板

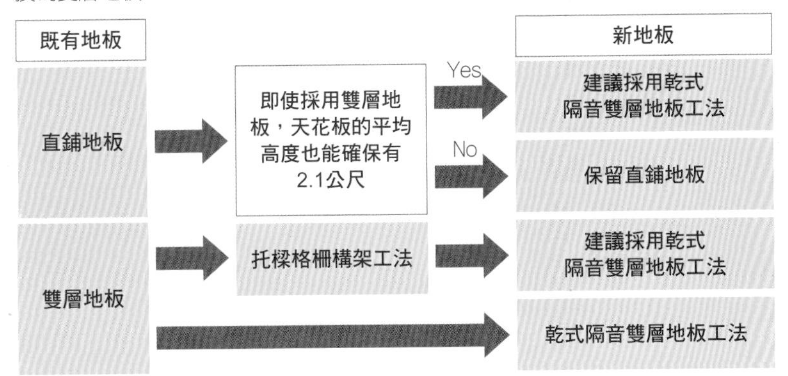

採用雙層地板時，水平高度會比既有的地板高。由於地板與窗框或天花板有密切的關連性，最好也把天花板的改造也列入計畫之中

圖2 地板的構造

1 木質地板完成面

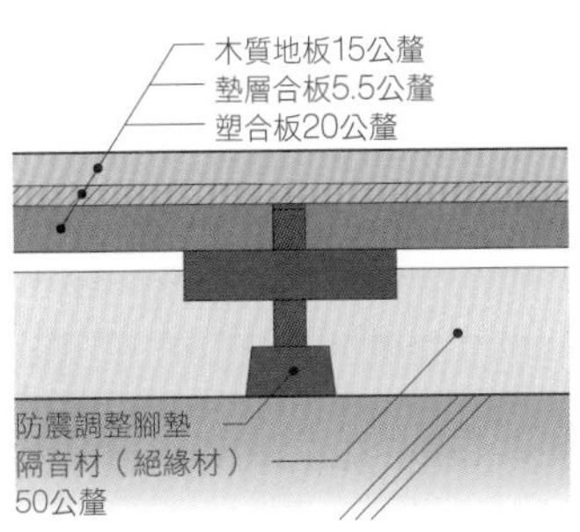

公寓大廈的樓板撓曲的話，可使用防震調整腳墊，以及採用乾式隔音雙層地板獲得改善

2 地暖氣+瓷質磁磚完成面

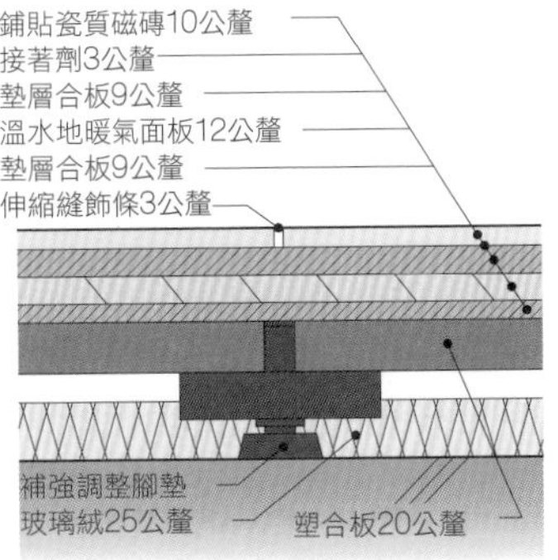

進行全面改造的話必須建構出紮實的地板。檢討地暖氣時，必須採用專用的木質地板材。此外，鋪設磁磚或石頭地磚時，最好能考量基底的撓曲問題

3 榻榻米完成面

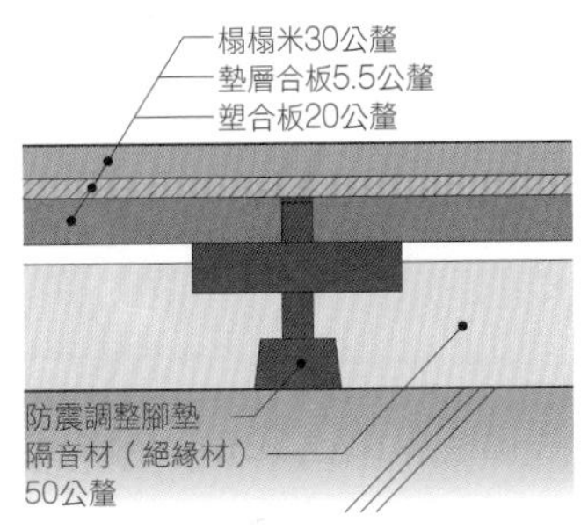

考慮採用榻榻米地板時必須設置通氣口。如果設置通氣口有困難的話，可採用內層為聚苯乙烯泡沫板（保麗龍）等不易損傷的榻榻米

圖3 地板、牆壁、天花板的施工程序

從結構體開始施工的例子

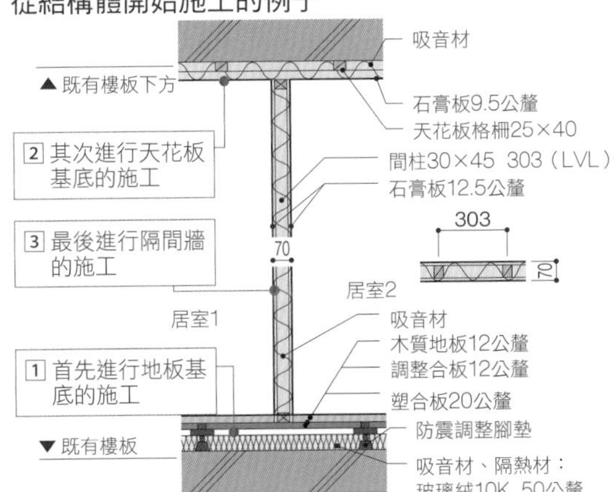

表 木質地板的隔音等級

隔音等級	椅子、東西落下的聲音等	共同住宅的生活狀態
L-40	幾乎聽不到	能夠毫無顧慮的生活
L-45	聽得到涼鞋的聲音	稍微察覺到聲響
L-50	聽得到菜刀掉落的聲音	必須稍微注意地生活
L-55	聽得到拖鞋的聲音	只要注意就沒問題
L-60	聽得到筷子掉落的聲音	能夠互相忍耐的程度
L-65	聽得到10圓硬幣掉落的聲音	一旦有孩童的話，會引來樓下住戶的抱怨

共同住宅的隔音性未達到L-60以上恐會有問題。一般而言，很多地方會在管理規約上訂定L-45以上的隔音等級

key word 079

浴室區域的遷移、地板下方的空間、配管路徑

POINT

- 遷移浴室時必須確認地板下方的配管路徑。
- 盡量不變更既有的配管路徑才能控制預算。

在重新看待入浴這項行為的現代，浴室與生活空間的關聯性比以往更為深刻。因此，業主會提出將浴室遷移到與外部有連接的位置，或是移動到與房間有連接性的位置等各種不同的要求。然而，浴室等用水區域會受到地板下方空間和配管路徑的限制，所以在計畫時早期的檢討是很重要的階段。

掌握地板下方空間的現況

為了確保配管路徑的設置，地板下方必須有配置空間。有些老舊建物會將排水管路徑設置在下一樓層的天花板內部，因此這種情況下必須提高地板，否則很難移動浴室。近年，雖然雙層地板已經普及，但是浴室的移動必須經過圖面和現場調查，事先確認地板下方空間的狀態[圖1]。此外，確保施工時的機器設備搬移到設置場所的路徑也是重點項目，必須加以注意。

根據排水傾斜度確保地板的內部空間

浴室排水的排水傾斜度計算是根據配管的管徑，但是考量防止堵塞的因素，一般都設定為1／50。因此，為了必要的排水管管徑50A～60A，根據配管的長度，地板下方的內部空間必須有最低限度的高度[表1]。舉例來說，從管道間直線延伸5公尺長的50A配管的話，地板下方則必須有大約200公釐以上的高度空間[表2、圖2]。此外，設置維修保養用的檢查口和清掃口也很重要。

根據費用與效果擬定改造計畫

移動浴室等用水區域時，不更動既有的配管路徑雖然可以節省費用，但是透過改變以縮短配管管路，也能避免多餘管路的無謂浪費，因此規劃時必須詳細評估。另外，如果採行集中配管或配管出現嚴重劣化時，就必須更換配管。

圖1　既有配管的確認

before
有些老舊建物會使用下一樓層的天花板內部空間進行配管，因此有漏水的危險性

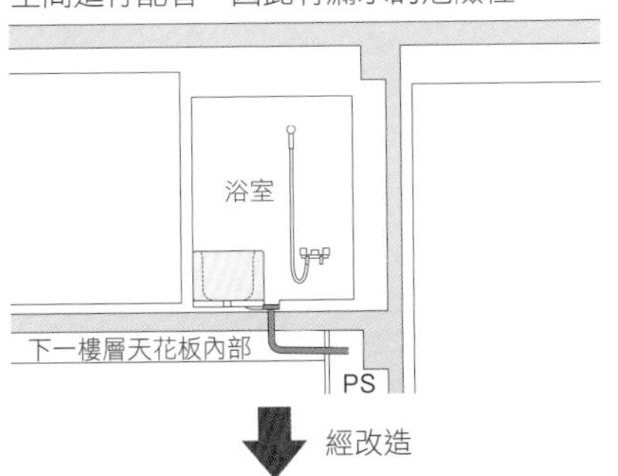

after
確保地板下方空間，從專有部分進行與管道空間配管的銜接施工

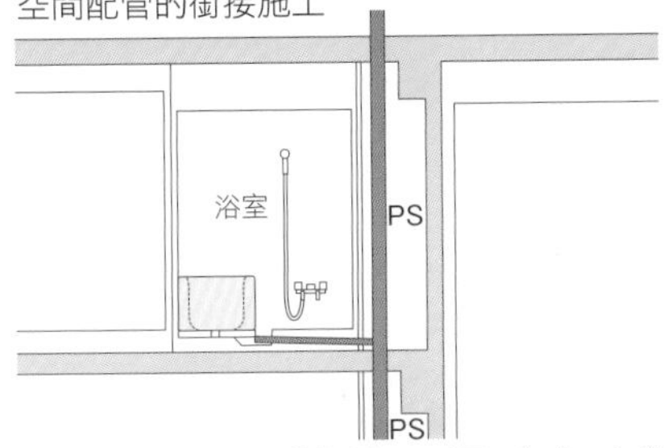

圖2　根據配管延伸長度計算地板下方高度的基準

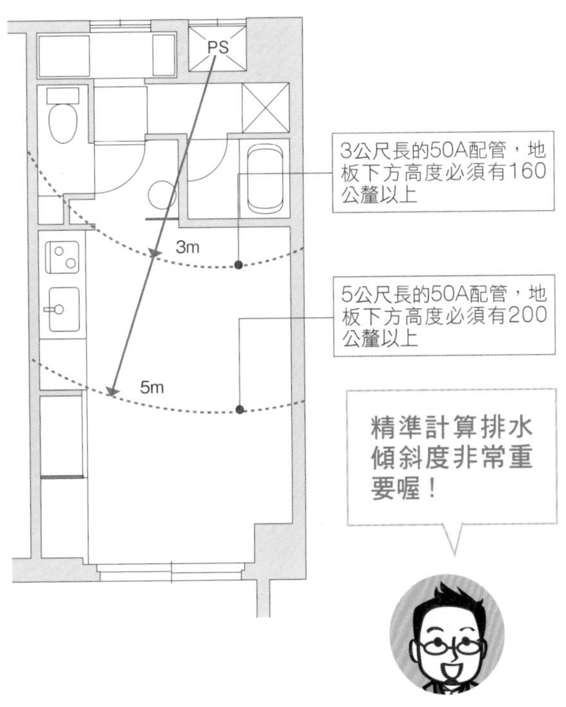

表1　衛浴器具的接續口徑（存水彎口徑）與傾斜度

器具	接續口徑（公釐）	排水斜度
馬桶	75	1／100
小便斗	50	1／50
洗臉盆	40	1／50
洗手盆	30	1／50
廚房	50	1／50
洗衣機排水	50	1／50
浴室地板排水	50～65	1／50
浴缸	40	1／50
淋浴設備	50	1／50

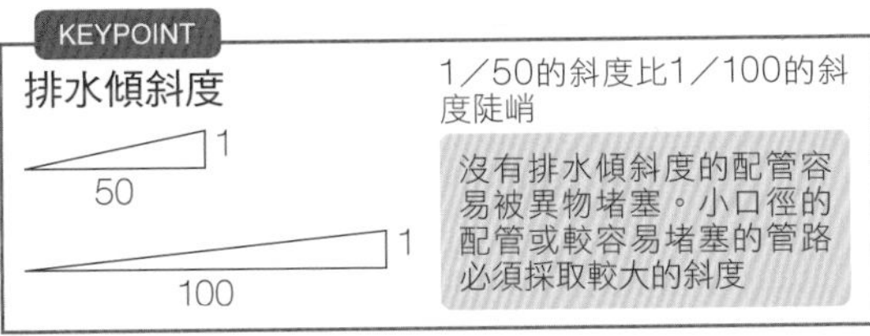

表2　配管必要的空間

配管規格 名稱	配管規格 外徑	彎曲部尺寸 R（mm）	排水管路（地板下方）高度的必要尺寸H（mm）
PVC薄管（VU）	50A	58 60	X（橫管的距離） H H=X／50+100 （隔熱材側面厚度10公釐）
	65A	77 76	X（橫管的距離） H H=X／50+130 （隔熱材側面厚度10公釐）
	75A	88 89	X（橫管的距離） H H=X／50+150 （隔熱材側面厚度10公釐）
	100A	112 114	X（橫管的距離） H H=X／50+180 （隔熱材側面厚度10公釐）

資料出處：山田浩幸《建築設備完美操作手冊》エクスナレッジ出版

key word 080

家庭劇院的導入

POINT

- 空氣傳播音和固體傳播音的因應對策不同。
- 如果房間與房間之間有壁櫥的話，就能提高隔音效果。
- 若希望打造專業的家庭劇院的話，最好向音響專家諮詢。

依照業主享受視聽娛樂的方式營造音響效果

引進家庭劇院時，首先必須確認業主想要以哪種方式享受視聽娛樂。例如，想坐在客廳輕鬆享受視聽娛樂，還是想坐在專業的家庭劇院享受視聽效果。根據業主的需求，機器設備的選擇或空間的構建等會產生很大的變化。[原注1]

家庭劇院的防音對策

打造家庭劇院時，「隔音」是首先必須考量的基本課題。不過，家庭劇院是設置在「住宅」內，從建築物的特性或費用方面，要達到像真正的電影院或劇場般的防音標準，是很困難的事情。因此，建議參考較為實際的「防音」目標來規劃家庭劇院[表]。

家庭劇院的隔音措施，主要針對從音源直接聽到的聲音或透過空氣洩漏出來的「空氣傳播音[原注2]」，以及經由牆壁或地板等固體傳遞的「固體傳播音[原注3]」，分別採取不同的因應對策。

利用房間配置的防音對策

在房間的配置位置方面，如果能夠確保做為家庭劇院的房間是遠離書房或臥房等需要寧靜環境的房間，還有相反的，也遠離像廚房或客廳等可能會成為噪音來源的房間，就能夠減輕噪音所引起的問題。如果房間與房間之間有設置壁櫥或衣櫃的話，也能夠提高隔音效果，因此可列入考量項目[表]。如果希望打造更為專業的家庭劇院的話，建議針對音響（噪音、低音、反射音、殘響音）項目，向專門業者諮詢[圖1、2]。

講究影像美感必須注重「遮光」、「照明」、「室內設計」三個最關鍵的要素，因此建議採取均衡性良好的組合搭配。

原注 1：關於螢幕大小或投影裝置的選擇，以及視聽距離等，請參照 P096

2：以空氣為媒介傳遞音源到達耳邊，例如樂器聲、人聲等

3：由於對地板或牆壁施加衝擊力使之振動，並藉由建物結構體傳遞音源，例如樓上的腳步聲或電車、卡車的振動音等

表　家庭劇院的防音目標

計畫	上限值	家庭劇院的使用狀況
在客廳設置簡易的家庭劇院	50db(A)	輸出總和達到100A為止的等級，利用經濟實惠的家庭劇院影音組合，就能夠在客廳享受視聽娛樂
規劃專業的劇院房間享受視聽娛樂	35db(A)	可享受既頂級又優質的家庭劇院影音娛樂

防音對策
1 防止空氣的對流
以關閉窗戶為前提，透過封閉通氣口等開口部，減少空氣的洩漏，就能有效達到隔音效果
2 利用隔音窗簾或雙層窗框
即使窗戶或門扇已緊密關閉，「固體傳播音」也能透過壁面傳遞，因此可利用隔音窗簾或雙層窗框，擬定更有效率的隔音計畫

圖1　防音對策的例子

採行壁面隔板固定方法

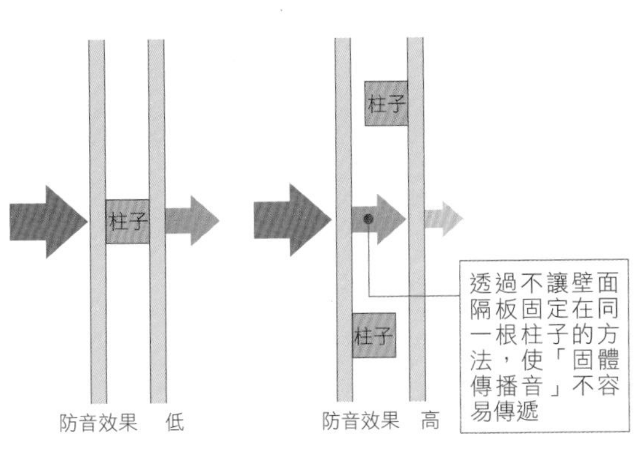

門扉的錯位(移置)

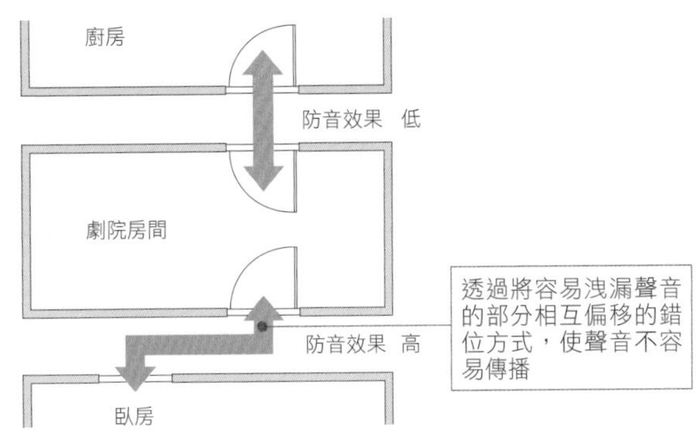

圖2　各個部位的防音對策規格

天花板

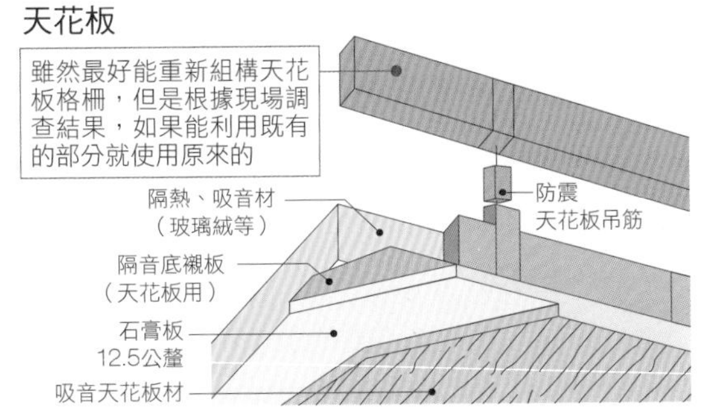

外牆

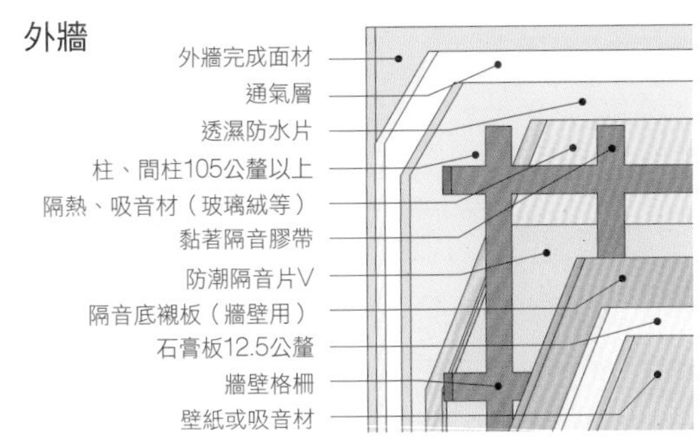

地板

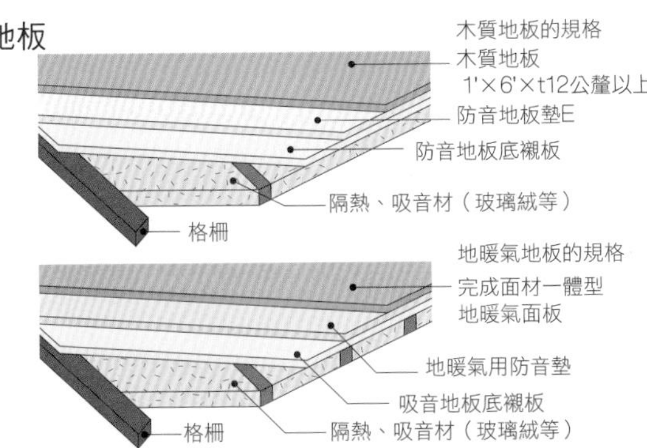

雖然最好能重新裝設，但是也可以在既有的地板上設置。不過，公寓大廈有時會規定防音的規格，因此必須向管理委員會確認

防音門(家庭劇院內側)

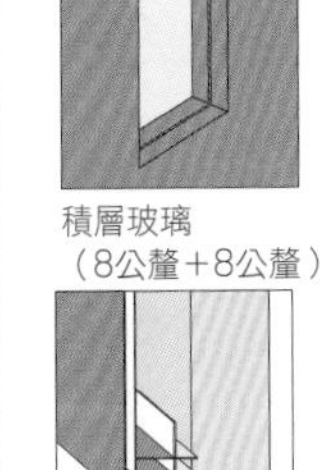

利用關門前瞬間下降的地板面氣密構造，能減輕與地板表面的衝擊力道，同時提高氣密橡膠的耐久性

key word 081

既有材料的活用

POINT

- 只要巧妙利用既有的材料就能降低成本。
- 保留家的記憶或歷史痕跡也是利用既有材料的好處。
- 既有的結構體也可做為室內設計的表現要素。

利用既有的材料削減成本

和新建住宅設計最大的差異點在於，住宅改造設計能夠利用既有的材料[照片]。

如果能夠使用既有的部材、設備、材料的話，就具有控制成本這項優點。不過，也必須視利用的部位、利用方法，有時可能反而造成成本增加，因此需要與業主討論，先決定利用既有材料的目的和優先順位。

若利用既有的排氣風管和給水排水管時，一定要確保不會出現劣化或破損的情況。

保留家的記憶或歷史痕跡

雖然最新的建材或部材的性能優異，但是對於業主而言，能夠保留累積下來的記憶或歷史痕跡的部分，也是住宅改造的優點。因此根據家的記憶或歷史痕跡，以及這個家所累積的特色，擬定利用既有材料的計畫也很重要。

例如，以前一直使用的障子（和室橫拉門窗），現在可以做為兼具內側窗框（隔熱）和窗簾（調光、隱私確保）等多功能的優良建材。雖然相較於最新的內側窗框或窗簾，障子性能也許稍微弱些，但只要有可能再利用障子的話，就有再檢討包含障子的獨特美感、氛圍在內，屬於這個家的特色價值。

活用既有狀態的方法

如果業主能夠容許保有既有的古舊、髒汙、損傷狀態的話，也能夠採取讓木造的屋架樑露出，以呈現動態的空間效果。此外，鋼筋混凝土RC造的住宅，可根據業主的喜好，將結構體暴露出來的粗糙牆壁或天花板，當做是室內設計的一部分，呈現獨特的風格。

無論採用哪種，既有材料與新建部分的外觀或性能都不同，所以事先必須向業主說明。

照片　利用既有材料的各種例子

利用既有的楣窗當做客廳的壁面照明。楣窗屬於很纖細精巧的物件，因此必須注意保管或處理

將屋架樑當做柱子加以再利用。當利用既有的柱子時，必要的尺寸也會因為是裝飾柱或是結構用柱隨之改變

利用古舊的縫紉機台當做茶几使用。必須與業主詳加確認毀棄的部分

將既有的室內牆壁當做廚房收納門扉的面材使用。如何配合面材選擇周邊的材料或顏色是重要的關鍵

為了利用既有的障子，必須根據新設置的地板水平高度，調整障子或框架的高度

採取露出鋼筋混凝土RC天花板，當做室內設計的一部分表現要素。如此一來沒有天花板的內部空間，會露出排氣風管、配線等管路。如果未妥善規劃適當的管道路徑，就會造成混雜紊亂的狀況，因此必須與施工業者仔細討論。

將業主鍾愛的古董門把做為毛巾架加以再利用。除了正好迎合業主的喜好之外，也能反映出整體的室內設計風格

利用既有的材料能呈現該住宅獨特的格調～

解體之後才發現經年劣化和施工不良的狀況

照片1：柱子遭腐蝕後殘留礎石的狀態

照片2：因缺乏鋼筋導致變形時崩壞的混凝土

照片3：類似斜撐卻沒有發揮作用的東西

照片4：由於配管優先而造成缺損的柱子

照片5：窗框周圍沒有隔熱材的狀況。從這裡流失的熱量很大

天花板或牆壁拆解後發現的實際情況

拆解住宅後經常發現結構體劣化，以及施工場所雜亂無章的狀況。照片1是柱子的柱腳全部腐蝕的事例。原本應該豎立在礎石上的柱子，卻完全看不到蹤影，呈現出令人懷疑到底建物是如何建造的詭異景象。為了避免解體時建物內部毀壞崩塌，應採取緊急的處置措施，在礎石前面裝設支撐的臨時柱子。照片2因為是無鋼筋的基礎，無法承受建物拉伸的變形力量，所以基礎上出現結構裂縫的事例。在此種情況下，並未發揮原來基礎該有的作用，因此必須進行基礎的補強工程〈參照P138〉。照片3的斜撐令人感到不可思議。斜撐原本應該設置在柱子和橫架材的樑之間，但是照片中的斜撐完全不具有任何設置上的意義。看起來像是為了防止振動，在建造時安裝的支撐物。

照片4是為了貫通給水管而切削柱子的事例。由於柱子的斷面產生缺損，因此必須在橫向追加柱子或更換新的柱子。此外，柱子以外的樑也出現斷面缺損的情況。照片5是窗戶上方部位的隔熱材施工不良的事例。雖然窗戶兩側有填充隔熱材，但是在其上方卻未進行隔熱材施工。如果隔熱材的鋪設不紮實均勻的話，室內溫熱環境會明顯變差。另外，若玻璃絨等隔熱材料由於內部結露而飽含水分，使得本體在壁體內部發生位置偏移的情況時，就需要追加或更換隔熱材料，因此必須視情況編列強化隔熱性能的預備預算。

7

必要的融資和資金計畫

key word 082

估價時必要的文件和圖面

POINT

- 設計師以現場說明事項書解說工程內容。
- 進行局部改造的話，必須準備解體指示書和解體圖面。
- 事先向施工業者說明設計圖面的保密義務。

進行住宅改造估價時，根據計畫的內容必須準備各式各樣的文件和圖面。一般而言，這些文件和資料大致上可分為現場說明事項書和設計圖面兩種。此外，局部改造的話，另外還需要準備解體指示書和指示圖面。

現場說明事項書

現場說明事項書是設計師代替業主向各個負責施工廠商，標明計畫概要或工程內容的書面文件。並且在其中的項目上，必須特別標明出工程開工時期或完成時期、工程契約方式，以及費用支付方法[圖1]。

業主有時會以施工業者必須加入工程完成保證制度為簽約條件。有些施工廠商並未加入保證機構，因此事前必須辦好入會手續。除此之外，對於設計圖面的保密義務，最好先向施工業者詳細說明。

設計圖面和解體指示書

設計圖面和往常一樣，必須準備配合計畫內容的設計圖、設備圖、電氣圖。若是進行既有建物的局部改造時，則必須要有明確區分施工範圍和保留範圍的解體指示書和指示圖面。詳細標出與既有的銜接部分的圖面尤其重要[圖2]。

另外，最好能夠製作既有和改造後兩種圖面，並且以不同的顏色標示施工前和完工後的情形。特別是新裝設的設備配管或風管與既有的物件銜接時，必須在圖面中明確標示銜接的位置和方法[圖3]。若進行既有建物結構部分的局部改造時，除了明確標示既有結構體的解體部位和範圍之外，也必須要有新的結構計算書和標明其銜接方法的五金圖面。

圖1　現場說明事項書

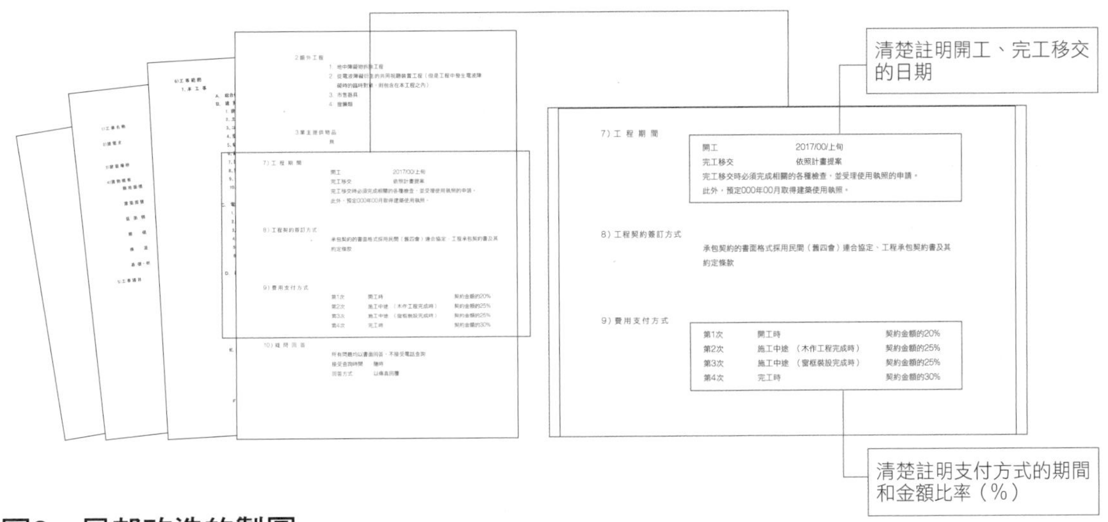

圖2　局部改造的製圖

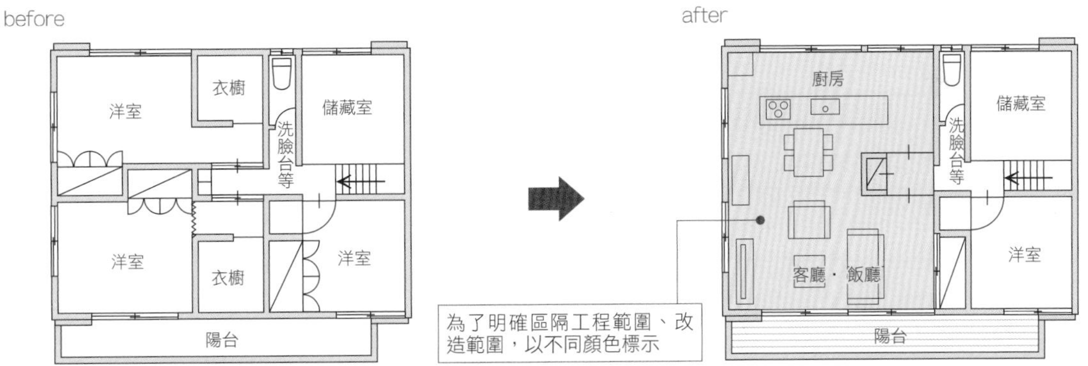

圖3　既有設備圖面

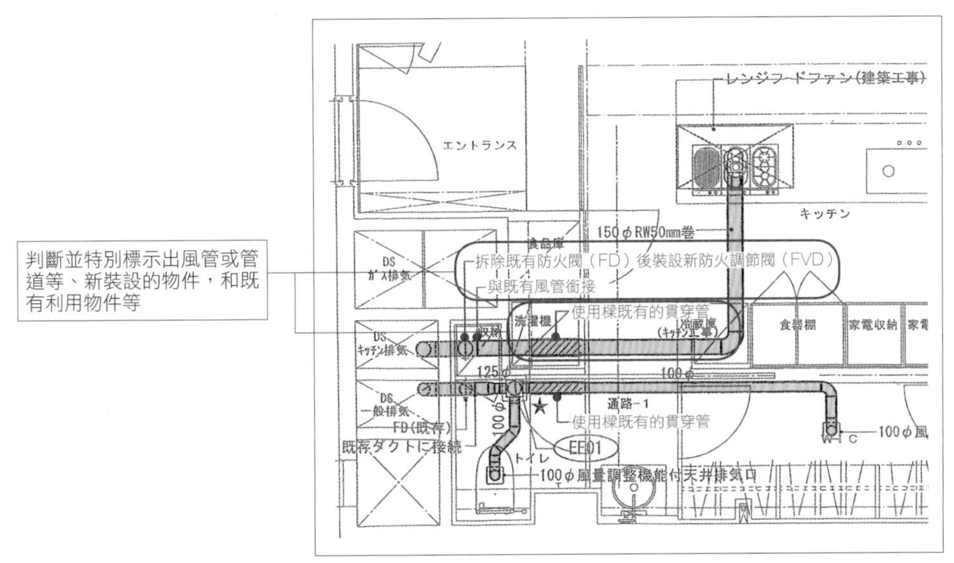

key word 083

限制性招標（直接發包）或公開招標——選擇施工廠商

POINT

- 從調查的時間點就需要施工廠商的協助，因此大多採限制性招標。
- 公開招標可從估價的內容看出施工廠商的實力。

限制性招標與公開招標

施工廠商的選擇分為預先限定一家公司議價發包的限制性招標，以及公開招標等兩種方式[表、圖]。住宅改造工程採用限制性招標方式的情況很普遍。住宅改造上，由於不解體就無法了解狀況的地方很多，加上掌握既有狀態也有限度，因此許多業主會從最初的階段開始，尋求有經驗和實力的施工廠商的協助，進行解體調查等現地調查的工作。

業主指定施工廠商時的注意事項

限制性招標並非邀請數家施工廠商參與競標和比價，而是採指定特定廠商議價的方式。不過，即使同樣是限制性招標，由建築師選定值得信賴又有施工經驗，和有實際業績的廠商，與由業主自行指定廠商的情況大不相同。特別是後者的情況必須加以注意。

如果是由業主介紹施工廠商時，設計師必須盡力了解和掌握該公司的技術水準和實力，以及專精和不專精的地方。以不做細工設計、走自我風格（包含自行設計和委外設計）為主的施工廠商，常常出現無法配合設計師的要求或平白使費用增加的情形，所以必須特別注意。

從估價單鑑定施工廠商的實力

住宅改造工程經常發生預期之外的狀況，因此業主、建築師、施工廠商站在各自獨立的立場上，成為相互尊重和協力的夥伴是很重要的關鍵。採公開招標方式，當然可期待價格競爭所帶來的好處，但是事前檢查估價是否有漏估或單價、數量查對的同時，與業者進行折衝和協談，充分理解設計的內容或掌握設計的主旨，是很重要的。

估價單是選擇合作夥伴的一項判斷要素。為了減輕業主的負擔，估價金額的高低雖然很重要，但是建議詳細審核估價單的所有內容。

表　根據施工廠商的選定方法差異

	優點	缺點
限制性招標工程	從設計前的階段就能獲得廠商的協助 ・進行解體時的現場調查 ・工程估價 ・施工方法的檢討 ・施工廠商對於工程的了解程度	無法獲得施工廠商間的價格競爭帶來的好處 ・估價的審核更為重要 ・業主介紹的廠商有時無法配合設計的要求
公開招標工程	可獲得施工廠商間的價格競爭帶來的好處 ・較容易降低估價的金額 ・素材或技術的範圍寬廣	無法從設計前的階段就獲得廠商的協助

圖　截至開工為止的流程

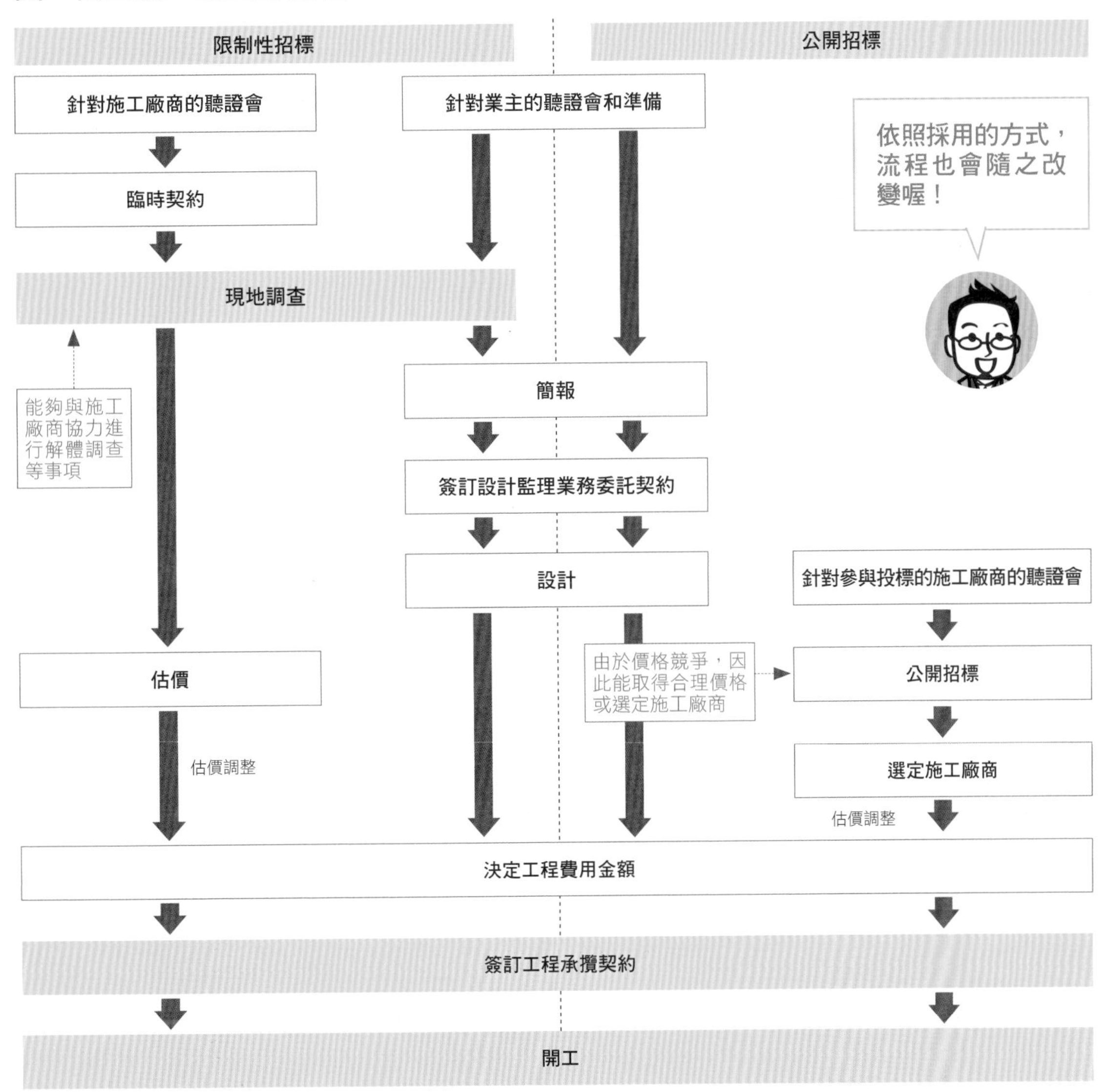

7 — 必要的融資和資金計畫

key word 084

工程預備費的編列

POINT

- 解體後有時會衍生出預期之外的費用。
- 在設計階段最好預先編列工程預備費。
- 從可預料會提高成本的部位開始解體。

住宅改造和工程預備費

住宅改造也會發生在估價階段無法預料的情形，以致解體後衍生出預期之外的成本。因此，會編列工程預備費，確保工程能按照預定的進度完工。解體後的突然變更或提高預算，可能會因此失去業主的信賴[圖]。

此外，工程變更衍生的額外費用，並非全部由業主負擔，為以防萬一最好也編列預算刪減對象的工程預備費。因為這點也會大大影響業主的滿意度。

編列工程預備費的方法

編列工程預備費的技巧在於，必須針對完成面材料擬定第一、第二候補的順位，萬一發生預期之外的狀況時，可採用單價較為便宜的材料進行施工，以降低費用的方法。

不過，由於施工廠商簽訂承攬契約時，也可能會同時發出材料等的採購訂單，因此當變更為採用第二候補的預算，和減額調整對象時，其採購時機務必先與施工廠商洽談和商量。

除此之外，最好從木地檻（基座）或已腐朽的柱子、施工不良的既有隔熱等會影響預算的部位開始解體。一旦判斷工程費用必須增加時，就能夠針對預定解體的部分再檢討既有利用的可能性。在估價時必須與業主共同選定「根據情況可再利用既有部分的部位」。

估價時比較既有與新裝設的費用差異，就可順利做出判斷，也能不延誤工程順暢進行現場的施工。此外，事前確保解體後到費用調整這段施工時間的寬裕性，對於較短的住宅改造工期來說相當重要。

圖　有無編列工程預備費的比較表

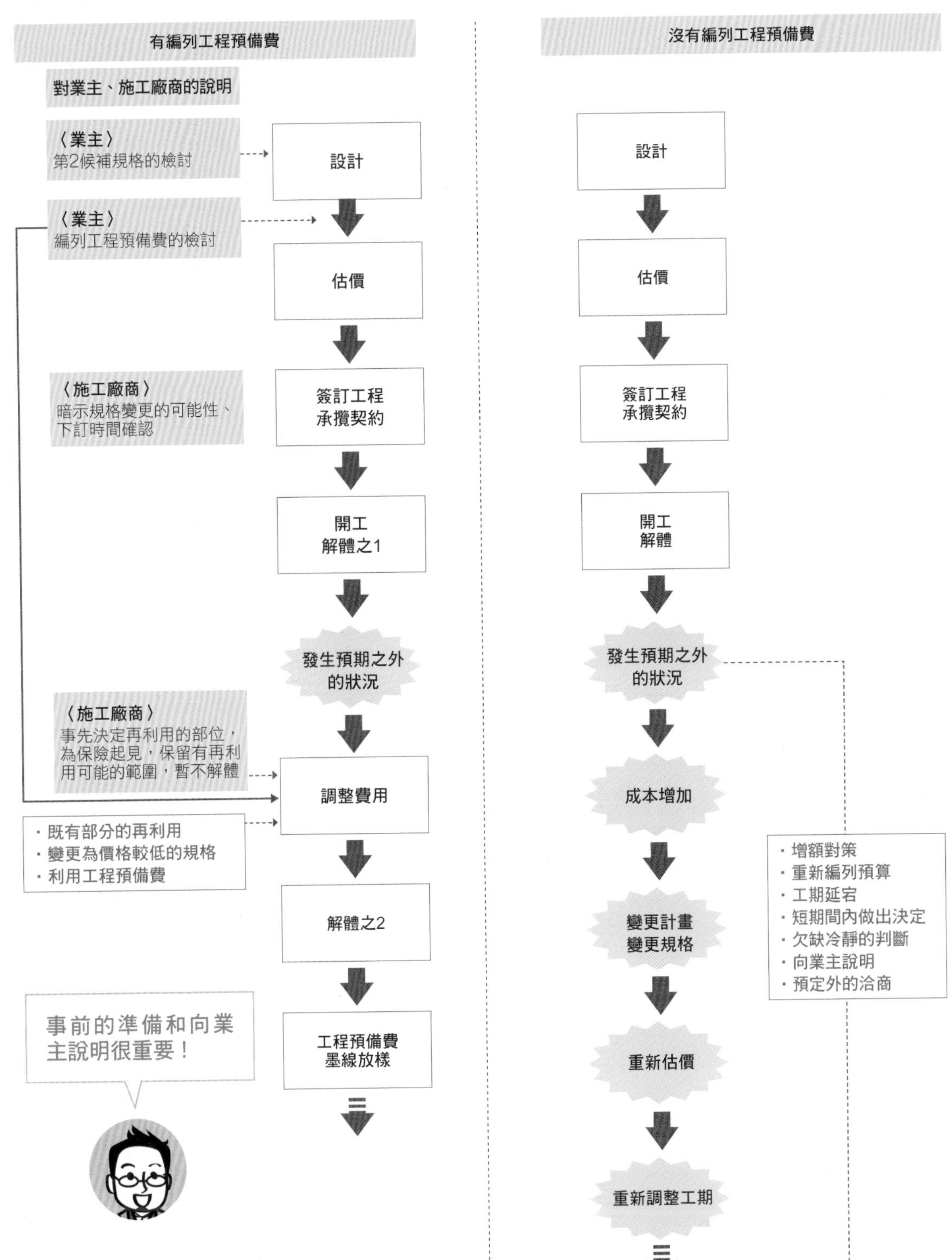

key word 085

住宅改造貸款

POINT

- 金融機構和公家機構皆有提供住宅改造貸款。
- 提高居住性能的改造，能獲得利息降低的優惠。
- 有時也會因為融資的額度變更設計。

選定適合的償還計畫

住宅改造必須花費的工程費、設計費、家具費、各項經費等，以融資的方式貸款時，一般都利用各家金融機構提供的「住宅改造貸款」[表1]。日本近年來，各家金融機構都針對住宅改造推出多種貸款方案。由於各個貸款服務的條件或特性都不同，因此必須配合住宅選擇適當的住宅改造貸款，並且針對貸款額度反映在設計上的變更，或有無需要檢查完了證明，調整工程進度表。

利息的優惠

一般而言，民間的銀行、信用金庫、融資公司的貸款審查較容易通過，但是利息也較高。此外，根據擔保的有無，貸款額度的上限或償還期限也會產生差異[表2]。

雖然住宅金融支援機構提供的貸款，會依據無障礙改造、耐震改造、節能改造等改修內容給予優惠利息，但是有時也必須提交報告書或接受驗收。

如果新建時的住宅貸款尚未償還完畢時，可向原貸款金融機構商議，就能夠順利獲得貸款。因此，聽取業主的改造目的，並提出較為適切的貸款方案等方向性建議，也是很重要的工作。

住宅改造的貸款手續

當擬好包含設計費或家具費等費用在內的預算時，業主就可進行貸款申請作業。這階段必須向金融機構提出大略的工程內容和工程費的概算資料。因此在向業主提示大略所需的工程費用的同時，也必須傳達為以防萬一有編列工程預備費的必要性。提出貸款申請之後，金融機構會進行先期審查，屆時就知道能否獲得希望的貸款金額。

表1　住宅改造貸款的大略分類

貸款種類	特徵
住宅金融支援機構 年金住宅貸款 財形住宅貸款	利息低 ・對於貸款人資格或工程內容等的條件較嚴苛 ・受理增額貸款或特別貸款等
銀行 信用金庫 融資公司	利息高 ・分為無擔保型、有擔保型 ・可用於電氣化製品或室內家具的購買資金 ・審查快速
Flat35S（フラット35S）	利息固定 ・必須提交檢查機關或合格證明技術者的合格證明

表2　民間金融機構無擔保型和有擔保型住宅改造貸款的比較

	無擔保貸款	有擔保貸款
抵押權	無	有
審查時間	短	長
貸款額度	低（額度300萬日圓～）	高
償還期限	短（最長10～15年）	長（最長35年）
利息	高	低
其他費用	少	多

住宅改造貸款也有各種不同的類型。選擇符合資金計畫的貸款很重要。一般都以住宅或土地做為擔保品

key word 086

補助金的有效利用

POINT

- **每年補助金、助成金的補助對象或金額都會改變。**
- **日本地方自治體的補助制度也各有差異。**
- **必須在計畫階段的同時向負責單位洽詢。**

補助金和助成金的種類[譯注1]

由於補助金、助成金制度的補助對象或金額、預算規模每年都會改變，因此若要利用補助金的話，與計畫同時進行的資料蒐集是相當重要的作業。

在住宅改造的補助金、助成金制度上，雖然主要制度的金額有大有小，但依改造目的還有太陽能發電等節能對策補助金、耐震改造助成金、看護保險居家看護住宅改造費助成金、高齡者支援助成金，以及其他各自治體提供的助成金[圖]。[譯注2]

節能對策補助金

補助購置太陽能板等太陽能發電的自然能源機器設備、家用燃料電池系統（Ene-Farm）[表1]、鋰離子蓄電池[表2]等費用，是節能對策補助金的代表性補助項目。節能對策補助金每年都會變更，機器設備也是日新月異[表3]，在引進節能設備時，別忘了進行是否符合預算等的檢討工作。

耐震改造助成金

一般由地方自治體委託耐震診斷技術者進行住宅的耐震診斷，然後依據診斷結果擬定耐震計畫並進行補強工程，此種狀況就可申請耐震改造助成金。助成金的補助金額幅度相當大。

看護保險

看護保險居家看護住宅改造費助成金的補助對象，是獲得需要支援、需要看護認定的人士。在日本，地方自治體最多提供20萬日圓的助成金，不過申請者必須自行負擔一成。

符合這項補助的工程，包括設置扶手、消除高低差、防滑措施、變更為拉門、更換為西式馬桶等項目。建議向各個市鎮公所或負責的單位查詢，才能有效運用助成金。

譯注1：補助金與助成金不同在於，助成金只要符合申請資格就能獲得補助；補助金則必須通過審查才有機會獲得

2：台灣方面可參照內政部營建署〈修繕住宅貸款利息及簡易修繕住宅費用補貼辦法〉

圖　補助金的主要種類

節能設備

利用以太陽能發電為主的節能補助金，降低水電燃料費用

無障礙設施

利用看護保險居家看護住宅改造費助成金，設置扶手等設施

耐震改造

利用耐震改造助成金，執行安全安心的住宅改造

表1　家用燃料電池系統（Ene-Farm）補助金概要

申請期間	現狀，2012年度的申請已經結束 截至2014年28日為止
補助金額	[補助對象的機器費用（含稅）－23萬日圓]×1／2＋補助對象工程費（含稅）×1／2
補助金上限	45萬日圓（每台、含消費稅）

23萬日圓是從補助傳統型熱水器的機器費用計算出的金額。從家用燃料電池系統的機器價格扣除原該引進的傳統型熱水器的價格後，便能計算出補助金額

資料出處：燃料電池普及促進協會　http://www.fca-enefarm.org

表2　引進鋰離子蓄電池補助金概要

申請期間	預約申請：2013年12月底為止	
	提出申請：2014年1月底為止	
補助金	個人申請：機器費用的1/3，上限為100萬日圓	
	法人申請	未滿10kWh：機器費用的1/3，上限為1億日圓
		10kWh以上：機器費用與工程費（部分）的1/3，上限為1億日圓
對象機器設備	環境共創initiative網站首頁登載的蓄電池系統	
補助金對象	個人（包含個人事業主）、法人、租賃給個人、法人的租賃業者、新電力等 ※ 均必須連續使用 6 年（法定耐用年限）以上	
申請條件	機器的購買、安裝必須在接到預約審核通知書之後進行	

資料出處：環境共創イニシアチブ　http://sii.or.jp

表3　太陽能發電助成金

公定輸出功率每1kW的補助金單價

每1kW的補助對象經費（不含稅）	每1kW的補助金單價
41萬日圓以下	2.0萬日圓
超過41萬日圓，50萬日圓以下	1.5萬日圓

太陽能電池轉換效率基準值

太陽能電池的種類	2012、2013年度的基準值	2011年度的基準值
單晶矽太陽電池	16.0%	13.5%
多晶矽太陽電池	15.0%	
晶矽薄膜太陽電池	8.5%	7.0%
化合物太陽電池	12.0%	8.0%

資料出處：太陽光發電普及擴大中心　http://www.j-pec.or.jp

售電（銷售電力）價格（以2013年為例）

2013年4月	
引進住宅用太陽能發電系統時的售電 ※ 剩餘電力的購買、固定價格 10 年間	再生可能能源的固定價格依收購制度引進時的售電價格 ※ 僅收購住宅用未滿 10 kWh 太陽能發電的剩餘電力、固定價格 10 年間
42日圓／kWh（2012年度）	38日圓／kWh（2013年度）
31日圓／kWh（複合發電）	31日圓／kWh（複合發電、合併設置蓄電池）

key word 087

住宅改造與減稅

POINT

- 除了貸款減稅之外，還有投資型減稅制度。
- 投資型減稅是以節能、耐震、無障礙設施等提高居家性能的改造為對象。
- 另外也有固定資產稅的減額或贈與稅的免課稅制度。

與新建住宅相同的，住宅改造也可獲得減稅優惠。除了所得稅的扣除和固定資產稅的減額（確定申報時提出申請）以外，還有贈與稅的免課稅制度（工程完成後3個月以內向各市區鎮公所提出申請）。譯注根據改造種類或貸款種類的不同，申請和手續的時間、方法、申請單位，以及扣除額或減稅額也各有差異。此外，隨著年度不同減稅額或對象期間等也可能改變，因此申請時必須事先詳加確認[表1～5]。

投資型減稅的措施

以往住宅改造的減稅優惠措施，與新建住宅申請貸款時的減稅相同。然而，與新建住宅相比，住宅改造少有高額工程，因此很多業主不會選擇貸款的方式。但是，從2009年起即使沒有申請貸款，只要符合一定工程的要件，就符合使用減稅優惠的條件。這種減稅措施稱為「投資型減稅」。可從原有的「貸款型減稅」和這種兩者之中，選擇最適當的減稅方式，因此比以前更容易獲得減稅優惠。住宅改造的減稅也可能和固定資產稅的減稅併用，如此一來減稅的組合選擇也更多樣。

針對提高居家性能改造的減稅

「投資型減稅」和「貸款型減稅」的適用工程對象，有若干的差異性。

投資型減稅是以節能改造、無障礙設施改造、耐震改造為對象；貸款型減稅則除了以節能改造、無障礙設施改造為對象之外，還包含一般住宅改造[表6]。

住宅改造也適用贈與稅的免課稅制度，只要符合一定的要件，就適用贈與稅的免課稅優惠。免課稅的額度每年都會改變，所以也必須確認以免造成認知錯誤。

譯注：台灣方面，修繕或消費性貸款只要能提出用於自用宅的相關證明文件，利息支出也可以申報。但，以原有住宅向金融機構借款，或購買投資用的非自用住宅除外

表1　所得稅的扣除

概要	扣除對象期間	扣除額	住宅改造貸款要件	所需資料
投資型減稅	1年分	工程費等的10%	不管是否有貸款	工程的內容、費用、住宅、居住者等
貸款型減稅	5年分	每年年底住宅改造貸款餘額的2%或1%	5年以上的償還時間	工程的內容、費用、住宅、居住者等
住宅貸款扣除制度	10年分	每年年底住宅改造貸款餘額的1%	10以上的償還時間	工程的內容、費用、住宅、居住者等

表2　固定資產稅的減稅措施

減稅對象期間	減稅額	所需資料
1年度分或2年度分	住宅固定資產稅的1／2或1／3	工程的內容、費用、住宅、居住者等

表3　贈與稅的免課稅措施

免課稅對象期間	免課稅額度	所需資料
1年分	2011年1,000萬日圓	工程的內容、費用、住宅、居住者等

表4　適用所得稅額扣除的貸款型減稅或住宅貸款扣除制度的比較

所得稅額的扣除			1年扣除			5年扣除		10年扣除
			投資型減稅			貸款型減稅		住宅貸款扣除制度
		改造的種類	耐震	無障礙設施	節能	無障礙設施	節能	增改建等
5年扣除	貸款型減稅	無障礙設施	○		×		○	×
		節能	○	×		○		×
10年扣除	住宅貸款扣除制度	增改建等	○	×	×	×	×	

表5　僅適用所得稅額扣除的投資型減稅優惠

所得稅額的扣除			1年扣除		
			投資型減稅		
		改造的種類	耐震	無障礙設施	節能
1年扣除	投資型減稅	耐震		○	○
		無障礙設施	○		○
		節能	○	○	

只要了解稅金的課稅結構，就能夠獲得扣除或減稅優惠喔！

表6　住宅改造貸款、節能改造、無障礙設施改造、耐震改造相關稅制併用可否的組合搭配表

		住宅改造貸款	無障礙設施改造			節能改造			耐震改造	
			投資型	貸款型	固定資產稅	投資型	貸款型	固定資產稅	投資型	固定資產稅
住宅改造貸款			×	×	○	×	×	○	○	○
無障礙設施改造	投資型	×		×	○	△※1	×	○	○	○
	貸款型	×	×		○	×	△※1	○	○	○
	固定資產稅	○	○	○		○	○	○	○	×※2
節能改造	投資型	×	△※1	×	○		×	○	○	○
	貸款型	×	×	△※1	○	×		○	○	○
	固定資產稅	○	○	○	○	○	○		○	×※2
耐震改造	投資型	○	○	○	○	○	○	○		○
	固定資產稅	○	○	○	×※2	○	○	×※2	○	

【凡例】
- 「投資型」：所得稅額的特別扣除
- 「貸款型」：改造促進稅制
- 「固定資產稅」：固定資產稅的減稅措施

※1：合計扣除限度額計算
※2：同一年度不可併用

key word 088

住宅改造瑕疵保險和完工保證

POINT

- 住宅改造瑕疵保險是透過保險擔保工程瑕疵。
- 住宅改造完工保證是擔保工程的完成。
- 施工業者只要加入保險，業主就能安心。

住宅改造瑕疵保險

住宅改造瑕疵保險是針對施工廠商的改造工程瑕疵，有義務履行瑕疵擔保責任，並彌補損害。此外，萬一施工廠商因為破產等原因，無法執行瑕疵修補時，也應直接支付給業主保險金[圖]。加入住宅改造瑕疵保險與新建住宅不同，是屬於非強制性的任意行為。施工業者只要加入此項保險制度，業主也較能安心，因此最好事先確認施工廠商是否已經加入。

符合新耐震基準是加入保險的條件

保險對象是針對符合現行「新耐震基準」的住宅所進行的改造工程。不過，在申請的時間點，即使不符合新耐震基準，只要採用耐震改造等能符合基準的方式，也能成為保險對象。

這項保險的保險金支付對象和保險期間相當多種。改造工程的承攬金額是支付的限定額度，必須在這個範圍內支付補強修理的費用。

保險支付對象的內容，不僅限於修理費用，瑕疵工程的調查費用或修理期間內的臨時居住費用也包含在內。在保固期間內，結構上的缺陷或防止雨水滲漏機能的欠缺為5年，改造部分未能滿足社會共同認知上所具備的性能則為1年[表]。

住宅改造完工保證

所謂住宅改造完工保證是保障改造工程承攬契約中的改造登錄施工廠商的債務履行制度。如果發包工程的施工廠商加入此項保險的話，萬一該施工廠商倒閉，可請別的施工廠商代為執行改造工程，並由保險支付其工程費用。由於此項保險有設定一定的免責期間或金額，因此最好事先確認。

圖　住宅改造瑕疵保險與完工保證的流程

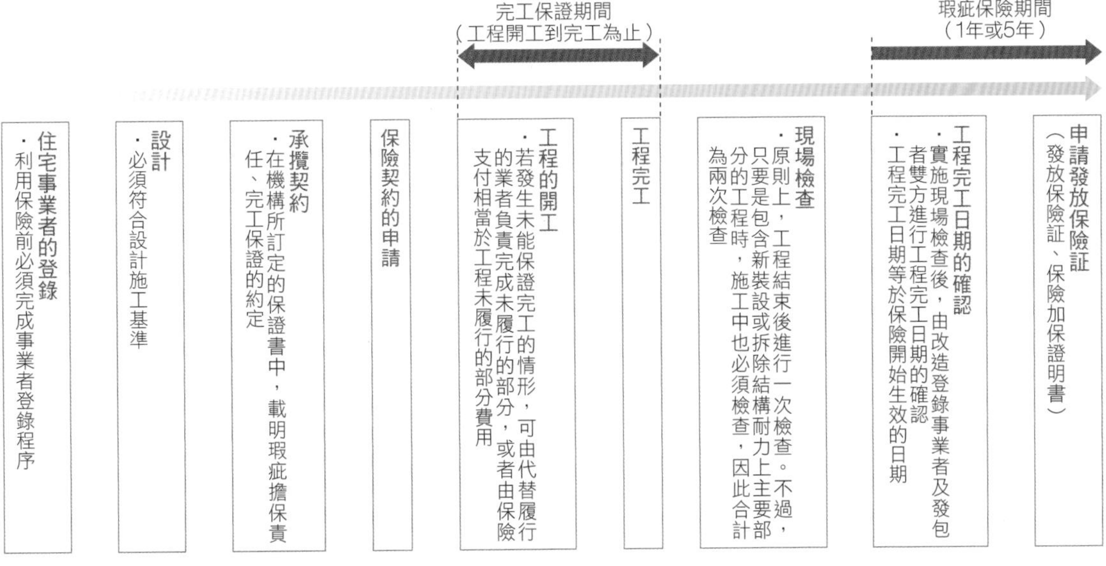

表　保險金的支付對象

保險金的支付對象費用

主要保險金的種類	內容
1 修補費用、損害賠償保險金	為了修補因瑕疵而發生事故的必要材料費、勞務費、其他直接修補時所需的費用[原注]
2 求償權保全費用保險金	因為事故被保險者向第三者請求損害賠償或其他請求權時，為了保全或行使其權利，進行必要手續時所需的費用
3 事故調查費用保險金	由於發生事故必須修補時，針對修補的必要範圍、修補方法，或為確認修補金額進行調查時所需的費用
4 臨時居住費用保險金	在住宅改造期間必須遷居時，接受發包者的請求進行必要的住宿或租賃房屋、遷居所需的費用

原注：若修補上極為困難時，則發放損害賠償金取代修補

保險金支付限額及所支付的保險金額

大約1個契約以每100萬日圓為單位，額度範圍從100萬日圓到1,000萬日圓以內，依據對象改造工程的承攬金額決定必須支付的金額

支付保險金額的計算公式

以大概的支付限額為限度，並根據下列公式計算出來的金額支付保險金（各保險法人的計算方式都不同）

保險金支付額＝[1 修補費用、損害賠償保險金－10萬日圓※1]×80%※2＋（ 2 求償權保全費用保險金／3 事故調查費用保險金／4 臨時居住費用保險金 ）

※1：免責金額　※2：由於業者破產等因素，支付給發包者時則為 100%

支付對象與保險期間

保險對象部分	保險期間	支付保險金的情況	瑕疵現象的例子
結構耐力上必要的部分	5年間	不符合基本耐力性能時	不符合建築基準法規定的結構耐力性能
防止雨水滲漏的部分	5年間	不符合防水性能時	發生雨水滲漏現象
除了上述情況之外的改造工程施工部分	1年間	不符合社會共同認知上所必要的性能時	配管工程後發生漏水等情況

key word 089

反向抵押貸款

POINT

- 公家機構和民間都有承辦反向抵押貸款的業務。
- 反向抵押貸款是針對高齡者的償還特例制度。
- 無障礙設施、耐震改造工程也可利用住宅金融支援機構的融資制度。

以不動產做為擔保品的貸款

反向抵押貸款是將所擁有的不動產（自有住宅等）做為擔保品，接受金融機構的融資，並且以年金的方式領取融資款項。當簽訂契約者死亡時，金融機構可接收契約者的自有住宅，並銷售該不動產一次償還所借貸的款項。因此此種也稱為「住宅擔保年金」的貸款方式，能夠在不放棄自有住宅的情況下接受融資。在銀行存款利息偏低、股價下跌等經濟不安定的時期，利用這種融資方式做為高齡後生活的防衛手段的情形日益增多。

通常一般的住宅貸款（抵押貸款）會隨著貸款的年限，逐年降低所借貸的本金，但是這種貸款制度卻反而逐年增加，因此稱為「反向抵押貸款」。日本65歲以上的世代擁有自有住宅的比率很高，因此反向抵押貸款的需求可說很大。這種抵押貸款具有能在不出售自有住宅的情況下，活用資金進行無障礙設施、耐震改造工程的優點[表1、2]。

表1　反向抵押貸款的種類

承辦單位		資金用途等
公家機構	地方自治體	生活資金、付費福祉服務中心
		直接方式、間接方式※
	國家（都道府縣的社會福祉協議會）	支援長期生活、資金貸款撥付制度
	住宅金融支援機構	無障礙住宅改造、公寓改建
民間	信託銀行、銀行	用途自由
	住宅廠商（僅限於該公司的顧客）	遷居支援、生活資金、用途自由

※：也稱為「斡旋融資方式」

表2　反向抵押貸款與住宅貸款的比較

	反向抵押貸款	住宅貸款
融資用途	融資機構所借貸的款項主要做為生活資金	購置住宅
融資方法	每月（分期）撥付的貸款	簽約時一次撥付的貸款
償還方式	當契約到期時或契約者死亡時一次償還（也有採取每月償還利息的方式）	在契約期間內將本金和利息的總額分期後定期償還
比較圖表	—— 反向抵押貸款 ------ 住宅貸款 一次貸款 一次償還 借貸的餘額（分期貸款） 借貸的餘額（定期償還） 簽約時 契約到期時	

8

估價與契約、現場監理

key word 090

業主自行施工

POINT

- 若是簡單的工程的話，業主也可以自行施工。
- 由於有善後收拾問題或施工品質好壞問題，因此必須仔細檢討。
- 為了避免影響其他工程的進行，應該與業主密切溝通。

只要是簡單的改造工程，業主也可自行施工。即使同意喜愛動手做的業主自行施工，最好也能以專家身分給予建議。

若缺少專門知識或特殊工具的話，很難進行廚房或廁所、浴室的設置等作業，但是換貼壁紙或重新粉刷、戶外平台的製作等就有可能自行施工。業主可使用在DIY賣場購入的道具和材料自行施工，但是必須仔細檢討能夠施工的範圍，以及不勉強施工是很重要的。

優點與缺點

進行住宅改造時，如果在可能的範圍內讓業主自行施工，就有可能控制成本。不過，業主自行施工並非只是為了控制成本，另一方面是基於普通會對自己親手施工的空間抱持一種情感，因此更加珍惜使用。若業主是沒有經驗的新手，可從較為狹小的空間或房間的一部分開始著手，規模較大的工程還是委託施工廠商較有效率。

業主自行施工的好處除了能節省成本之外，也具有創造回憶、家族的共同作業、可依照個人喜好規劃設計等優點[照片]。缺點包括準備或後續收拾等出乎意料之外耗時、會擔心施工不良或心生後悔等。另外，可能也會衍生出養護費等瑣碎的費用，因此必須加以注意。

注意要點

住宅改造的一部分工程由業主自行施工時，必須在不影響整體工程的範圍內，檢討能夠自行施工的部位，千萬不可勉強施工。如果因此導致其他工程的延誤，而必須追加安排工匠時，反而可能造成費用提高。

因此，業主、設計者和施工廠商三方必須密切的開會確認工程進度，是很重要的環節。

圖　業主自行施工的流程和重點

	業主	建築師	施工廠商
POINT 1 與施工廠商同時進行時，必須調整施工的範圍和日程	檢討業主自行施工的部位		與建築師協議施工的方法
	測量、製作圖面或草稿		
POINT 2 如果需要材料加工時，可利用DIY賣場提供的加工服務	備齊工具或材料		
POINT 3 特別是粉刷噴塗作業時，為避免汙染其他場所，一定要做好養護措施	配合需要進行養護措施		
POINT 4 由於業主自行施工的部分，不在施工廠商的保障對象範圍內，因此確認施工的完成度非常重要	檢查業主自行施工部分的完成面		檢查完成面
	完工		

必須特別注意業主自行施工的部分是否出現問題！

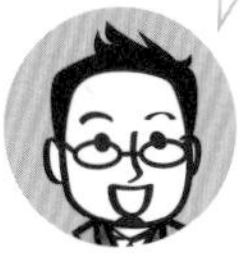

事先決定與本工程有關連的部分，由哪一方負責施工？

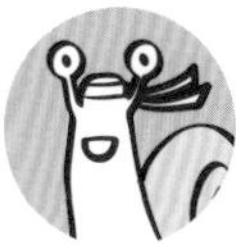

照片　業主自行施工的景象

業主一家和事務所的職員們正在進行矽藻土的粉刷作業

自行施工是在施工廠商的工程接近完成的階段，才開始進行的作業，因此必須慎重做好養護或保護已經完成的部分！

key word 091

業主提供材料

POINT

- 使用業主提供的材料時，必須釐清責任範圍。
- 進口製品也可能會有不符合日本規格標準的情況。
- 最好先針對產品的尺寸或安裝方法等進行了解規劃寬裕的設計。

由業主提供材料的情形日益增加

隨著網路購物的普及，就連建築材料或廚房、浴室等住宅設備也能夠輕易以低廉的價格購入。業主提供材料的情況增多，是導致施工現場經常發生糾紛的主要原因。

業主提供材料的責任範圍

本來所謂的業主提供材料就是業主能對提供的建材或商品負責，再委託施工者進行施工，因此施工廠商對於產品的機能或性能方面，可以完全不負任何責任。

設計者事先向業主詳細說明這項責任的範圍，並獲得業主的理解是非常重要的事情[圖1]。尤其是使用業主提供的進口建材時，盡可能取得商品製造數據等的履歷資料，根據產品的類別該注意是否有符合4顆星等病態建築的基準或JIS規格。由於歐美不脫鞋進屋的習慣，與日本脫鞋進屋的觀念完全不同，因此對於地板材或地暖氣，必須事先了解表面強度或耐磨耗性能上的差異[圖2]。

業主提供材料的設計與施工

在安裝業主提供的材料時，必須設想到其商品的精度有誤差，或缺少部分零組件而發生無法安裝等情況下進行補救計畫。

由於安裝家電產品或空調等設備，屬於業主方的額外施工，因此建議施工廠商最好能夠在產品銷售公司安裝時，陪同現場監督施工的情況。

此外，進口的機器設備或家電產品等的部件規格，經常與日本的配管、配線的口徑不同，因此也最好事先檢討採購廠商所銷售的轉接接頭等零件[圖3]。

圖1　使用業主提供的材料時的注意要點

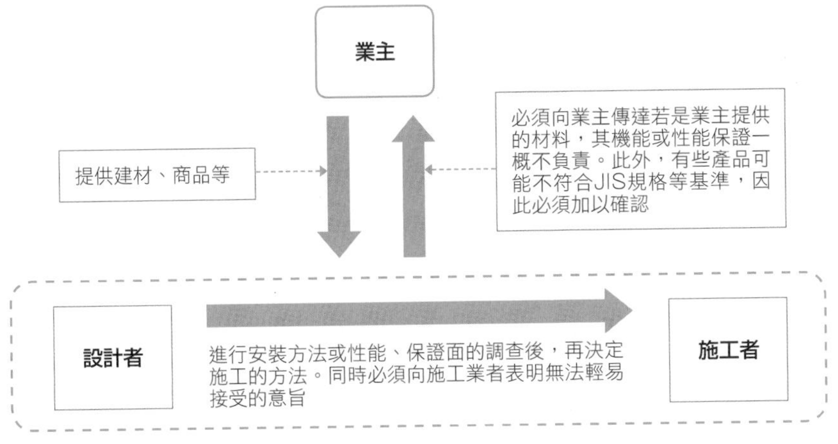

三方事前必須達成共識，並釐清責任範圍！

圖2　使用進口建材時的注意要點

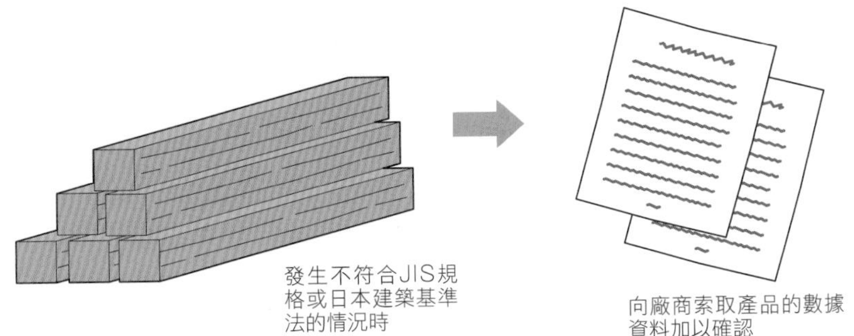

KEYPOINT

除了必須符合JIS規格或日本建築基準法之外，日本進屋脱鞋的習慣與歐美進屋不脱鞋的文化截然不同，因此要注意地板材料性質的差異

圖3　針對業主提供的材料不符合一般規格時的注意要點

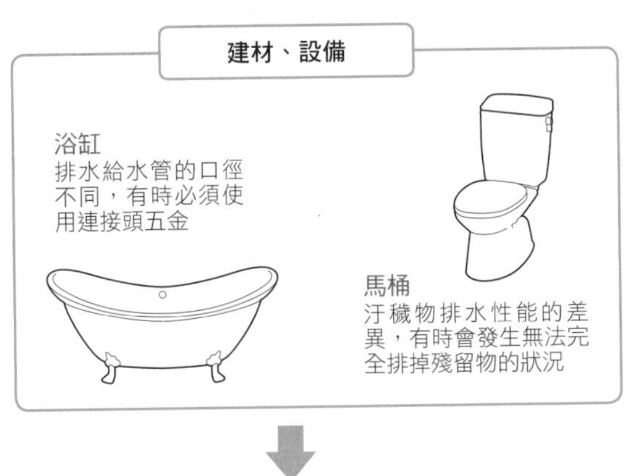

事先了解的各種問題包括可能發生排水管口徑不合、連接頭五金規格不同、對健康導致不良影響等

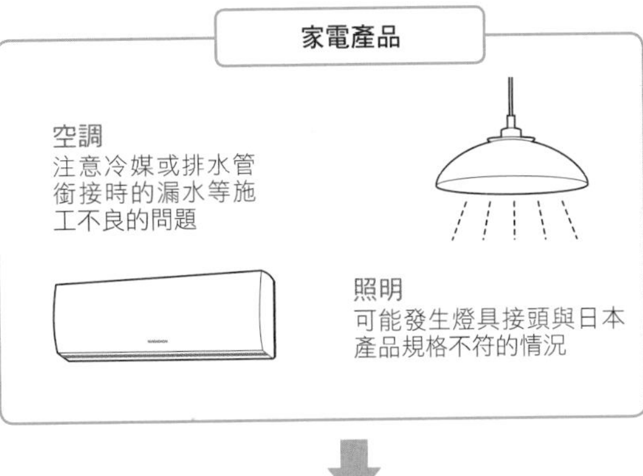

由產品銷售廠商安裝時，施工業者必須在現場督導。如果是由其他業者負責安裝的額外工程的話，建議施工業者一定要在現場監工

key word 092

現場說明會的準備與現場說明會——獨棟住宅、公寓大廈

POINT

- 主要針對與既有部分的銜接等，只靠圖面很難清楚傳達的事項加以說明。
- 視情況需要，也可請施工者到現場確認情況。
- 說明改造目的或設計意圖並共享資訊。

現場說明會的必要性

進行住宅改造時，根據既有建物的現況、建地內的空地、工程車輛或搬運通道的狀況，估價內容也會跟著改變，因此必須在施工現場進行設計說明[圖]。

現場說明會除了解說既有建物的隔間或結構的情況之外，也必須傳達包含基底在內的完成面現況或構成，以及預定解體的部位。能夠明確掌握建物的現況，並且共同分享資訊也就相當重要。

局部改造的話，最重要的是在圖面上明確標示出範圍的界線。對於隔間門窗等既有部分的再利用，或者採用非以原本的機能加以再利用時，也必須在現場進行解說和溝通。

若屬於非要解體之後才能明瞭狀況的不確定部位的話，必須採取如同「萬一發生這種狀況，則採取此種因應措施」這樣，事先設想好包含工程的可能性在內的因應對策，並於說明會傳達清楚。此外，必須確認估價可精準到什麼程度。

現場說明的重點

必須針對改造的具體內容、材料的形狀、設備的配置等，以及包含目的的設計意圖詳加說明，並且共有和分享資訊。

雖然完成面或規格等細節方面，也能在圖面上確認，省略說明也沒關係，但是整體形狀的說明或配管路徑的構想或設備更新的範圍等工程內容，則必須充分說明。

當伴隨柱子的移動、樑的更換等結構上的改造時，也說明結構的規劃就變得相當重要。

在設備說明方面，三方除了確認再利用的風管或拆除的部位以外，也必須針對電力設備是否有使用既有設備等情況，全部在現場確認清楚。還要確認外圍的陰井、配管、搬運路徑或外部設施等項目。

公寓大廈的話必須事前向管理委員會申請施工許可，因此必須針對申請手續或預定的工程日期加以說明，同時別忘了請對方回覆。

圖 現場說明會必須留意的重點

KEYPOINT

・說明既有狀況
・說明解體部位
・若結構體的形狀不明時，也必須傳達解體需求
・確認外圍的陰井、配管、搬運路徑等項目

若有預定撤除的物件、設備配管、配線時，必須根據圖面加以說明

若保留既有的器具和完成面時，必須標示工程的範圍

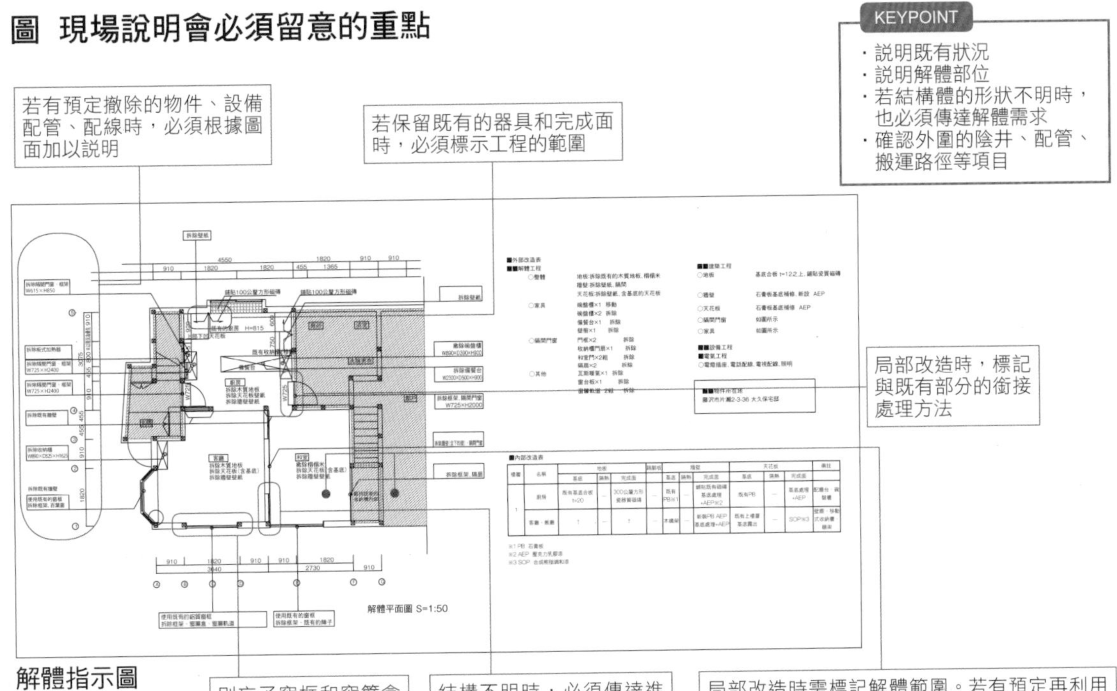

局部改造時，標記與既有部分的銜接處理方法

解體指示圖

別忘了窗框和窗簾盒的處理

結構不明時，必須傳達進一步解體確認的需求

局部改造時需標記解體範圍。若有預定再利用的設備、素材等材料時，必須說明再利用的部位和保存方法

進行設計內容、與既有部分的銜接等內容說明時，並非僅就圖面解說，也必須到現場說明。可能的話，建議要求施工廠商出席，同時實際負責施工的電氣、木工、設備業者也最好一同參加現場說明會。

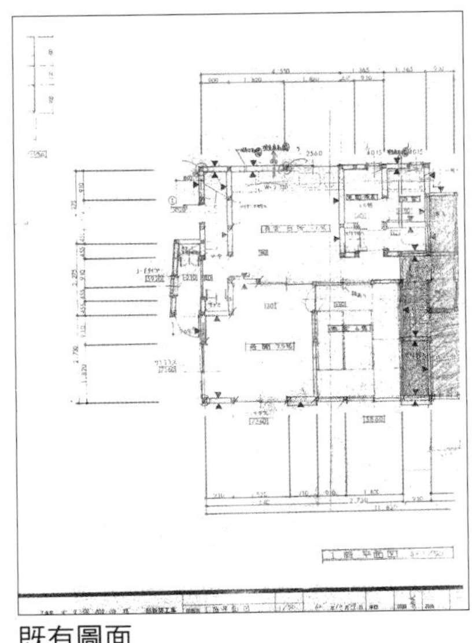

既有圖面

新設家具需另外準備詳細的圖面

若更換基底的話，必須明記更換的範圍

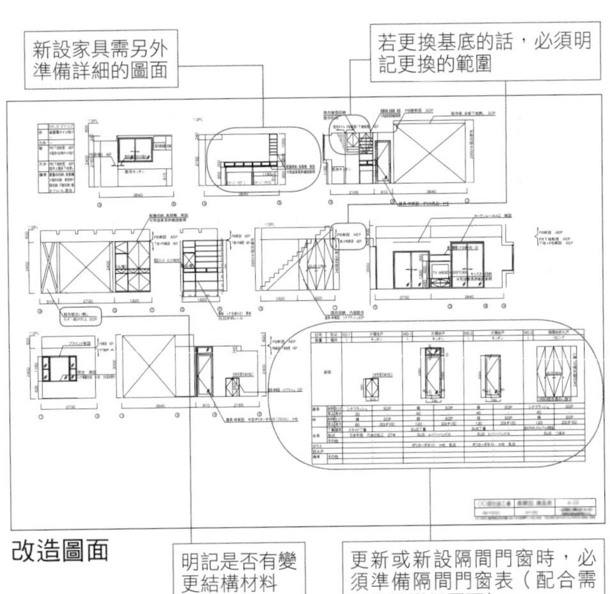

改造圖面

明記是否有變更結構材料

更新或新設隔間門窗時，必須準備隔間門窗表（配合需要準備詳細圖面）

有既有圖面的話，可當做資料發給參與者
・柱　・承重牆位置　・開口部位置
・樓層高度　・模組　等

準備傳達設計意圖時所需要的全部圖面，在現場說明會時說明內容
・平面圖　・家具詳細圖　・平面詳細圖
・斷面展開圖　・設備配置圖　・電力設備計畫圖
・隔間門窗表　・器具清單　・業主提供材料的清單　等

key word 093

估價調整與比較的重點

POINT

- 依施工廠商的不同，估價單的編列和計算方法而有所差異。
- 估價重點在於掌握材料和作業人數。
- 進行價值工程（VE）時的規格變更或提高作業效率的提案。

掌握工程內容，解讀估價單內容

完成實務設計之後，可委託施工廠商估價，並且經過估價內容的調整，進行簽訂工程承攬契約的準備工作。本章節針對選定施工廠商後的工程承攬契約調整加以說明。

估價調整是檢核估價單是否適切，以及對設計內容的了解是否正確，同時也包含檢核最終的工程內容和規格變更，是判斷最終的工程承攬金額的作為。

估價單的內容主要是「臨時費用」、「材料費」、「工資」、「施工廠商的經費」等項目的加總，一般採取以個別工程種類為單位合計的計算方式[表1]。特別是住宅改造中，包含「工資」在內的「解體或拆除或處理」所耗費的勞務或經費會是重要要素。但是，不同施工廠商的估價項目或計算方式也各有差異，因此建議確實掌握內容。

單價和數量的掌握非常重要

建築工程一般採取「單價」乘以「數量」（單價式）的方式，計算出各個工程的費用。不過，住宅改造工程中有許多小型的工程種類，常無法以單價式計算，因此要加以注意。例如，進行木質地板工程的估價時，可精確計算出數量，查核單價是否適切。但若只是鋪貼0.8平方公尺的磁磚的話，就無法用這種單純的計算方法。一般大多採取作業日數乘以每日人事費用的方式計算。針對數量小的工程，特別需要掌握工程的內容、了解哪種需要多少量，並且核對人事費用。

估價調整並非只發生在價值工程評估後的規格變更而已，為提高作業效率或在小規模的工程種類中，採取匠師的合理化等（聘用具備多項能力的工人）也具有效果。因此，在掌握工程的作業內容和程序之下進行查核很重要[表2]。

表1　各項工程的估價項目原注1

工程項目	工程內容	估價調整的重點
臨時工程	鷹架組裝、臨時電力、臨時廁所、養護、清掃、收拾等準備工程	數量檢核
基礎工程	混凝土、鋼筋、模板、樁、土方的處理等興建住宅時的基礎工程	注意手工作業的情況
木工工程	建物骨架和用木材、建材、板狀類、釘子、五金等材料的木工工程	精查工作量
屋頂工程	瓦、板金等修葺屋頂的工程，包含屋簷或落水管的工程	板金作業會出現差異
金屬隔間門窗	窗戶的鋁質窗框和金屬製門扉的工程	進貨對象會出現差異
木製隔間門窗	安裝木製窗戶或木製門、障子或隔扇的工程，常包含隔間門窗五金和安裝的勞務	五金費、安裝費
玻璃工程	除了鋁質窗框之外的玻璃、固定玻璃、玻璃磚、化妝鏡等工程	安裝工程費
防水工程	施作陽台等具有長期防水機能的防水層工程	防水等級或填縫
磁磚工程	鋪貼浴室的地板或牆壁、玄關等處的磁磚工程	小規模工程
石作工程	鋪貼石材的工程。若類似於磁磚的石材，有時也會請磁磚工負責施工	—
泥作工程	塗抹內外牆完成面的工程	小規模工程
塗裝、噴塗工程	外牆噴塗粒狀材料、進行著色的美化工程	易出現單價差額
內外裝工程	外牆安裝外牆板或鋼板，內部進行地板、牆壁、天花板的完成面等相關工程	基底處理或等級
裝修系統工程	裝潢施作、既製家具、系統廚房、洗臉化妝台、系統衛浴等工程	安裝費或搬運費
電力設備工程	電燈插座、照明器具、弱電設備等工程	工作量的計算
給水排水衛生工程	衛生設備、熱水、給水、排水、化糞池、瓦斯等水管裝置業者工程	材料費和施工費的計算
冷暖氣機設備工程	冷氣、暖氣的工程	既有部分的拆除丟棄
瓦斯工程	熱水器、瓦斯爐、暖氣等供應瓦斯的配管工程	平均作業量和出差費
各項經費	現場經費和公司經費合計的費用	平均各項工程的追加份量

以部位分類的估價方式，較容易了解哪個部分需要修正

表2　以部位分類的估價項目原注2

工程項目	工程內容	估價調整的重點
臨時工程	鷹架組裝、臨時電力、臨時廁所、養護、清掃、收拾等準備工程	數量檢核
基礎工程	建構增改建或耐震補強工程時必要的基礎工程	特殊工程的金額
屋頂工程	屋材的更換或改變塗裝的工程。有時也包含解體的勞務經費或拆除丟棄的費用	解體的勞務
外牆工程	外牆材料的更換或改變塗裝的工程。有時也包含解體的勞務經費或拆除丟棄的費用	填縫或清洗
外部開口部工程	鋁質窗框或鐵捲門、玄關門等面向外牆的隔間門窗工程	拆除或開口補強
內部開口部工程	隔扇、障子、隔間牆的門扉或拉門等隔間門窗的工程	物品費用+安裝費
內部完成面工程	地板、牆壁、天花板等完成面的工程，或門檻或門框上緣、框架等工程	材料費和施工費的計算
家具工程	玄關鞋櫃、收納家具等現場施作家具的工程	搬運、安裝費
住宅機器設備工程	系統廚房、洗臉化妝台、系統衛浴等住宅機器設備和安裝工程	搬運、安裝費
衛生器具設備工程	馬桶、洗臉台、浴缸等器具和安裝工程	機器、安裝費
給水排水、熱水工程	安裝住宅內用水區域的給水、熱水、排水管的工程	材料長度、作業人工
電力設備工程	電燈插座、照明器具、弱電設備等工程	工作量的計算
冷暖氣機設備工程	冷氣、暖氣的工程	既有部分的拆除丟棄
瓦斯工程	熱水器、瓦斯爐、暖氣等供應瓦斯的配管工程	平均作業量和出差費
各項經費	現場經費和公司經費合計的費用	平均各項工程的追加份量

比較估價內容時的重點

各個施工廠商的估價項目或費用編列的方法都不盡相同，若比較單純項目的金額是不夠準確的，因此不要被估價單的內容給混淆，建議設計者得先掌握每項工程的實際價格，記住這些非確認不可的項目。

1 是否有漏列估價項目或誤解設計的內容？（也須注意額外項目）
2 材料費（數量和單價）是否正確？
3 施工費（作業人工和單價）是否正確？
4 各項經費是否正確？（包含以項目計算的金額+各個項目）

經過各項目的適切性查核之後，進行價值工程或局部設計變更等的檢討

原注1：在建設公司或施工廠商的估價單裡可看到的項目

2：依各部位的工程費用計算適用於住宅改造的估價

key word 094

成本控制的重點

POINT

- 控制成本的重點並非單純地降低費用。
- 有效率的工程才能提高附加價值。
- 採取依房間區分的個別估價方式較容易設定工程的優先順位。

依據減額要素進行設計

在施工的過程中，經常發生無法預測的追加項目，因此工程開始之後，為了在預算中調整，必須一面依據價值工程方案和降低成本計畫，一面進行規劃設計[圖]。有些住宅改造的工期較短，所以必須設想好開工後各種突發狀況的隨機應變對策，在設計的階段中事先與業主進行協商和溝通。

縮減工程種類是有效降低成本的做法

縮減工程種類是成本控制中的關鍵要素。如果工程牽涉到複雜的規格和多種改造時，工程種類也會隨之增加，還會耗費額外的時間和費用。例如，家具的施作作業採取木工師傅能夠在現場加工的規格，就能大幅降低成本[表1]。

以個別房間進行估價

估價時建議採取各個房間分開估價的方式擬定估價單。如果工程預算較為寬裕時，視估價的結果，能施工的項目也就可能出現可暫緩的部分。一般的估價單大多按工程類別計算出整體金額，但若是採個別房間計算的話，就能夠以個別房間判斷優先順位。

採用既製品或業主提供的材料

採用既製品或業主提供的材料也是降低成本的有效手段[表2]。使用既製品具有大幅縮短工期的效益。此外，若由施工廠商購買時，業主只會支付補償費或手續費，有時也能夠以較低的成本購入。

不過，若因為沒有和施工廠商事先進行充分的協商和溝通，而導致無法發揮預期的機能時的責任歸屬就會變得模糊不清，必須加以注意。

圖　價值工程方案的構想

所謂價值工程（Value Engineering）方案，是指掌握製品和服務的「價值」，與應該發揮的「機能」和所耗費的「成本」之間的關係，利用系統化的程序，可望提高「價值」的方法

價值工程方案不是一昧降低價格，同時確保品質也相當重要！

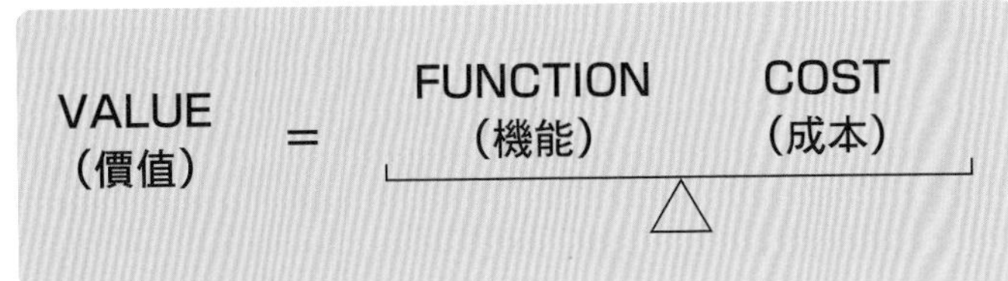

原來如此！

表1　價值工程方案考量的主要項目

項目	價值工程方案（昂貴→低廉）
家具	家具工程 → 木工工程或既製品
廚房	現場施作 → 既製品
浴室	傳統工法 → 系統衛浴
	邊墩部分泥作工程 → 安置型浴缸
隔間門窗工程	室內門窗的隔間 → 窗簾或羅馬簾
完成面材料	塗裝 → PVC（聚氯乙烯）壁紙
	木質地板 → PVC（聚氯乙烯）地磚或PVC（聚氯乙烯）卷材地板

表2　業主自行施工與本工程銜接時所產生的物品和工程項目

項目	物品、工程項目
業主提供材料	照明器具和燈泡
	既製品的購入（廚房、家具）
	空調、洗碗機等家電製品
業主自行施工	塗裝工程（材料從施工廠商購入）
	戶外木平台工程（在賣場購入材料後DIY）

key word 095

工程承攬契約

POINT

- 不論工程規模大小都必須簽訂契約。
- 簽訂契約是避免事後發生糾紛的訣竅。
- 預料外的因應對策也必須記載於契約內容裡。

工程承攬契約的重要性

在進行住宅改造工程時，縱使工程金額只有100萬日圓左右，簽訂工程承攬契約書還是很重要的事情[圖]。雖然金額較少的工程，可採用發包單、請款單代替契約書，但是簽訂正式的契約書，可避免將來發生糾紛。

工程承攬契約的記載內容

首先進行工程內容和工程金額、估價內容的確認工作，確認估價單的內容與設計圖、規格書是否有不一致的情形，並且特別針對模稜兩可的內容，連同圖面和估價單再度核對。

其次，確認是否有明記工程期間，並檢核按工程表擬定的工程時間是否適切，也必須確認是否有記載完工後的移交日期，以及延遲移交時的保證等事項。此外，工程款的支付一般大多採取2～3次分期付款的方式。如果是採用住宅改造貸款的話，則必須注意支付的日期和融資貸款日期的寬裕期限。

契約內容必須記載預料外的因應對策

住宅改造工程在建物解體之後，經常發生與原先設想的狀況不同的情形，造成無法依照契約內容進行施工。尤其是木造建築，結構體發生超乎想像的腐蝕情況時，就必須進行構造補強。因應這類情況的發生，最好擬定計畫變更或協商辦法、工期延長、金額追加、契約內容變更時的變更同意書等文件。

除此之外，契約書內也必須明記契約解除的事項、條件、瑕疵責任的範圍和期間等一般事項。

圖　承攬契約書的範例

格式 1-1

○○○○年○○月○○日

印紙貼付欄

住宅改造工程

承攬契約書

工程名稱：

工程場所：

工程期間：　自　　年　　月　　日起至　　年　　月　　日為止

發包者姓名：　　　　　　　　　蓋　章　　電話：

住址：　　　　　　　　　　　　　　　　　傳真：

承攬業者名稱：　　　　　　　　　　　　　電話：

代表者：　　　　　　　　　　　蓋　章　　傳真：

住址：

負責人姓名：

1.承攬金額：

金額　　　　　　　　　　日圓（含稅）

2.工程內容：

工程項目	摘要（規格）	（單價、數量、時間 等）		小計
1.				
2.				
3.				
4.				
5.解體、廢棄物處理費				
		工程價格（不含稅）		
		交易相關的消費稅等		
		合計（含稅）		

■承攬條件：工程用之電氣、自來水、瓦斯等，請准予使用發包客戶住宅內之設備。此外，本工程可能由於不可見部分等狀況，導致施工內容及工程金額發生無法預測的變更，懇請諒查。

■附帶文件：為了補足工程內容，茲附帶下列文件。（需附帶協商用文件與工程承攬契約條款，其他，附帶資料必須蓋章）

◎ 住宅改造工程協商文件　◎住宅改造工程承攬契約條款　・估價單　・裝修表

・型錄　（1.　　　）　（2.　　　）

・其他　（1.　　　）　（2.　　　）

3. 支付方式
- 訂金or簽約金（　　　）金額：　　　日圓（含稅）
- 分期付款（　　　）金額：　　　日圓（含稅）
- 完工付款（確認工程完成之後＿＿日以內）金額：　　　日圓（含稅）
- 金額：　　　日圓（含稅）

▼本契約一式兩份，由當事者簽名或蓋章之後各自保管一份

※請妥善保管此文件

100801版

格式 IV-1

○○○○年○○月○○日

印紙貼付欄

住宅改造工程

工程內容變更同意書

工程名稱：

工程場所：

工程期間：　自　　年　　月　　日起至　　年　　月　　日為止

發包者姓名：　　　　　　　　　蓋　章　　電話：

住址：　　　　　　　　　　　　　　　　　傳真：

承攬業者名稱：　　　　　　　　　　　　　電話：

代表者：　　　　　　　　　　　蓋　章　　傳真：

住址：

負責人姓名：

○○○○年○○月○○日所簽訂之上述工程內容，同意變更為下列所述的內容（請在以下符合變更內容的框格內打勾）

☐ 工期之變更

變更前：自　　年　　月　　日起至　　年　　月　　日為止

變更前：自　　年　　月　　日起至　　年　　月　　日為止

☐ 工程內容之變更

No	變更部位	變更前的規格	變更後的規格	（單價、數量、時間等）		金額		
						變更前	增減額	變更後
1								
2								
3								
4								
				變更金額（不含稅）				
				交易相關的消費稅等				
				變更金額合計（含稅）				

☐ 承攬金額之變更

變更前：總額　　　　日圓（含稅）　變更後：總額　　　　日圓（含稅）

☐ 其他

■附帶文件：為補足工程變更之內容，茲附帶下列文件（需附帶會商文件。其他附帶資料必須蓋章）

◎住宅改造工程會商文件　・估價單　・裝修表

・型錄　（1.　　　）　（2.　　　）

・　　　（3.　　　）　（4.　　　）

・其他　（1.　　　）　（2.　　　）

※請妥善保管此文件

100801版

格式 II

住宅改造工程

承攬契約條款

（總則）

第 1 條　發包者與承攬者必須恪遵日本國法律，互相協力、遵守信義、誠實履行本契約。

2　承攬者需根據本契約書及所附帶之估價單、裝修表、會商文件等完成工程，發包者與承攬者確認契約之目的物之後，發包者需完成承攬金額之支付。

（若依照協商內容進行工程有困難時）

第 2 條　施工期間若發生一般事前調查不可預測之狀況，無法依照協商內容施工，或不適合施工時，經由發包者與承攬者之協議，可變更為符合實際情況之內容。

2　前項內容中如有變更工期、承攬金額之必要時，可經由發包者與承攬者協議決定之。

（禁止轉包、委任）

第 3 條　除非事先獲得發包者之書面承諾，承攬者必須擔負承攬者之責任，不得將工程之全部或大部分，轉包或委任給承攬者指定之廠商。

（禁止權利、義務等讓渡）

第 4 條　發包者與承攬者若未獲得對方之書面承諾，本契約所產生之權利或義務，不得讓渡或繼承給第三者。

2　發包者與承攬者若未獲得對方之書面承諾，不得將本契約之標的物、完成檢查之工程材料（包含製造工廠等製品）、建築設備之機器，讓渡或租賃給第三者，或者提供為其他擔保目的之抵押權。

（完工確認、金額支付）

第 5 條　工程終了時，發包者與承攬者雙方到場確認契約之標的物之後，發包者必須在承攬契約書記載之日期截止前，完成承攬金額之支付程序。

（提供材料、租賃品）

第 6 條　若由發包者提供材料或租賃品時，必須經由發包者與承攬者之協議，決定其交付日期與交付場所。

2　承攬者接受所交付之材料或租賃品之後應迅速檢查，針對不良品可要求發包者更換。

3　承攬者應善盡管理者之責任，妥善使用或保管所提供之材料或租賃品。

（對於第三者之損害以及與第三者之紛爭）

第 7 條　由於施工導致對第三者造成損害，或產生糾紛時，發包者與承攬者必須協力處理以解決紛爭。

2　前項中所需之費用，若產生紛爭之事由歸屬於承攬者之責任時，由承攬者負擔。若產生紛爭之事由歸屬於發包者之責任時，則由發包者負擔。

（不可抗力所造成之損害）

第 8 條　由於無法歸屬於發包者或承攬者之天災與其他自然或人為現象之事由（以下稱為「不可抗力」），導致工程完成之部分、臨時工程之物品、搬運到工程現場之工程材料、建築設備之機器（包含有償提供之材料），或者工程用機器產生損害時，承攬者應在事情發生後迅速將其狀況通知發包者。

2　前項之損害經由發包者與承攬者協議後，認定為重大災害，或者認定承攬者已善盡管理者之注意和保管責任時，由發包者負擔其損害金額。

3　若有由火災保險、建設工程保險彌補其他損害時，則從前項發包者所負擔之金額中扣除。

（有瑕疵時之責任歸屬）

第 9 條　契約標的物若有瑕疵時，承攬者必須擔負民法所規定的責任。

（工程變更、暫時中止、工期之變更）

第10條　發包者根據需要，可追加、變更或暫時中止工程。

2　由於前項事由造成承攬者損害時，承攬者可向發包者請求補償。

3　承攬者因不可抗力或其他正當理由，並向發包者明確提示其理由時，可要求延長工期。工期延長之日數由發包者與承攬者協議後決定之。

（延遲損害金）

第11條　若由於歸屬於承攬者責任之事由，無法在契約期限內完成契約之工程時，發包者以每延遲一日為單位，可請求從承攬金額中扣除已經完工部分及已搬入之工程材料之相當金額後之金額，依照年14.6%之比例相乘之金額違約金。

2　發包者若未完成承攬金額之支付時，承攬者以每延遲一日為單位，可請求延遲支付金額乘以年14.6%金額之違約金。

（紛爭解決）

第12條　若發生與本契約相關之紛爭時，以本物件所在地之法院為第一審管轄法院，或由法院之外之紛爭調解機關解決其紛爭。

（補充條款）

第13條　本契約書未規定之相關事項，可由發包者與承攬者依據需要，透過具有誠意之協議決定之。

（適用特定商業交易相關法律時之契約審閱權相關說明書）

本契約承攬之住宅改造工程或室內設計商品等銷售適用「特定商業交易相關法律」時（注），在進行契約審閱之際，請詳細閱讀本說明書及工程承攬契約條款。

（注）適用「特定商業交易相關法律」之行為：透過訪問行銷、電話勸誘行銷之交易行為

I　行使契約之解除（契約審閱權）時

①適用「特定商業交易相關法律」注2，並行使契約審閱權時，從接受此書面文件之日起算，顧客（發包者）在8日之內可採取書面方式，解除工程承攬契約（稱為契約審閱權），並在發出解除契約內容之文件時生效。但，若有以下情況時，無法行使契約審閱權之權利。

a. 顧客（發包者）將改造工程之建物做為商業用途，或者經由顧客（發包者）之請求，在自宅申請或行使本契約。

b. 使用壁紙等消耗品（最小包裝單位）或未滿3,000日圓之現金交易。

②為妨礙上述契約審閱權之行使，由於承攬者提供不實之資訊，導致顧客（發包者）產生誤解，或者受到脅迫心生為難，無法行使契約審閱權時，從承攬者交付消弭妨礙契約審閱權之書面文件，接受其內容之相關說明後起算8日之內，可採取書面方式解除契約。

II 在上述期間內發生解除契約情況時

①承攬者無法請求解除契約所衍生之損害賠償或支付違約金。

②若有解除契約之情況，並且已交付商品時，其交易所需之費用由承攬者負擔。

③在提出解除契約之際，若有已領取之金額，應迅速全額無息返還。

④伴隨勞務之提供，土地或建物及其他工作物之現況產生變更時，顧客（發包者）可請求無償恢復原來之狀態。

⑤對於已經提供之勞務，承攬者無法向顧客（發包者）請求支付勞務之對價及其他之金錢。

※此外，若簽訂明顯超過一般所需數量之商品契約時，在簽約後一年之內仍有解除契約之可能性。

資料出處：住宅改造推進協議會

KEYPOINT

契約書最重要的是明確且詳實的記載工程的內容。住宅改造由於存在著隱蔽部分和不明部位，所以契約的內容並非只有一種版本。此外，如果發生內容變更的情況時，則可變更契約

key word 096

睦鄰對策

POINT

- 對於業主而言，在工程結束之後仍然會持續與鄰居往來。
- 事前說明會也必須確認鄰居的期望。
- 訂定現場施工規則，一旦發生糾紛時可迅速因應處理。

與附近鄰居的往來和業主的生活息息相關

為了順利進行施工，向鄰居事先說明並獲得理解很重要。這也是考量業主今後的生活，因此獲得鄰居的諒解也是重要的關鍵。若已經確定施工廠商的話，應由施工廠商向鄰居說明工程的內容、期間、作業時間等相關事項[圖1]。

獨棟建築必須知會的鄰居大多為左右兩側和前後，以及斜向8戶鄰近住家，但是如果屬於道路寬度狹窄的區域，或是袋狀死巷等可能會受到工程作業車輛影響的範圍，建議事先向鄰近住戶知會和說明。

公寓大廈的話，管理規約中都會規定必要的住戶範圍和時間，因此必須加以確認[圖3]，並在施工前訂定的期間內，完成逐戶知會和說明。

公寓大廈對於施工車輛的停車位置，也有指定的場所，事前必須加以確認。此外，關於從出入口到電梯、公用走廊、門扉的角落等搬運路徑的養護，以及垃圾的清理和回收也要徹底執行。

避免造成鄰近住戶的困擾，建立良好的關係，可說是為了後續能夠順利進行施工的重要關鍵。

避免發生抱怨和申訴

儘管施工時非常小心謹慎，還是可能會收到鄰近住戶的抱怨。建議業主、建築師、施工廠商都必須事先確認現場的施工規則和注意要點。

解體工程或基底、固定家具等會產生聲響的工程，尤其應該特別注意。如果因為工程噪音引來鄰近住戶的抱怨和申訴時，為了讓業主在工程結束後，能與近鄰建立良好的關係，施工廠商應該與業主合作，並在採取迅速的因應措施的同時向業主報告處理狀況。

圖1　通知鄰近住戶的方法

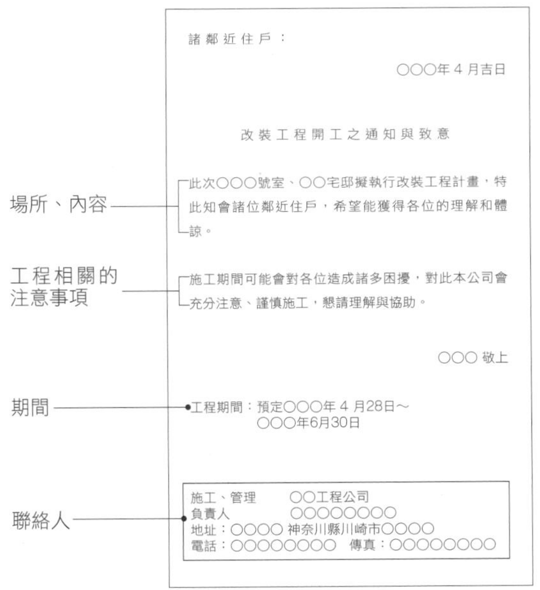

諸鄰近住戶：

○○○年４月吉日

改裝工程開工之通知與致意

此次○○○號室、○○宅邸擬執行改裝工程計畫，特此知會諸位鄰近住戶，希望能獲得各位的理解和體諒。

施工期間可能會對各位造成諸多困擾，對此本公司會充分注意、謹慎施工，懇請理解與協助。

○○○ 敬上

工程期間：預定○○○年４月28日～○○○年6月30日

施工、管理　○○工程公司
負責人　○○○○○○○○
地址：○○○○ 神奈川縣川崎市○○○○
電話：○○○○○○○○　傳真：○○○○○○○○

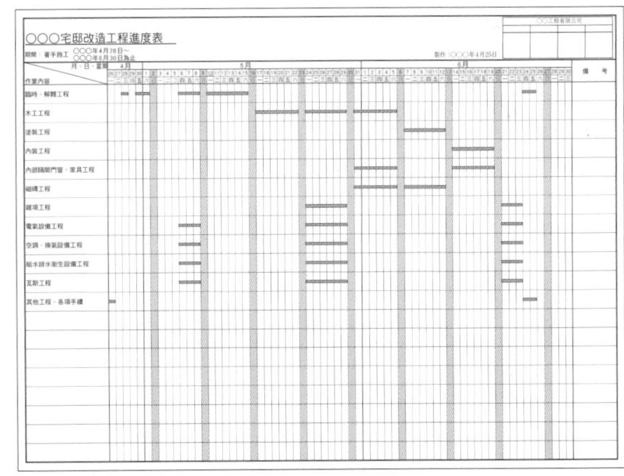

工程進度表

須特別注意解體工程或基底、固定家具等會發出聲響的工程！

圖2　知會鄰近住戶的範圍（獨棟的情況）

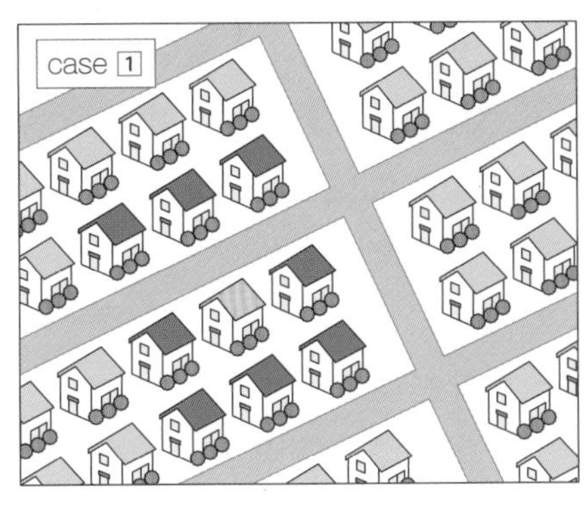

施工的住宅

須知會的住宅

一般必須知會的住戶，大多包含前後左右鄰居和斜向8間住戶。如果道路較為狹窄或道路為袋狀死巷等情況時，不論是否為兩側鄰居，凡是會受到工程車輛影響的住戶，都必須納入考量

圖3　知會鄰近住戶的範圍（公寓大廈的情況）

施工的住宅

須知會的住宅

一般公寓大廈的管理規約中，大多有規定必須知會的住戶範圍，事前應向管理委員會確認

當混凝土結構體發生傳導振動時，大多不會只向下方樓層，也會向上方樓層，因此必須充分考量和注意噪音的問題～

8 估價與契約、現場監理

key word 097

解體前的指示

POINT

- 解體前除了區分工程類型之外，知會鄰居也很重要。
- 解體的部位必須在現場一面看圖面，一面詳細討論。
- 解體指示書必須記載詳盡。

與解體業者在現場會商討論

進行住宅改造時必須到現場討論和指示，製作標示解體範圍的圖面[圖]。此外，由於許多現場在實際解體之後，問題點才會浮現，因此建築師也應該盡可能參與現場的會商。

解體時必須確認的事項包括，是否能夠依照計畫進行、結構或設備是否沒有問題等。一旦出現問題時，在發生的時間點必須有重新修正計畫的寬裕時間，是很重要的。

解體前的記錄

在解體建物之前，必須現場拍攝照片記錄，特別是保留既有的部分或解體部分的交界處。同時盡量採取附有照片及文字說明等容易理解的方式，向解體業者說明。若解體業者與施工業者為不同的廠商時，更應該特別注意。

進行公寓大廈改造的話，工程範圍上解體前的指示會產生很大的變化。如果屬於結構體的解體時，必須審慎考量塵埃、噪音、振動等因素對於鄰近住戶的影響。

向鄰近住戶說明

如果可預料解體的過程中會產生振動問題時，當然必須向鄰近住戶說明，還要拍攝鄰居的牆壁完成面狀況，也別忘了特別針對磁磚、設備周圍、施作家具與牆壁的接合處等部位，留下現狀的照片資料。

若室內有上方樓層的設備配管時，必須事先通知負責解體工程的業者。

若是進行局部改造的話，必須針對保留場所、新建場所等，拆除範圍到哪、從哪裡開始是新建部分，在現場詳細指示或會商，並且繪製標示解體範圍的圖面。

圖　解體場所指示圖

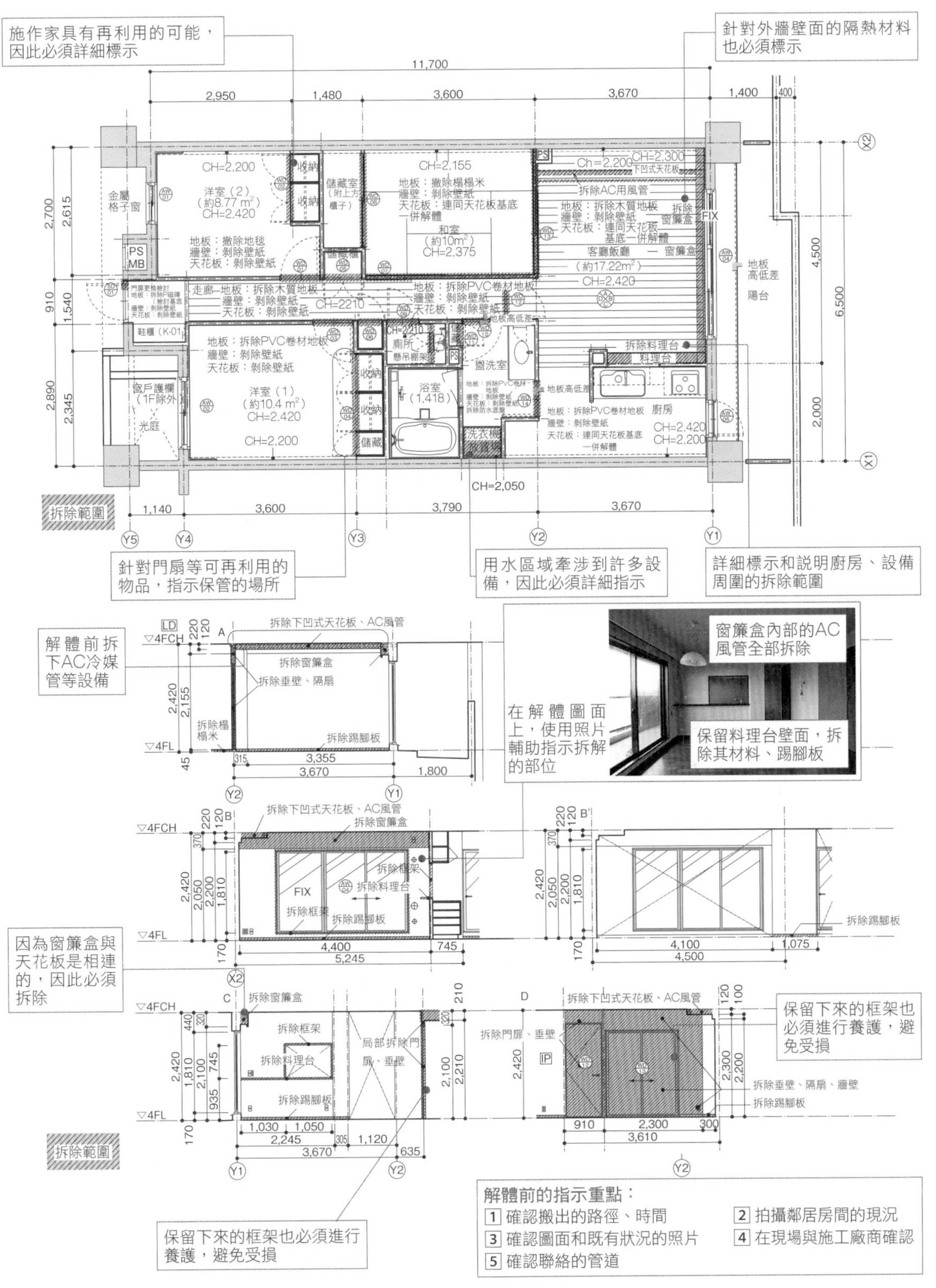

施作家具有再利用的可能，因此必須詳細標示
針對外牆壁面的隔熱材料也必須標示
拆除範圍
針對門扇等可再利用的物品，指示保管的場所
用水區域牽涉到許多設備，因此必須詳細指示
詳細標示和説明廚房、設備周圍的拆除範圍
解體前拆下AC冷媒管等設備
在解體圖面上，使用照片輔助指示拆解的部位
窗簾盒內部的AC風管全部拆除
保留料理台壁面，拆除其材料、踢腳板
因為窗簾盒與天花板是相連的，因此必須拆除
保留下來的框架也必須進行養護，避免受損
拆除範圍
保留下來的框架也必須進行養護，避免受損
解體前的指示重點：
1 確認搬出的路徑、時間
2 拍攝鄰居房間的現況
3 確認圖面和既有狀況的照片
4 在現場與施工廠商確認
5 確認聯絡的管道

key word 098

解體後的檢查

POINT

- 體解之後立即確認現場狀況，判斷計畫中是否沒有阻礙。
- 在解體確認會議中，檢討問題的因應對策或成本增減或工程變更等事項。
- 解體、調查後執行設計時，就可能擬定正確的計畫和估價。

解體後立即確認現場狀況

進行改造時，很多案例是在缺乏既有圖面、僅根據非破壞性的現場調查狀況下，抱著懸而未決事項進行設計。這些混沌不明的事實和現象，只有在解體之後才能一窺究竟。

因此，解體之後必須立即在現場確認本計畫是否沒有阻礙[圖1、2]。先掌握應該檢查的場所，解體後立即確認問題點的話，後續的因應對策也才能夠順利地進行。

解體確認會議的檢討事項

建物解體後，必須針對施工廠商、設計者收集的情報加以整合，召開「施工者、設計者解體確認會議」，檢討問題的因應對策或成本增減、工期調整等事項。這些檢討事項經歸納彙整之後，在「業主解體確認會議」中，一面檢視現場狀況，一面說明問題的因應對策、成本、對工程的影響等事項。為了防備預料之外的事態發生，應將這項「解體後的確認期間」編入工期表內。這些情報收集或因應對策的檢討、成本調整等事項，就變成必須事先向施工者說明，並獲得迅速協助。

解體工程和改造工程分開發包

依據物件的差異，解體工程和改造工程也有採取分開發包的方式。分開發包屬於先解體建物，再進行精密的檢查，然後以檢查結果為根據進行設計的模式。在這種情況下，由於是在解體、調查之後才進行設計，因此較有可能擬定出正確的計畫和估價。不過，解體工程和改造工程是在不同的時期進行，因此整體的工程費用容易偏高。

此外，在整體工程的估價尚未完成的情況下解體建物的話，就不可能在預算不足時採取既有資源再利用的對策，因此必須根據計畫或預算的情況加以注意。

圖1　獨棟住宅解體後的檢查項目

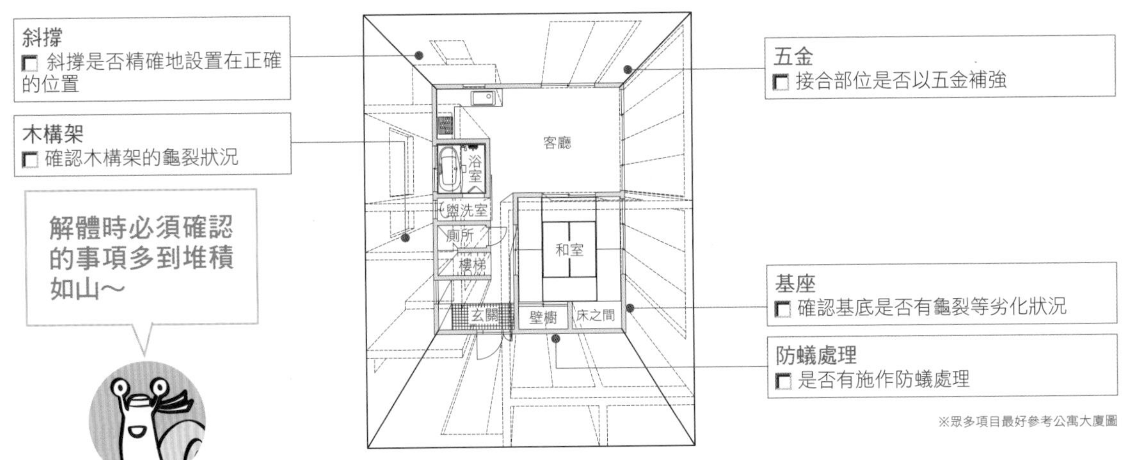

圖2　公寓大廈解體後的檢查項目

既有牆壁
☐ 是否因結露而發生發霉等狀況
☐ 是否有出乎預料之外的倒塌方式
☐ 是否適合做為新完成面的基底

廁所
☐ 排水連接的方法
☐ 與豎管的高度和方向

結構體
☐ 是否有漏水痕跡
☐ 是否有裂縫
☐ 與結構體的柱、梁、牆壁的既有圖面的整合性
☐ 結構體平面尺寸
☐ 樓地板、天花樓板的水平和高低差

☐ 是否有既有圖面未標記的既有共同配管

既有牆壁開口
☐ 是否規劃必要的尺寸
☐ 配線、配管是否干擾到開口

排氣
☐ 廚房、盥洗室、浴室、廁所等管道通路，是否依照預定規劃（梁貫通位置、天花板高度）

☐ 是否能夠確保各部位的預定尺寸。若無法，會在哪裡進行調整？

配電盤、內部對講機
☐ 位置的確認
☐ 檢視配線長度，掌握可移動的範圍

窗框
☐ 是否有安裝室內窗框的尺寸

隔熱
☐ 外牆壁面是否有隔熱或缺損

新門
☐ 是否適合既製品的門框、門扉的尺寸

洋室　PS MB　玄關　走廊　洋室　浴室　PS　???　陽台　PS

空調、進氣、排氣口
☐ 既有貫穿管的尺寸、位置、數量

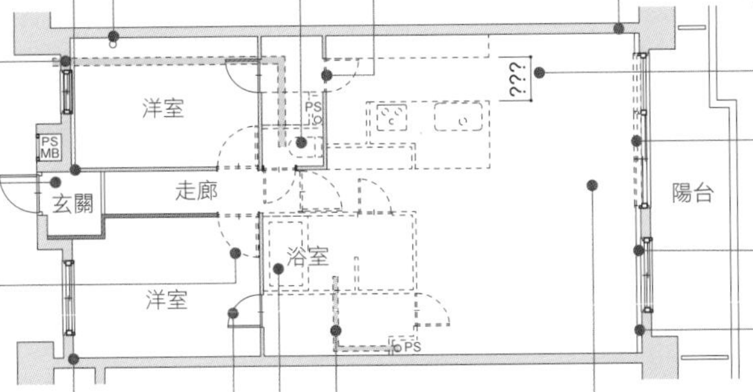

開關、電源插座
☐ 安裝位置的牆壁露出插座盒的部位

排水
☐ PS的正確位置
☐ 能否規劃預定的管道通路
☐ 地板是否有高低差若有，確認其範圍和位置
☐ 確認利用既有管道時的劣化狀況

地板
☐ 是否有預定之外的地板高低差
☐ 地板完成面為直鋪地板時，是否有明顯的不平整狀況
☐ 利用既有基底的預定場所，地板是否會發出聲響

既有的隔間門窗
☐ 墊高地板時，是否必須裁切門扉下緣
☐ 隨上述情況調整門窗的高度

浴室
☐ 預定的大小能否置入
☐ 是否出現梁的缺口狀況
☐ 原本浴室周圍的牆壁是否為結構體

天花板
☐ 決定進行結構體改造時，結構體的狀態是否有明顯的問題？此外，是否有隔熱材的施工

key word 099

設計的修正

POINT

- 解體後經常會發生與既有圖面不一致的情況。
- 結構性的差異有時也會造成大幅增加成本的狀況。
- 對於解體後的狀況和設計的變更，必須與業主達成共識。

與既有建物的整合性

進行住宅改造時，通常是在解體現有建物之前，與委託的業主進行溝通和會商，並根據既有的圖面進行規劃和繪製設計圖面，經過估價的程序之後簽訂工程契約，然後著手進行施工作業。然而，解體既有建物之後，能夠在與圖面沒有任何出入的建物上進行施工的事例非常罕見。

重新繪製既有圖面與尺寸的確認

在完成既有建物解體的階段，必須確認既有的建物是否能夠依照改造的圖面施工，並針對柱子的內部尺寸和斜撐的配置狀況、地板下方的尺寸、天花板內部空間的尺寸等項目進行重新量測的作業。在這個階段中，也必須考量進行若干的設計修正。

尤其是斜撐的配置或基礎的劣化狀況等，有關既有建物的結構性差異是必須進行設計圖面的修正，有時也會導致大幅度增加成本，因此必須與業主進行溝通和商量[圖]。

此外，在拆除基底之後，發現既有結構體持續劣化的狀況比預料中嚴重，或地板下方的基礎部分出現腐朽或白蟻侵蝕等情況時，就必須重新規劃既有建物結構的壁量，並選定適當的補強方法。

依據屋齡進行設計

既有建物該採用哪種方式建造，別忘了參考前面章節提到的建物年代別的檢查〈參照P036〉來進行設計。這種狀況一旦無法與業主達成共識的話，將會成為後續糾紛原因，因此最好加以注意。

圖　無法依照圖面施工的範例

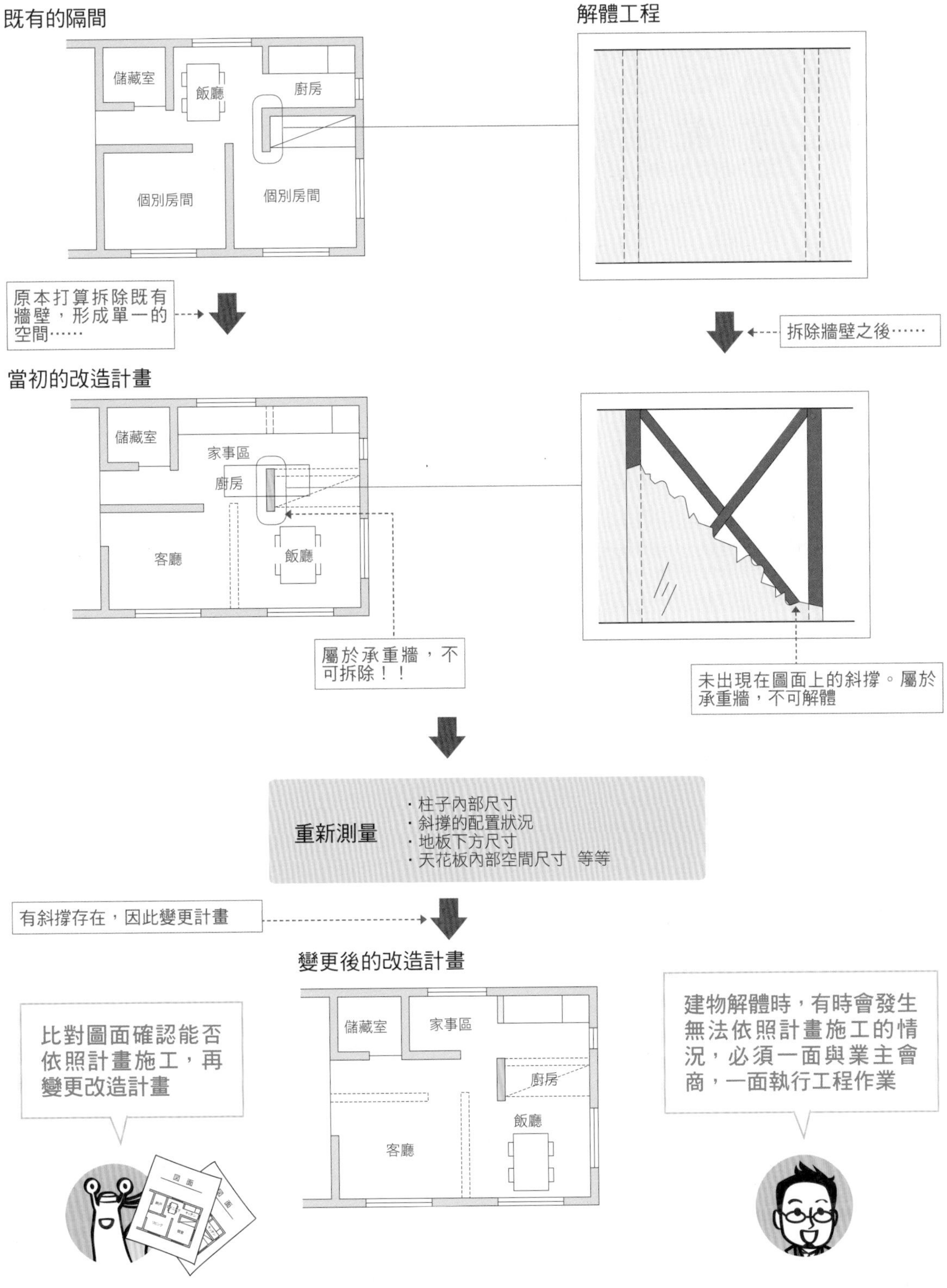

既有的隔間

儲藏室
飯廳
廚房
個別房間
個別房間

解體工程

原本打算拆除既有牆壁，形成單一的空間……

拆除牆壁之後……

當初的改造計畫

儲藏室
家事區
廚房
客廳
飯廳

屬於承重牆，不可拆除！！

未出現在圖面上的斜撐。屬於承重牆，不可解體

重新測量

- 柱子內部尺寸
- 斜撐的配置狀況
- 地板下方尺寸
- 天花板內部空間尺寸　等等

有斜撐存在，因此變更計畫

變更後的改造計畫

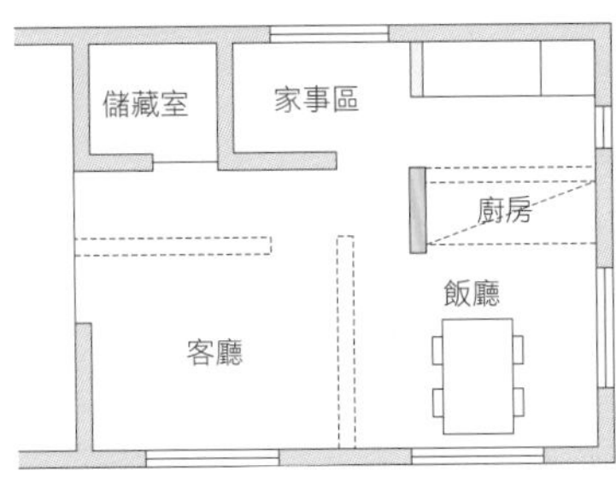

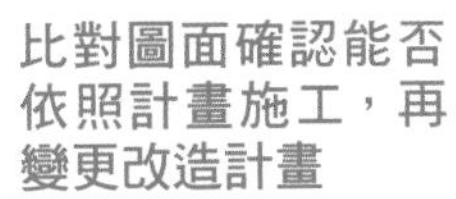

建物解體時，有時會發生無法依照計畫施工的情況，必須一面與業主會商，一面執行工程作業

key word 100

現場監理①——基底的檢查重點

POINT

- 進行住宅改造時，既有基底的狀況是非常重要的要素。
- 解體建物時必須以是否有其他可有效利用點的原則，進行確認工作。
- 能夠直接在既有結構體上進行改造的話，就能降低成本。

確認既有基底的狀態

在進行調查作業時，即使完成面表面的狀態不錯，但並不代表基底的情況也很好，還是必須進行解體作業，才能了解基底的狀況。如果基底材料出現腐蝕以致無法利用，或是由於基底的狀態不佳，影響完成面材料導致膨起或凹陷等現象發生時，則必須針對基底採取小間隔的補強措施。

為了節省時間和成本，也可採取在既有的完成面表面上鋪貼合板以形成基底的方法。不過，合板基底會比原來的既有牆壁表面還要厚，因此必須確認能否使用原來的框架，以及能否和其他銜接的部分吻合。由於樓板的水平高度會比既有的樓板高，所以務必檢討與其他部分的接合方法。

建構新的基底

在牆壁未保持垂直狀態的前提之下，也必須一併確認既有結構體的牆壁凹凸不平狀況的程度。由於有些公寓大廈的管理規約中，有規定不可在結構體上使用螺絲釘和錨栓，如果要鋪貼石材等沉重的完成面材料，或者安裝懸吊式棚架時，必須在黏貼的木質磚上方鋪貼合板，構成新的基底。另外，也可採取在輕鋼架基底上安裝合板，形成新基底的方法[照片]。

直接在既有的結構體上進行完成面塗裝作業

如果在既有的結構體上塗裝或進行泥作，或者在做為普通基底材料的合板上直接塗裝和著色的話，能夠有效利用有限的空間，形成兼做基底用的完成面。

如果直接在既有的結構體上塗裝時，也能夠省略石膏板或補土的處理，因此可削減成本。

不過，在結構體上直接塗裝時，必須注意隔熱性能或配線、配管外露的問題。

圖　檢查基底的流程

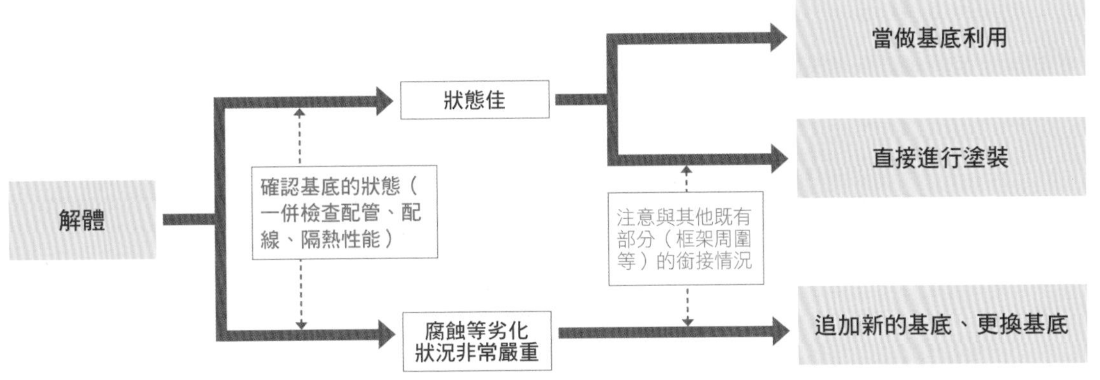

照片　追加基底

當做基底材的合板、混凝土牆壁可利用來當做改造材

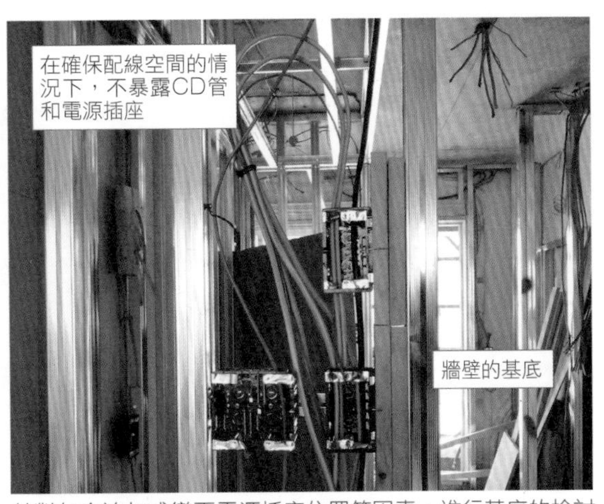

針對包含追加或變更電源插座位置等因素，進行基底的檢討

必須拆除腐朽的結構體和基底之後重新建置新的基底

為了固定家具，以合板等材料補強基底

key word 101

現場監理②——現場施作裝潢的檢查重點

POINT

- 必須針對與既有部分的銜接，以及配合實際的結構體進行尺寸的調整。
- 在施工的過程中，必須反覆進行尺寸、水平和垂直狀態的檢查。

注意與既有部分的銜接

進行住宅改造的話，由於結構體已經存在，所以設計和施工的順序都與新建工程不同，配合既有結構體的精確度調整，或施工的順序或進展狀況的確認等都是必要進行的作業。

如果從基底重新組裝時，雖然對於結構體的影響較小，但是若既有的結構體出現傾斜、膨脹等狀態時，地板、牆壁就必須配合調整。

調整的方法

安裝製作家具時的調整方法是使用充填間隙的填縫料，或是以確保與結構體保有公差尺寸的方式加以涵蓋。此外，確保安裝場所的基底強度不夠穩固時的補強方法也很重要。

如果利用既有的基底在現場施作完成面時，受到基底精確度影響的部分很大。假使進行局部改造時，對於與既有部分的銜接部位，或是不同材料的完成面的銜接部位，在收邊的接合縫隙等處理上，應特別加以注意。

有關連性的作業相當費事

進行住宅改造時經常發生希望擴大開口部，卻發現必要場所缺少基底，或是原先只想拆除隔間牆，但是牆壁卻是電鎖的中繼地點，以及打開天花板才發現必須變更配線的路徑，因此處理有關連性的作業，比新建工程更耗費時間[照片]。

住宅改造大多以消除現況的不佳地方為目的，因此從設計的階段開始，對於各個部位尺寸精確度的要求大都非常嚴格。對於前面提過的配合基底的調整，以及在現場進行調整作業時，為了不使預定的尺寸產生誤差，別忘了在施工的過程中隨時檢查和核對尺寸。

照片　進行與既有部分的銜接作業時該檢查的重點

牆壁精確度的檢查

結構體的精確度會影響改造，因此首先必須確實檢查既有結構體的水平、垂直狀況

基底精確度的檢查

詳細確認基底的木構架精確度、必要尺寸，以及水平和垂直狀況是否符合標準

配管路徑的檢查

為避免基底與既有部分的銜接，導致通風換氣路徑不佳等狀況，必須確認施作的過程

各個檢查重點都符合要求之後，再進行施工的話……

各個檢查重點都符合要求的改造例

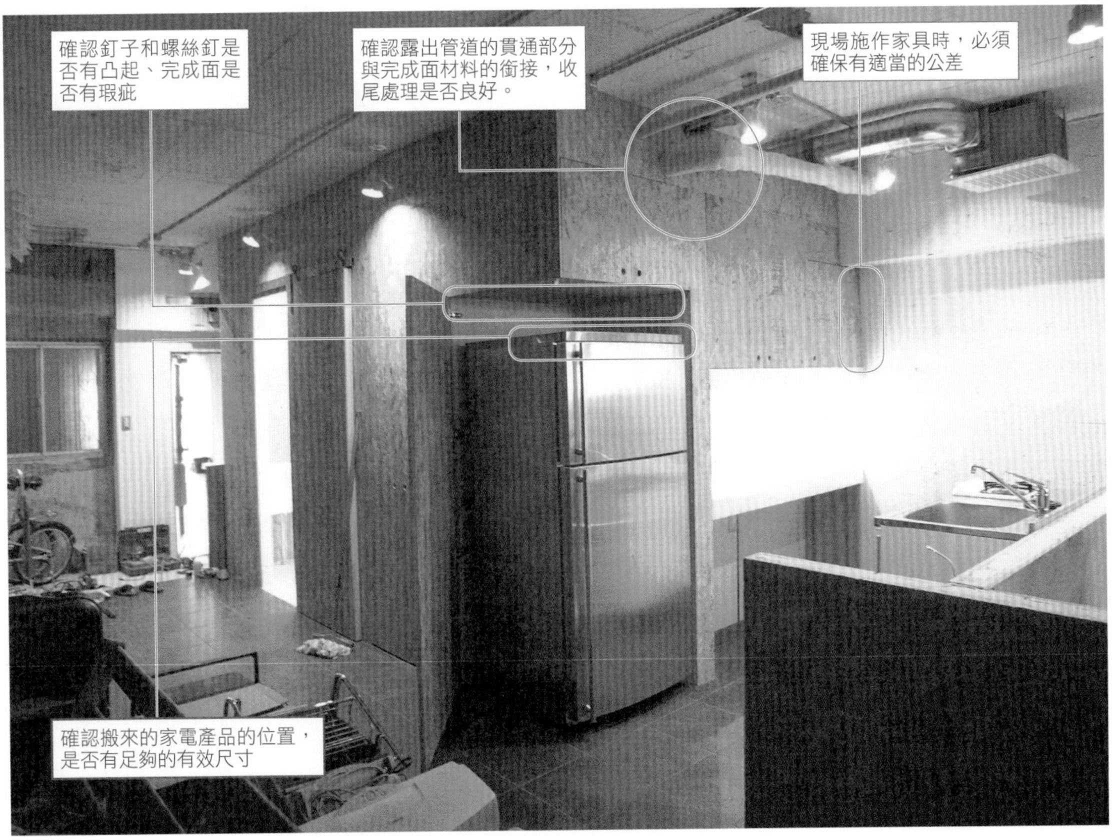

確認釘子和螺絲釘是否有凸起、完成面是否有瑕疵

確認露出管道的貫通部分與完成面材料的銜接，收尾處理是否良好。

現場施作家具時，必須確保有適當的公差

確認搬來的家電產品的位置，是否有足夠的有效尺寸

在基底的施工階段中，檢查牆壁的水平和垂直狀況、與既有配管的吻合狀態，以及必要的尺寸是否變成比實際的結構體尺寸小等項目，是非常重要的作業

key word 102

現場監理③——給水排水衛生設備的檢查重點

POINT

- 作業現場以外的配管路徑或劣化狀態也必須確認。
- 有時必須從外面引進的部分開始更換。
- 針對汙水或雜排水的流向也必須加以確認。

確認作業現場之外的地方

進行給水排水衛生設備的改造時，確認作業現場之外的地方狀況，是非常重要的事項。對於配管路徑、口徑、材質或配管的接續狀態或劣化狀態，盡可能連管線中途的路徑，也一併詳細確認其狀況。

在檢查配管的路徑時，應該仔細檢查是否有採取倒U型配管、不能更換的埋入型配管、管線錯接的情況等[圖2]。同時也確認是否有適當安裝排氣閥，採取防範水錘作用（water hammer）的措施。

如果配管劣化的情況很嚴重時，就有必要更換中途的管路或設置排水閥。在寒冷的地區也要避免水管凍結，檢討更換保溫管等事項。

確認接到建地內的配管狀況

針對管徑及水壓等也必須進行檢查。住宅的管徑一般為20公釐，但是有時配合需要的水量，也必須從引進的部分更換尺寸。依據不同的情況，有時候工程費用會因此大幅度增加，所以得事先進行確認的工作。因水壓太低無法供給上方樓層用水，而必須安裝加壓泵浦等也是計畫階段中不可忘記的確認事項。

從外部引水的公共水管，若還是老舊的鉛管時，可由行政單位依照順序更換，但是有時需要在水利公會自費處理，最好事先確認清楚。[譯注]

排水路徑的確認工作也是同樣的重要。針對雨水、汙水、雜排水等各種排水，是否能夠順利的從各項設備中排出，不會有殘留物殘留，以及水管的適當管徑、傾斜度、通氣閥、水封等項目，都應該詳細檢查[圖3、4]。尤其近年來的省水型設備的配管內容易殘留汙穢物，因此須特別注意。

此外，針對排放到公共下水道的放流等項目，別忘了確認分流、合流的方式，以及是否設有維修用的檢查口和清掃口。

譯注：依據台灣自來水公司公告，民國63年以前的老舊房屋才有鉛管，之後新建的房屋均已無鉛管。有關鉛管區域查詢或更換辦法可至官網查詢

圖1　倒U型配管

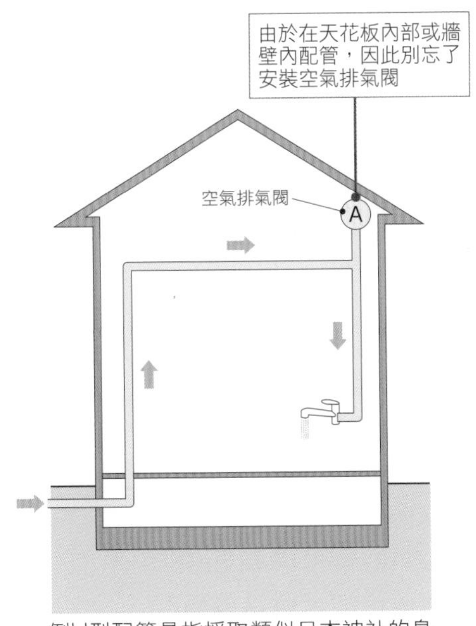

倒U型配管是指採取類似日本神社的鳥居形狀，水管先朝上方水平延伸之後，再朝向下方的配管方式

圖2　管線錯接的構造

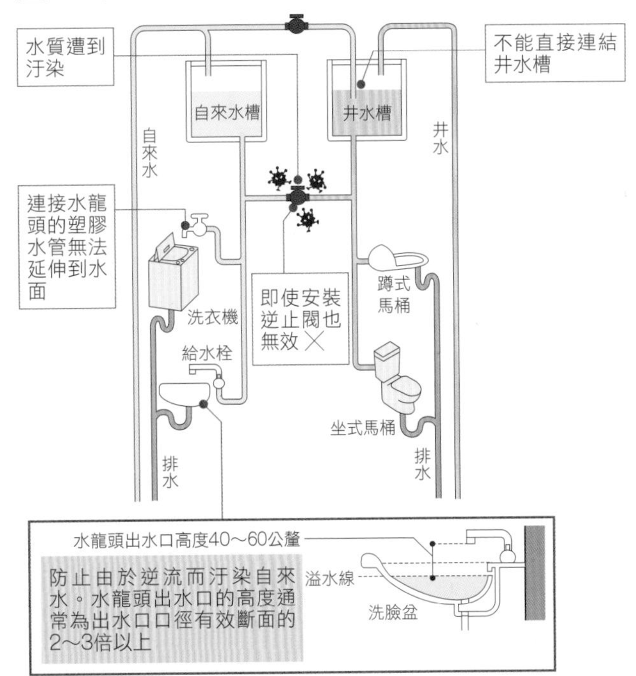

管線錯接是指自來水的給水管，與井水等自來水管以外的配管直接連結。為了防止自來水被汙染，日本自來水法明文禁止此種配管方式，一旦被發現就必須改善管線錯接的方式

圖3　注意雙重存水彎的問題

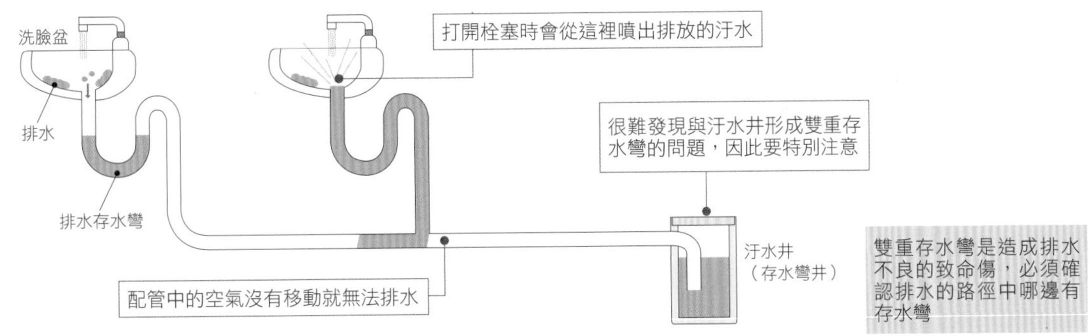

圖4　一樓浴室的排水方法

標準的排水方法

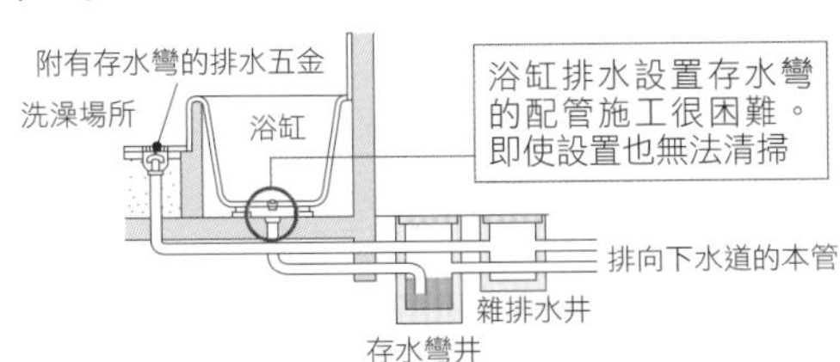

- 浴缸排水不設置存水彎而排放到存水彎井
- 洗澡場所的排水採用附有存水彎的排水五金，排到雜排水井

整合存水彎井的排水方式

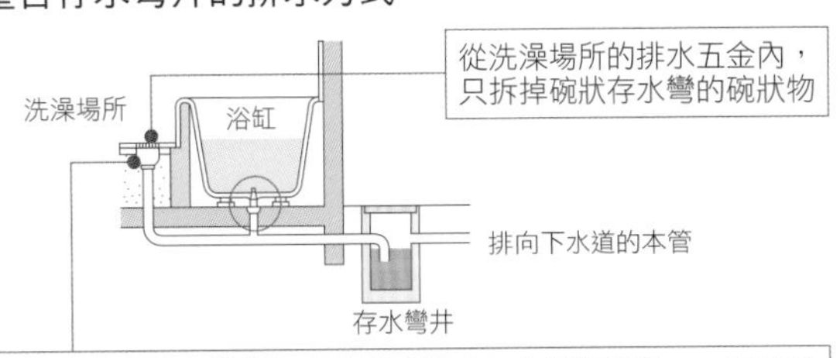

如果裝設碗狀存水彎的話，會形成雙重存水彎的狀態。一旦堵住浴缸的水塞就很難排水。打開浴缸的水塞時，排放的汙水會流入浴缸內

key word 103

現場監理④——電力設備的檢查重點

POINT

- 使用既有配線或配管時，必須確認是否符合現行的配線基準。
- 使用既有配管時，必須檢查配管的口徑是否符合所需的尺寸。
- 若在填充隔熱材料的地方安裝嵌入型照明器具時，應採用 SGI 型的燈具。

全面改造

依據不同的住宅改造方法，電力設備的設計監理方法也有所差異。大部分的全面改造通常都會重新進行新的配線或配管施工，因此現場監理方法如同新建工程。不過，即使只使用一部分的既有配線或配管時，也要向電氣業者確認配線是否符合現行的配線基準。

局部改造

進行局部改造時，必須與電氣業者詳細檢查既有配線和配管的路徑。

近年來，除了照明器具、電源插座等強電設備之外，電話、電視等弱電設備的重要性也日益增高。弱電設備一般都會利用到配管[圖1]，因此必須確保配管路徑的暢通。此外，連接音響放大機和電視機的HDMI纜線末端的端子較大，無法插入弱電設備口徑Φ16的CD管內，最低也要採用Φ28以上的導線管[表1]。

照明器具被隔熱材料包圍時

在已填充隔熱材料的地方，安裝嵌入型照明器具時，應採用SGI型的燈具。所謂SGI型是指對應隔熱材鋪墊工法的照明器具規格[圖2]。如果無法使用此種規格時，就必須在照明器具周圍留下100公釐以上的空間，使照明器具散發的熱量不致於造成溫度過高的狀況。

公寓大廈除了室內配線以外，都採用CD管進行配管[表2]。若大幅度移動配電盤時，必須考量其距離和設置的空間等事項。如果使用200V的電力時，就必須變更子斷路器。此外，別忘了檢查所有的電氣設備狀況。

圖1　穿過配線的CD管

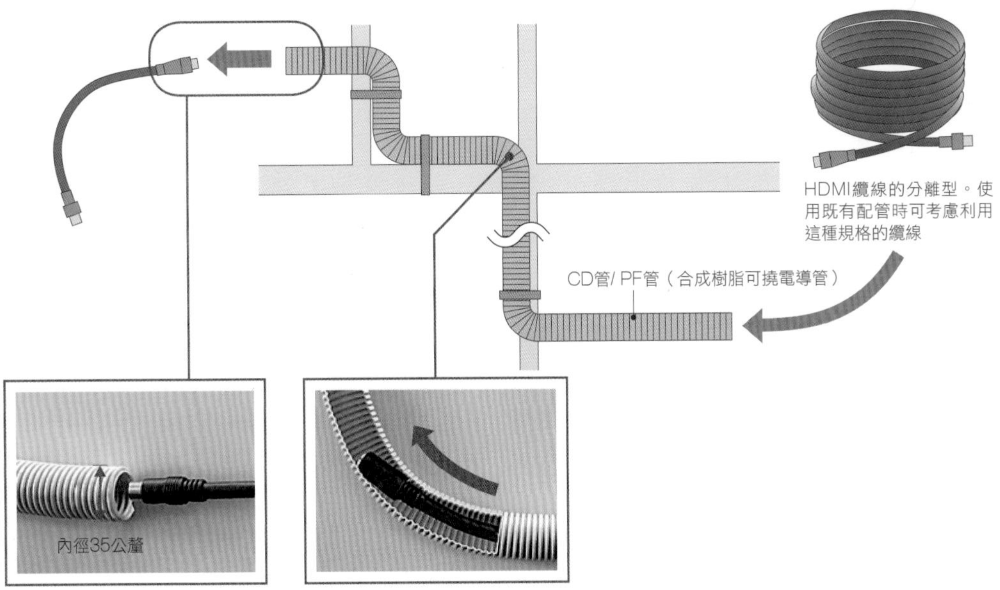

表1　CD管的大小

管名	外徑	內徑
14	19	14
16	21	16
22	27.5	22
28	34	28
36	42	36
42	48	42

HDMI纜線等的纜線末端大小不同，無法穿入Φ16的CD管內，應特別注意

圖2　SGI形（鋪墊工法）

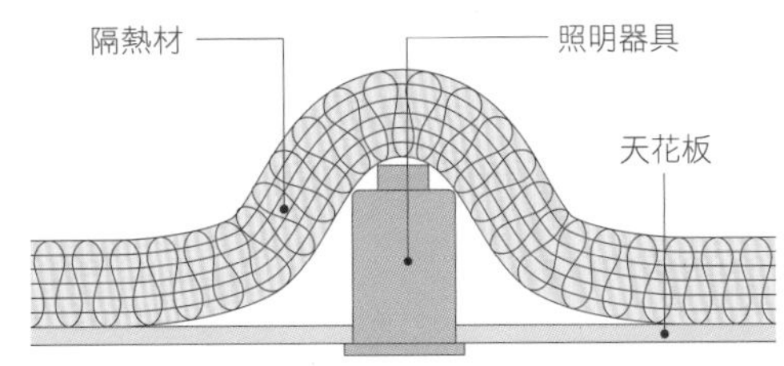

採用鋪墊工法的住宅用捲軸狀或棒狀人造礦物纖維隔熱材（JIS A 9521），進行熱抵抗值6.6m²・K／W以下隔熱施工的天花板可以使用

表2　使用CD管配線的種類[原注]

	特徵	口徑
LAN纜線	PC個人電腦和網路用的纜線。根據速度區分為CAT5、6、7等規格	16以上
光纖纜線	將光纖維集束成一條為纜線。分為電視用、網路用等規格	22以上
HDMI纜線	適合AV視聽設備用的數位影像、聲音的輸入輸出用的介面	28以上
喇叭纜線	連接擴音器和喇叭的纜線。有時纜線的方向是固定的	14以上
電話纜線	接續電話迴路的纜線。電話連接線	14以上
同軸電纜線	主要在電視、FM收音機等設備與天線連接時使用	14以上

原注：CD 管的種類是根據管內配線的支數或距離、彎曲次數而改變的參考數值

key word 104

現場的業務報告

POINT

- **務必進行監理報告。**
- **拍下施工後的隱蔽地方並進行報告。**
- **確認各項試驗數據後進行報告。**

監理報告的義務

建築師接受監理業務的委託後，就有義務向委託的業主進行設計監理報告。尤其是進行住宅改造時，在設計監理項目或報告內容中因為有特別需要記載的要點，所以要詳細確認。

舉例來說，解體建物時的調查中，如果發現既有結構體出現劣化或狀況不良等情形時，就必須局部或大部分更換。這時對於既有圖面的壁量或斜撐所形成的耐力，與重新計畫的耐力之間的比較檢討，就成為監理報告中的重要項目[圖1]。

施工狀況的報告

木造住宅的改造有時會隨著平面圖的變更，而移動結構的隔間。這種情況必須在完成面覆蓋結構之前，先拍攝柱子、樑或牆壁斜撐的固定五金施工的情形，並進行施工狀況報告。

鋼筋混凝土造（RC造）的住宅，由於鋼筋的鏽蝕或長年變化所引起的耐力降低，會導致混凝土發生龜裂的狀況。若發生此種狀況，關於該部位的改善方法必須參考建築學會等的設計指南，並且必須確認和報告施工的要領。

用水區域的狀況

如果變更廚房或廁所等用水區域的配置方式，必須檢核和確認配水管的傾斜度是否有按照圖面施工，並整理成現地測量的數據記錄，與拍攝的照片整合後進行報告。這些資料將有利於掌握後續可能漏水的部位[圖2]。

關於給水、供應熱水的配管方面，應進行施加一定壓力的試驗，確認所測定的數據資料。溫水地暖氣也應該進行同樣的檢查。

此外，針對機械設備的性能試驗數據或測定數據也須加以確認。

圖1　監理報告書內的記載事項

監理報告書

住宅新建時的記載內容

・地盤的施工狀況
・基礎工程的施工狀況
・主要結構的施工狀況
將是否有正確施工的項目加以詳細分類，再加上拍攝的照片撰寫成報告書，留下完整的數據資料

改造時追加的記載內容

1 結構體的劣化或不良狀況
2 設備配管路徑的變更
3 各種數據資料的收集　　等

圖2　施工狀況的報告事項

變更用水區域的配管路徑時，應報告配管斜度或水壓等測定記錄

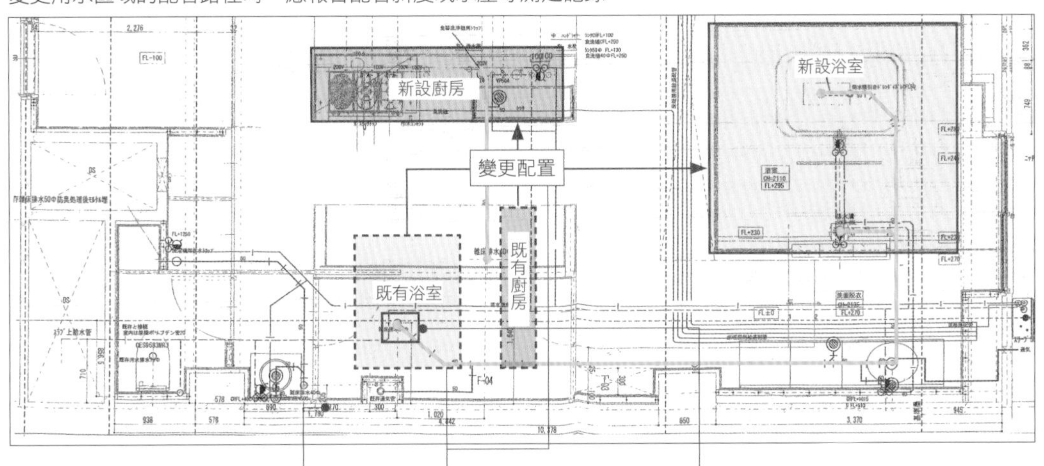

1 發現既有結構體出現劣化和不良狀況時，應參考建築學會等的設計指南，進行施工要領的確認和報告

既有結構體的劣化

2 變更配管路徑時，應特別注意和確認圖面與施工的整合性
・配水管的斜度
・注意既有設備管路與新裝設管路的銜接部位等

使用洩水傾斜度計確認

3 分別進行配管、設備的測試檢查

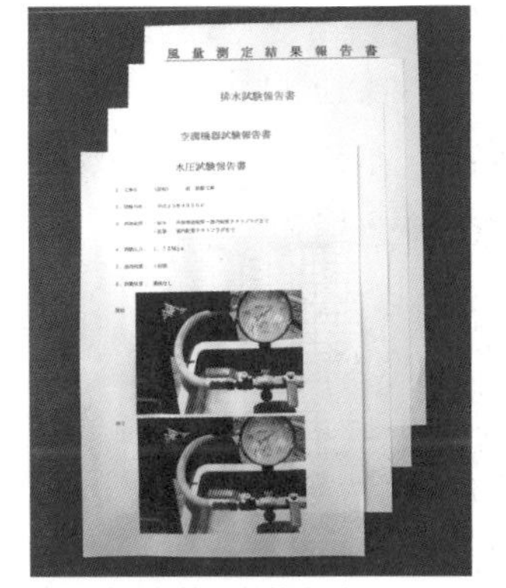

整合試驗數據和其他資料

key word 105

檢查

POINT

- 在建築確認檢查中，不會進行工程完工等的檢查。
- 已簽定設計監理委託契約的建築師可代替業主進行檢查。
- 從外部看不到的地方，可使用施工中的照片或鏡子等工具進行檢查。

法定檢查、完工檢查

若需要申請建築執照的話，完工後有行政檢查或指定確認檢查機關的檢查。此項檢查是檢查是否有不符合建築基準法的問題，並非檢查改造的狀況和完成的狀況。關於改造狀況等相關事項，是由已簽定設計監理委託契約的建築師代替業主進行檢查。縱使不申請建築執照，也必須確認是否有不符合建築基準法規定的問題存在。檢查的詳細項目會根據與業主簽定的契約內容不同而有所差異。

獨棟住宅的檢查內容

獨棟住宅在解體時的結構檢查，是確認柱子、樑、基座、基礎既有結構狀態的檢查。如果現場的基礎替換、互相嵌合的基礎，是以鋼筋混凝土構築時，則必須進行與新建工程相同的檢查。

此外，依照結構設計使用結構材的方式，以及五金的安裝情況也必須進行檢查和確認。關於改造的狀況、器具的操作確認，也必須接受與新建工程相同的檢查[表1、2]。完工檢查包括業主的檢查、設計監理者的檢查，以及如有申請建築執照時的法定機構的檢查。另外，其他的保證保險公司或第三者也會進行檢查作業。

公寓大廈的檢查內容

公寓大廈在施工廠商的檢查之後，建築師和業主必須注意的地方是檢查被完成面所覆蓋的隱藏部位。對於隔熱材、給水、排水、瓦斯、設備管線的路徑等項目，應仔細確認銜接部分的狀況。針對天花板內部的安裝方式、地板下方構架等，也要連同附有照片的報告書進行確認作業。若是局部改造時，應特別注意銜接部位的狀況。塗裝的檢查可使用鏡子等工具，檢查隔間門窗的上方、下方的塗裝情況。至於櫥櫃方面的檢查，也應該進入其內側確認狀況。

表1　動工時檢查完成的檢查清單範例

檢查項目	內容		方法	報告方法
建物位置 ・建物的位置是否與配置圖相符合？確認與各個建地之間的距離	□與各個建地之間的距離	東　公釐 西　公釐 南　公釐 北　公釐 ・變更 □無 □有（內容： ）	目測	□※
地盤 ・根據「地盤報告書」等資料確認建地的地盤狀態	□地盤的種類	□	視圖	□地盤調查報告書
	□地盤的支撐力	KN/m² ・變更 □無 □有（內容： ）	圖面	□
地盤改良、樁（進行地盤改良或打樁時） □無				□施工照片
・檢查地盤改良方法或打樁的方法	□地盤改良 ・打樁方式	□	視圖	□
・檢查地盤改良或打樁的施工狀況	□地盤改良 ・打樁施工狀態	□	視圖	
・檢查與基礎接續的樁頭的狀態	□樁頭的狀態	樁頭間隔 公釐 ・變更 □無 □有（內容： ）	目測圖	
整地埋樁 ・檢查為了建構基礎的地盤是否挖掘所規定的深度和寬度？	□基礎開挖的深度	放樣　公釐	視圖	□施工照片 □
・檢查基礎開挖底部是否平整	□基礎底部整平狀態	□	視圖	
・調查開挖後鋪上的碎石的厚度，以及壓實的狀態	□碾壓的狀態	□ ・變更 □無 □有（內容： ）	視圖	
防濕片 （若有鋪設防濕片時） □無				□交貨單
・檢查防止地面濕氣的防濕片等，是否有確保必要的重疊寬度、是否正確的鋪設，以及是否有損傷	□鋪設的狀態	□	目測圖	□標示記號
	□銜接部位重疊的寬度	寬度　公釐	目測圖	□
	□材質	材質（　）	視圖	
	□厚度	厚度　公釐 ・變更 □無 □有（內容： ）	目測圖	

※：□記號的項目最好列為必須報告的項目

表2　屋頂、防水、開口部檢查清單的範例

檢查項目	內容		方法	報告方法
屋頂、樓頂 ・確認屋頂、樓頂的完成面狀態、清掃狀況、是否有較大的損傷	□完成面狀況	□	視圖	□
	□清掃狀況	□	視圖	
	□是否有較大的損傷	□	視圖	
牆壁防水紙 ・確認外牆張貼的防水紙的貼合狀態 ・調查開口部周圍的防水狀況	□貼合的狀態	□	目測圖	□施工要領書 □
	□開口部周圍防水狀況	□ ・變更 □無 □有（內容： ）	目測圖	
浴室、更衣室的防水 ・檢查浴室、更衣室結構部分是否執行有效的防腐、防水措施	□浴室的防水措施	□	視圖	□
	□更衣室的防水措施	□ ・變更 □無 □有（內容： ）	視圖	
陽台的防水 （進行陽台防水時） □無 ・檢查陽台的防水是否符合設計的規格	□防水規格	□（　）防水	視圖	□交貨單
・確認包含開口部分的邊墩部分的防水狀況	□邊墩部分的防水狀況	□其他（　） ・變更 □無 □有（內容： ）	視圖	□性能證明書 □
開口部的規格 ・檢查門扉、窗框、窗戶玻璃是否符合設計的規格	□窗戶、門扉等的規格	□ ・變更 □無 □有（內容： ）	視圖	□交貨單 □性能證明書 □
※若有氣密相關的設定時 □無	□氣密性能	□ ・變更 □無 □有（內容： ）	視圖	□交貨單 □性能證明書 □
※若有隔熱相關的設定時 □無	□隔熱性能	□ ・變更 □無 □有（內容： ）	視圖	□交貨單 □性能證明書 □
※若有耐火性能相關的設定時 □無	□耐火性能	□ ・變更 □無 □有（內容： ）	視圖	□交貨單 □性能證明書 □

key word 106

第三方的改造檢查

POINT

- 有報導指出惡質改造業者引發許多工程瑕疵的問題。
- 根據種類的不同，貸款、保險也必須檢查。
- 依據業者的不同，由第三方檢查的內容也各有差異。

所有新建的建物在申請建築執照時，就有接受行政機關或檢查機構檢查的義務。雖然根據建築基準法的規定，住宅改造大多無需接受檢查和確認，但是施工業者、設計者、業主會進行各項檢查以確認問題點的所在。若有不完備的情況，則進行改善工程，以業主滿意的狀態移交給業主是理所當然的事情。

不過，最近報導指出惡質改造業者引發許多粗劣工程的問題，因此也出現透過第三方客觀的改造檢查的需求聲音。

此外，根據不同種類的保險或貸款，也必須接受設計或施工過程中的檢查。若屬於這種情形，從開始設計的階段起，與業主共有和分享情報是不可或缺的事情。

透過第三方的檢查

各家業者的檢查內容都不盡相同。有些是檢查工程承攬契約是否適切，有些在施工期間進行多次的現場檢查，有些則只有在完工後才進行檢查。

由於檢查的頻率、內容、費用各有差異，因此業主必須確認本身希望哪種客觀性的檢查，同時也要提防惡質的檢查業者。行政機關的改造檢查已經制度化，建議可先向行政機關諮詢。

各種申請用的檢查

申請貸款、保險、工程費用的補助金、協助金時，設計者也必須了解各項申請書的內容。

每個機關提出申請的時間、報告內容、檢查內容都不盡相同，而且依據工程的規模和內容也會產生差異[表]。由於必須將上述各項情報加以整合，反映到設計和工程上，因此在開始設計的階段，就必須和業主進行確認作業[圖]。

表　住宅改造瑕疵擔保責任保險檢查次數和時期的例子

依照改造部分的差異檢查次數和內容

工程內容		次數	實施時期
進行結構改造時	屬於結構耐力上主要部分的新設、拆除工程時	2次	第1次：施工中檢查 ・在保險對象改造工程施工中，該工程部分相關結構體露出的時期
			第2次：完工時的檢查 ・保險對象改造工程完工時
	上述之外的工程	1次	完工時的檢查 ・保險對象改造工程完工時
非進行結構改造時		1次	完工時的檢查 ・保險對象改造工程完工時

新建基礎的增改建工程部分(增建特約)

工程內容	次數	實施時期
三樓以下木造住宅	2次	第1次：基礎配筋工程完成時
		第2次：在從屋頂工程完成時起，到鋪設基底工程之前的工程完成期間
上述之外的工程	依照建物的樓層而有差異，必須事前進行協商	

圖　住宅改造貸款的物件檢查流程

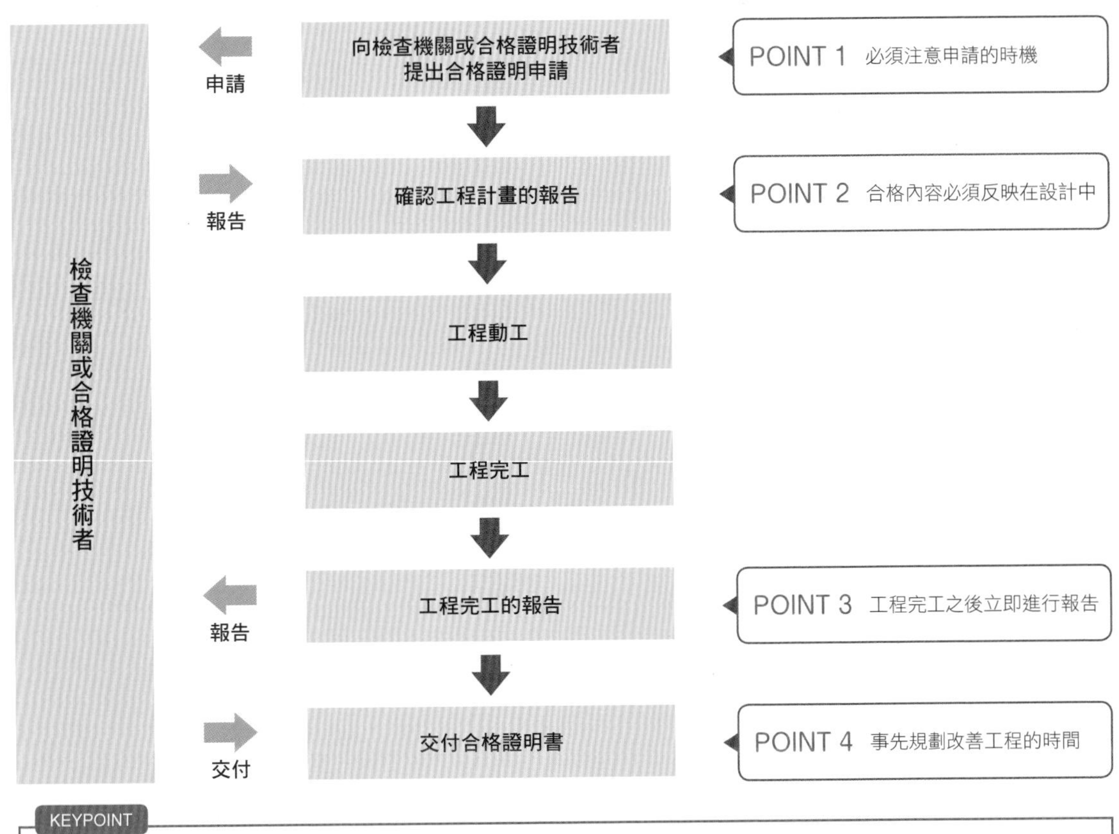

KEYPOINT

事先了解檢查的內容、範圍、時期，檢討設計內容對工期的影響，並且必須向業主説明

key word 107

操作和使用說明

POINT

- **辦理移交時應說明生活上的注意要點。**
- **針對機器設備的操作方法也應加以說明。**
- **對於清潔的方式或維修保養的方法也必須一併說明。**

說明生活上的注意重點

住宅改造也和新建住宅一樣，在工程竣工時經過事務所檢查，由業主、建築師、施工廠商三方會同進行完工檢查。如果完成工程的檢查，確認沒有問題時，就可將完工文件、移交書、鑰匙交給業主，完成正式移交的程序[表]。

進行移交時，由建築師說明住宅改造後變更隔間等設計意旨和生活上必須注意的要點[圖1]。即使在改造計畫時已經說明，但是重複說明主要的重點是很重要的。例如，因為重視設計的美感，樓梯扶手欄杆的間隔必須變寬時，家中若有年紀較小的孩童就有墜落的危險，因此要向業主說明加裝防墜網的必要性。

機器設備的操作和使用說明

各項機器設備的操作和使用說明，是由施工廠商或生產廠商的人員負責說明。如果設置新的機器設備時，應交付廠商的保證書，並說明使用上的注意要點、保養方法、發生問題時的因應方式等事項。

由於最新型的機器設備的遙控器或開關很多，操作方法也很複雜，所以必須特別詳細加以說明。如果是包含廚房或廁所移動等大幅度變更隔間的規劃設計時，配管路徑和檢查、清掃口的位置也會隨之改變，因此必須針對變更的場所加以說明[圖2]。變更窗戶的窗框時，應說明開關、上鎖的方式，以及清掃的方法。

木質地板材更換為原木材料時，應交代清楚是屬於無塗裝或是塗裝的類型、上蠟等事項，並說明清掃時的注意事項，以及平常的保養方法。如果同時能夠說明長期持續使用的訣竅就更好了。

另外，對於今後的檢查時期或發生狀況不良時的聯絡方式，以及售後服務的聯絡窗口，也須加以確認。

表　移交時必要的文件

文件	移交時的注意事項
移交書	工程竣工後，在所有相關者都滿意的情況下移交的證書
建築執照申請副本	符合建築基準法規定的證明文件。在後續的轉賣、增改建時所需要的資料
中間檢查完成證明、使用執照證明	工程施工過程中，在現場檢查是否依照申請的內容施工的證明文件。在後續的轉賣、增改建時所需要的資料
鑰匙移交書及鑰匙	記載建物的鑰匙和鎖鑰位置的清單
下包業者一覽表	與工程相關的下包業者清單。記載木工、屋頂、泥作、隔間門窗、設備等所有業者的聯絡資料。如果發生不良狀況時，通常先聯絡原來負責承包的施工廠商，但若是水管或瓦斯故障等緊急狀況時，最好直接連絡相關廠商
各種保證書	如果獲得10年保證時，就必須持有其保證書。防水、白蟻、地盤改良，以及其他各種機器設備也有保證書。萬一發生問題或糾紛時，必須提示的證明文件
工程照片	必須拍攝施工中的結構、基底狀態的照片。在發生問題時檢查看不見的部分是很重要的對照資料
完工圖面	雖然依照契約圖面施工的話，就不會有問題，但是由於施工過程中常常會變更，因此完工圖面是顯示實際上如何完成工程的圖面。在後續的轉賣、增改建時所需要的資料

圖1　文件的說明

將移交時所提出的文件資料予以條列化，一面對照資料一面順利進行說明，並提醒業主要妥善保管整份資料

圖2　廚房的操作和使用說明

一面實際示範操作的方式，一面解說使用的方法，並且最好同時說明發生問題時的處理方法，以及為了能長期持續使用的清掃方法等事項

key word 108

售後服務（1 年檢查等）

POINT

- 工程竣工不代表所有的事項都已完了。
- 實際開始生活後的售後服務，會與後續的委託有關聯。
- 承攬住宅改造工程時，對於問題的預測能力和道德感是重要的素養。

延長建物壽命的售後服務

在契約中明確約定移交後的售後服務相關事項，是非常重要的事情[表1]。

在行使住宅改造瑕疵擔保保險的保險契約時，其保險內容中有各項明確的規定，但如果是施工廠商獨自的保證時，對於保證內容必須仔細檢視和確認。

一般住宅的售後服務包括移交後發現或發生不良或瑕疵狀況的補修，以及為了讓建物維持良好狀態，能夠長期持續使用的檢查和維修等兩個項目。住宅改造工程對於上述兩個項目都必須加以注意。

移交後經常發生的不良或瑕疵的狀況，從隔間門窗或地板的嘎吱聲響等單純的問題，到必須進行更換或大幅度施工等千差萬別的內容都有。無論是哪種情況都應儘速釐清發生瑕疵的原因是非常重要的。

預測瑕疵的能力

如果重新更換過的地板發出異常聲響時，施工廠商通常會表示是因為基底不平整的原因，並不打算進一步修補。對於這種經常發生的事例，業主方也會認為導致地板發出聲響的基底問題，其原因為①施工廠商無法事先預測地板可能發出聲響，以及②為了節省工程費用並未針對基底進行修整作業等兩項原因。不過，至於會衍生出問題的關鍵，在於施工前是否有向業主說明地板會發出聲響的可能性。在這種住宅改造的情況中，具備對於問題的預測能力以及道德感相當重要。

關於移交後的瑕疵保證內容，必須明確界定出是否保證「到何時為止」所出現的「哪種瑕疵」。[原注]一般大多限定在起因為材料不良、設計或施工狀況所導致的瑕疵範圍。

原注：關於一定的指南，可參考日本東京都都市整備局「住宅改造事業者行動基準（改造 110 番）」

表1　獨棟住宅改造的售後服務基準的範例

結構體、防水部位

項目			對象	瑕疵現象例	期間	免責事項
結構體	基礎		結構強度	起因於改造工程，並且影響到結構強度的明顯變形、破損、龜裂、傾斜	5～10年	・根據既有住宅的屋齡、維持的管理狀態，另外訂定售後服務的基準時 ・起因於材質的收縮，結構上並無特別的障礙
	地板					
	牆壁					
	屋頂					
防水	屋頂	屋頂換新	漏雨	漏雨及漏雨所引起的室內完成面的汙損	5～10年	・屋頂換新以外的狀況 ・屋頂整體更換以外的情況 ・颱風等強風時從開口部滲漏的一時性漏水 ・非改造對象部分的漏雨 ・根據既有住宅的屋齡、維持的管理狀態，另外訂定售後服務的基準時 ・露台屋頂、停車棚、屋外的工作物件
		其他屋頂、雨庇	漏雨	漏雨及漏雨所引起的室內完成面的汙損	3～5年	・颱風等強風時從開口部滲漏的一時性漏水 ・非改造對象部分的漏雨 ・根據既有住宅的屋齡、維持的管理狀態，另外訂定售後服務的基準時 ・露台屋頂、停車棚、屋外的工作物件
	FRP防水	平屋頂、防水、陽台	漏雨	漏雨及漏雨所引起的室內完成面的汙損	5～10年	
	外牆（伴隨著更換基底的工程）		漏雨	漏雨及漏雨所引起的室內完成面的汙損	5～10年	
	與既有外牆的接合部位		漏雨	漏雨及漏雨所引起的室內完成面的汙損	2～3年	

出典：東京都都市整備局

內裝、設備、其他

項目			對象	瑕疵現象例	期間	免責事項
結構體以外的基底及完成面	基礎		完成面材料	・砂漿等完成面材料剝離、損傷	1年	・砂漿部分寬度2公釐以下的龜裂 ・白華
	地板	主要結構部位以外的混凝土部分	混凝土完成面材料	・內外地板、外緣走道、露台、停車棚等明顯下沉、龜裂、剝離	1年	・寬度2公釐以下的龜裂 ・白華
		室內地板	基底材 完成面材料	・材料明顯凸起、裂開、間隙、浮起、發出嘎吱聲響	1年	・起因於放置設計時並未預先設想的重量物件 ・過度使用暖氣所引起的狀況
	牆壁	外牆、內牆	基底材 完成面材料	・基底材明顯凸起、扭曲 ・完成面材料的龜裂、變形、剝離 ・磁磚接縫斷裂	1年	・寬度2公釐以下的龜裂 ・過度使用暖氣所引起的狀況
	天花板	屋簷底板、室內天花板	基底材 完成面材料	・基底材明顯凸起、扭曲 ・完成面材料的龜裂、變形、剝離	1年	・起因於客戶安裝的機器等狀況 ・過度使用暖氣所引起的狀況
	屋頂及雨庇		屋頂鋪設材料、水切等	・破損、翻捲、脫落	1年	・起因於積雪的狀況
	落水管		落水管、五金	・脫落、破損、垂墜	1年	・由於積雪、結凍、枯葉堆積所引起的狀況
	外部五金		封簷板固定五金、金屬、扶手欄杆	・變形、破損、鬆脫	1年	・由於積雪所引起的狀況
	外部門窗、內部隔間門窗		隔間門窗、隔間門窗附屬品、換氣口	・明顯翹曲、安裝不良、操作不良、間隙及零組件的故障	1年	・不影響操作的翹曲、木材輕微裂縫 ・過度使用暖氣引起的現象 ・日照、雨水所引起的玄關門的變色、褪色 ・由於暴風雨、暴雨引起隔間門窗一時性的雨水浸水
	塗裝	外壁塗裝	塗裝完成面	・塗裝的膨起、明顯褪色、剝離	3～5年	・外壁塗裝規格以外的物件 ・建物整體外壁塗裝以外的物件 ・木質、鐵質部分的塗裝 ・外構壁面等塗裝
		其他塗裝	塗裝完成面	・明顯變色、剝離、龜裂	1年	・步行部分的塗裝
	浴室		漏水	・漏水面及由於漏水導致室內完成面的汙損	1年	・家具、日常用品的汙損
	系統衛浴		漏水	・漏水面及由於漏水導致室內完成面的汙損	2年	・家具、日常用品的汙損
設備	給水、排水、衛生設備		配管、器具	・配管的配線不良、支撐不良、破損及電解腐蝕 ・器具安裝不良等	1年	・異物的堵塞、結凍引起的狀況、給水排水的止水墊（迫緊）等消耗品
	電力設備		配線、器具	・配管、配線的接續不良、破損、器具安裝不良等		・電燈泡、電池等消耗品
施作家具	室外木平台、陽台、施作家具、踢腳板、收邊條等		完成面材料	・材質明顯變質、變形、破裂、翹曲	1年	
蟲害	防蟲防蟻		進行防蟲、防蟻處理的部分	・白蟻所引起的啃食災害、損傷	5年	・未進行土壤處理的狀況
	外部設施的造園			破損、操作不良	1年	・由於榻榻米、地毯的塵蟎所引起的狀況 ・圍牆等的白華

表2　住宅改造瑕疵保險、保險法人

保險法人	保險名稱	網址
住宅安心保證	安心改造工程瑕疵保健	http://www.j-anshin.co.jp/
（財）住宅保證機構	保護住宅改造保險	http:// www.mamoris.jp/
日本住宅保證檢查機構（JIO）	JIO改造瑕疵保險	http:// www.jio-kensa.co.jp/
HOUSE GMEN	改造瑕疵保險	http:// www.house-gmen.com/
HOUSE PLUS 住宅保證	改造瑕疵保險	http:// www.houseplus.co.jp/

key word 109

住宅履歷情報的登錄與累積

POINT

- 社會的環境朝向存量型社會的目標發展，並追求住宅的長壽化。
- 為了有計畫且有效的執行住宅改造，登錄建物「過去的履歷」很重要。
- 為因應今後建物的修繕需求，必須累積住宅改造時的資訊。

住宅改造履歷保存著建物的歷史

日本的住宅壽命從新建到毀壞為止平均約為30年，與歐美相比，建物的壽命較短。近年來環境問題和社會趨勢，已經從毀棄與重建轉換為存量型社會的方向發展。住宅的選項不再僅有新建和改建而已，「改造」的選項也逐漸增多。

進行住宅改造時，除了建物新建時的資訊之外，如果能獲得愈多後續到底進行哪些修繕、改建、改造的資訊，就愈能夠正確的擬定精密的設計和成本估算。

住宅履歷資訊的製作

為了盡可能避免發生建物解體之後，必須修改整體計畫的問題，以達成計畫性、成效性，以及合理與安心維護管理的目標，得從該建物新建時開始，詳實記錄後續任何時期進行過哪些工程的資料，製作出「住宅履歷情報」並且予以共有化，這點是非常重要的工作[表1]。此外，雖然建物的所有者變更，資訊的傳承和活用，對於建物壽命的延長非常重要。

住宅履歷情報的管理

公寓大廈的建物履歷情報大多由管理公司或管理委員會負責管理，獨棟住宅的建物履歷情報大多未被管理，目前是由住宅所有者自行處理[表2]。

現在有多家資訊服務機構提供累積和管理住宅履歷情報的企劃服務項目。

在日本可根據2009年6月4日頒佈施行的「長期優良住宅普及與促進相關法律」的規定，凡是接受這項法令認定的住宅，有保存建物維護保全狀況記錄的義務[圖]。譯注

譯注：台灣目前有內政部營建署建構的「建築工程履歷查詢系統」，以及民間機構「台灣建築安全履歷協會」的認證

表1　獨棟住宅必要的履歷情報

獨棟住宅在新建階段中累積的必要資訊

新建階段		
建築確認	**住宅性能評估**	**新建工程相關資料**
到新建住宅完工為止時，為了進行建築確認和完工檢查等各項手續，所製作的文件資料和圖面	針對住宅性能評估書和接受住宅性能評估，所製作的文件資料和圖面	記錄住宅完工時建物狀況的各種圖面和文件資料，可反映出完工之前各項變更的資料

獨棟住宅在維護管理階段中累積的必要資訊

維護管理階段			
維護管理計畫	**檢查、診斷**	**修繕**	**改建、改造**
記載有利於住宅的計畫性管理、檢查或修繕時期，以及主要內容等資料的文件和圖面	執行住宅檢查和調查、診斷時，所製作和提供的文件、圖面、照片等	進行住宅修繕工程時，所製作和提供的文件、圖面、照片等	進行住宅改建、改造工程時，所製作和提供的文件、圖面、照片等

表2　公寓大廈累積的必要履歷資訊

公寓大廈共用部分在新建階段中累積的必要資訊

新建階段	
建築確認	**新建工程相關資料**
到新建公寓大廈完工為止時，為了進行建築確認和完工檢查等各項手續，所製作的文件資料和圖面	記錄公寓大廈完工時建物狀況的各種圖面和文件資料，可反映出完工之前各項變更的資料
管理委員會運作	
公寓大廈管理	
公寓大廈管理委員會的規約等	

公寓大廈共用部分在維護管理階段中累積的必要資訊

維護管理階段			
維護管理計畫	**檢查、診斷**	**修繕**	**改建、改造**
公寓大廈共用部分的長期修繕計畫及修繕公積金等相關資訊	執行公寓大廈共用部分的檢查和調查、診斷時，所製作和提供的文件、圖面、照片等	管理委員會執行公寓大廈共用部分的檢查和調查、診斷時，所製作和提供的文件、圖面、照片等	管理委員會執行公寓大廈共用部分的改建、裝修工程時，所製作和提供的文件、圖面、照片等
管理委員會運作			
公寓大廈管理			
公寓大廈管理委員會的運作狀況相關資訊			

圖　住宅履歷情報累積與運用的流程

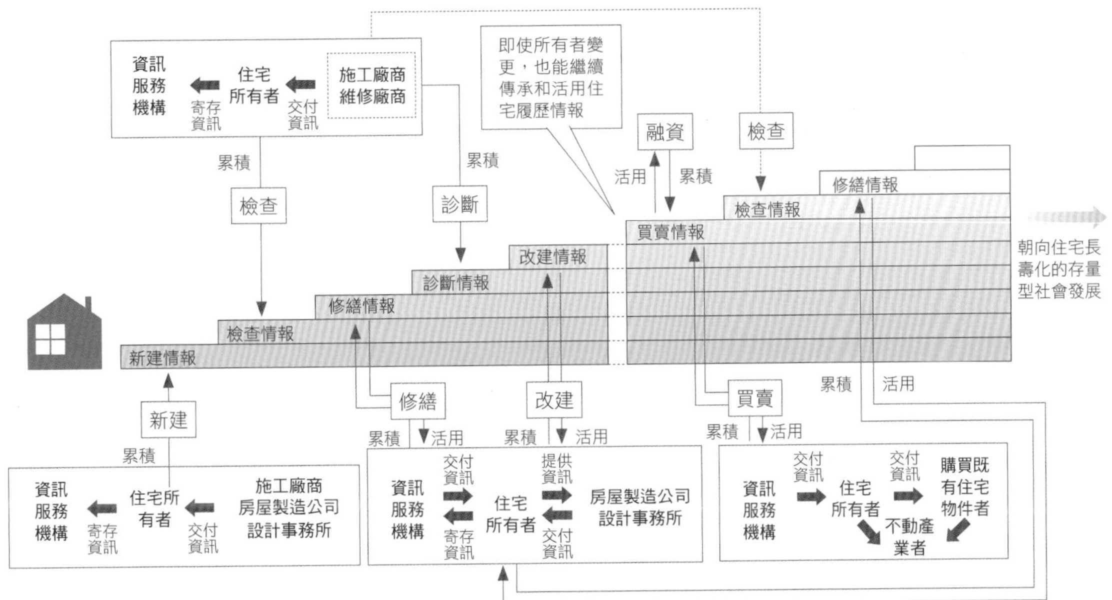

2010年設立（社團法人）住宅履歷情報累積、活用促進協議會，住宅履歷情報（暱稱為「家的病歷表（いえかるて）」）開始普及化

key word 110

實現夢想的住宅改造

POINT

- 住宅改造的重要關鍵在於充分了解既有物件的狀況和居住者的需求、習慣。
- 盡可能發揮既有物件的優點也是建築師的主要任務和作用。
- 盡力發掘潛藏在建物內的可能性。

住宅改造很困難嗎？

一般人對於住宅改造的定義，大概認為是如何了解建物的既有狀況，配合現有的狀態，進行設計、監理作業。在改造的設計階段中，必須在包含未知部分在內的情況下，從多面向的觀點進行判斷。建物解體之後，常常會被設想之外的狀況左右而變更規劃設計。住宅改造絕對不是輕而易舉的事情，而是會由於許多既有的條件和問題，限制設計的自由度。雖然可能會覺得讓業主完全滿意的設計監理作業很困難，但是住宅改造也不盡然都是如此。

住宅改造是一項挑戰

住宅改造的魅力是業主、設計者、施工者等所有相關人員，都能夠看見物件改造前「before」的狀況，所以能夠掌握各種具體形象。對於業主而言，能夠將現今生活上的問題和不滿意的地方明確化；對於設計者而言，也能夠從早期的階段起，將解決的方法轉化為具體的設計。

此外，建築師所追求的改造設計，並非僅僅侷限在問題的解決而已，如何盡可能發揮既有物件的優點，是建築師最主要的任務。因此，在進行現場調查時，除了調查問題點所在之外，也別忘了著眼在發掘該建物所擁有的優點。

對於受到諸多條件限制的既有物件的改造，絕非只是重視提高生活的便利性而已，能否具體展現業主和其家族獨特的住宅改造風格，考驗著設計者的能力和才華。

住宅改造的最高成就

在了解改造前「before」的情況下，完成改造預定目標的住宅，會成為滿意度極高且是世界上獨一無二的漂亮住宅[圖1、2]。

圖1　木造住宅的改造例

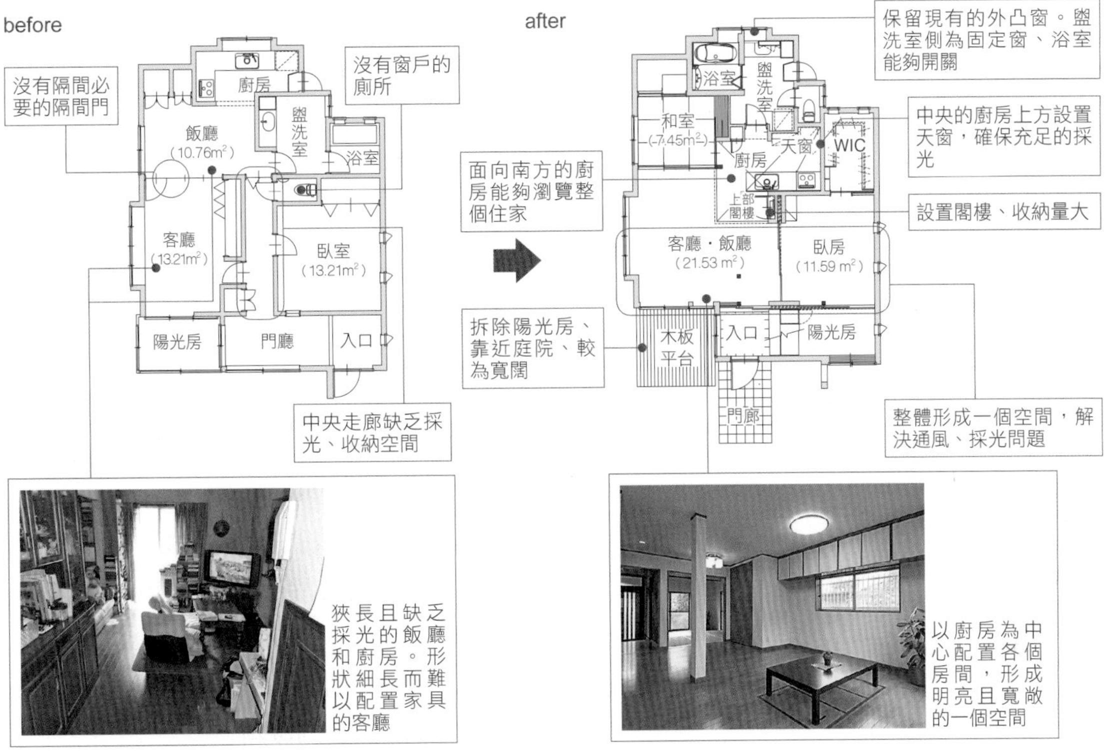

圖2　公寓大廈改造例

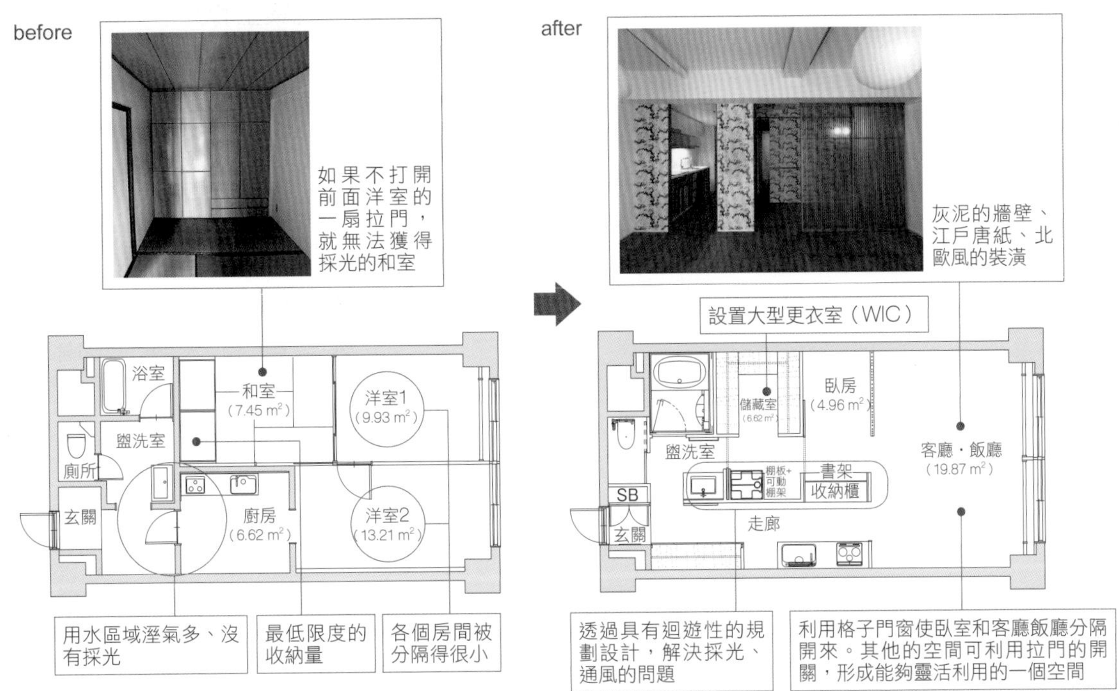

詞彙翻譯對照表

九劃

十劃

電源調節器	パワーコンディショナー	power conditioner	117
鼓風機	ブロワ	blower	113

十四劃

十五劃

參考資料

建築知識2000 年08月號（x-knowledge）

建築知識2004 年07月號（x-knowledge）

建築知識2009年07月號（x-knowledge）

建築知識2010 年03月號（x-knowledge）

建築知識2011 年03月號（x-knowledge）

世界最友善的建築設備（x-knowledge），繁體中文版《圖解建築設備》由易博士出版

木造住宅設計手法（彰國社）

建築構法（市之谷出版社）

住宅改造事業者行動基準（東京都都市整備）

作者簡介

田園都市建築家之會

2011年成立。爾後，於多摩廣場設立事務局，針對提昇住宅環境的住家建構的提案和支援，舉辦每週末的建築諮詢會及各項定期性的活動，以成為田園都市的住家建構的平台（交流場所）為目標的建築師之會。多摩廣場車站下車，步行3分鐘。聯絡電話：045-912-3456、官網http://denen-arch.com/

中尾 英己 http://www.nakao-architect.co.jp/

1967年出生於東京，東京理科大學研究所修畢。1999年在久段下設立中尾英己建築設計事務所後到目前為止，從事個人住宅、租賃住宅、保育園、幼稚園、店鋪等建築設計活動，並在住宅改造領域從事全面改造或局部改造等規劃設計。

山田 悅子 http://www.a-etsuko.jp/

1976年出生於兵庫縣。廣島工業大學環境設計學系畢業後，在荷蘭的大學研究所和設計事務所度過5年的時光，2007年在東京設立悅子工房一級建築師事務所，在住宅改造領域中，從事以如何引進光與風為課題的各項風格的改造設計。

田井 勝馬 http://www.tai-archi.co.jp/

1962年出生於香川縣。日本大學理工學部建築學系畢業。曾任職於戶田建設設計部，於2001年成立田井勝馬建築設計工房，從事個人住宅到集合住宅、業務，以及從醫療設施到都市設計等設計活動。從2005年起，擔任日本大學理工學部建築學系的兼任講師。

高橋 隆博 http://www.a-shu.co.jp/

1964年出生於橫濱市，日本大學理工學部建築學系畢業，在學中參與過一色建築設計事務所的活動。1955年設立工房秀，2006年法人化。活用在美國學習的經驗，運用大規模木構造和各種工法，致力於住宅到各種設施的規劃設計。

※以下為舊有成員

一條 美賀　http://www.mambo-aa.jp/

1969年出生於愛媛縣，東京理科大學工學部建築學系畢業。曾任職於Coelacanth K&H Architects Inc.，於1999年在愛媛設立MAMBO建築事務所。2001年起將據點轉移到東京，主要以實現業主的夢想和居住舒適性等客製化住宅改造設計為重心。

河邊 近　http://www.ken-ken-a.co.jp/

1960年出生於橫濱市，淺野工學專門學校建築工學系畢業。經歷海外建築遊歷和出江寬建築事務所，於1991年設立河邊近建築研究所，2004年改名為ken-ken inc.。設計領域包括住宅到街市的建構，並以節能建築為目標進行廣泛的規劃設計活動。從2006年起，擔任淺野工學專門學校建築工學系講師。

秋田 憲二　http://www.hak-web.com/

1955年出生於山口縣，芝浦工業大學建築工業系畢業。1987年成立秋田憲二建築設計工房，2004年改名為HAK Co.,Ltd。除了個人住宅、集合住宅、合建住宅等住宅環境的設計之外，也進行綜合醫療、診所等企劃、立案、完成後的經營管理等業務。

譯者簡介

朱炳樹

日本國立筑波大學藝術學碩士、美國紐約州立大學(SUNY at Buffalo) 藝術碩士，現職為實踐大學服裝設計系兼任副教授。譯作包括《建築入門》、《圖解圖樣設計》、《明治初期日本住屋文化》等書。

國家圖書館出版品預行編目（CIP）資料

日本式建築改造法/田園都市建築家之會著；朱炳樹譯. -- 修訂二版. -- 臺北市：易博士文化, 城邦文化事業股份有限公司出版：英屬蓋曼群島商家庭傳媒股份有限公司城邦分公司發行, 2022.05
面；　公分. --（日系建築知識）
譯自：世界で一番やさしいリフォーム
ISBN 978-986-480-224-1(平裝)

1.CST: 房屋 2.CST: 建築物維修 3.CST: 家庭佈置

422.9

111006375

DO3322

日本式建築改造法：

老屋改頭換面！RC造、木造╳耐震節能重點改造設計，有效打造健康安全舒適居住空間

原著書名／世界で一番やさしいリフォーム
原出版社／株式会社エクスナレッジ
作　　者／田園都市建築家之會
譯　　者／朱炳樹
選書人／蕭麗媛
二版編輯／鄭雁聿

業務副理／羅越華
總編輯／蕭麗媛
視覺總監／陳栩椿
發行人／何飛鵬
出　　版／易博士文化
城邦文化事業股份有限公司
台北市中山區民生東路二141號8樓
電話：（02）2500-7008　傳真：（02）2502-7676
E-mail：ct_easybooks@hmg.com.tw
發　　行／英屬蓋曼群島商家庭傳媒股份有限公司城邦分公司
台北市中山區民生東路二段141號11樓
書虫客服服務專線：（02）2500-7718、2500-7719
服務時間：周一至周五上午09:30-12:00；下午13:30-17:00
24小時傳真服務：（02）2500-1990、2500-1991
讀者服務信箱：service@readingclub.com.tw
劃撥帳號：19863813
戶名：書虫股份有限公司
香港發行所／城邦（香港）出版集團有限公司
香港灣仔駱克道193號東超商業中心1樓
電話：（852）2508-6231　傳真：（852）2578-9337
E-mail：hkcite@biznetvigator.com
馬新發行所／城邦（馬新）出版集團 [Cite (M) Sdn. Bhd.]
41, Jalan Radin Anum, Bandar Baru Sri Petaling, 57000 Kuala Lumpur, Malaysia
電話：（603）9057-8822　傳真：（603）9057-6622
E-mail：cite@cite.com.my

製版印刷／卡樂彩色製版印刷有限公司

■2017年01月23日初版(原書名為《住宅改造》)
■2018年07月26日修訂一版(更定書名為《日本式建築改造法》)
■2022年05月26日修訂二版
ISBN 978-986-480-224-1
定價800元　HK$267

Printed in Taiwan

城邦讀書花園
www.cite.com.tw